高职高专“十一五”规划教材
——安全技术系列

危险化学品事故应急救援与处置

孙玉叶　夏登友　主编
薛叙明　　　　　主审

·北京·

本教材从分析危险化学品安全现状及事故特点入手，强调危险化学品事故应急救援与处置的重要性，教材以危险化学品事故应急救援预案为主线，系统阐述了危险化学品事故应急救援的指导思想与原则、目标与任务，以及危险化学品事故应急救援预案的编制及演练的基本步骤与要求。并按照重点突出、具体实用、易操作的原则，重点阐述了危险源辨识与分析、危险性评估、应急救援通讯与信息处理、应急救援装备配备及事故发生后的现场应急处置与急救等应急救援的关键环节。

本书系统完整，具体实用，可操作性强，既可作为高职高专等高等院校安全类专业教材，又可作为政府、企业危险化学品事故应急救援培训的教材。

图书在版编目（CIP）数据

危险化学品事故应急救援与处置/孙玉叶，夏登友主编．—北京：化学工业出版社，2008.6（2024.2重印）
高职高专“十一五”规划教材——安全技术系列
ISBN 978-7-122-02934-8

Ⅰ．危…　Ⅱ．①孙…②夏…　Ⅲ．化学品-危险物品管理-高等学校：技术学院-教材　Ⅳ．TQ086.5

中国版本图书馆CIP数据核字（2008）第074984号

责任编辑：张双进　窦　臻　　文字编辑：孙凤英
责任校对：蒋　宇　　装帧设计：王晓宇

出版发行：化学工业出版社（北京市东城区青年湖南街13号　邮政编码100011）
印　　装：北京盛通数码印刷有限公司
787mm×1092mm　1/16　印张14　字数356千字　2024年2月北京第1版第10次印刷

购书咨询：010-64518888　　售后服务：010-64518899
网　　址：http://www.cip.com.cn
凡购买本书，如有缺损质量问题，本社销售中心负责调换。

定　　价：40.00元

前　言

随着工业化进程的迅猛发展，生产规模不断扩大，各种化学化工的新材料、新产品、新技术、新工艺和新设备给人民群众的生活带来了极大的便利，但随之而来的重大事故特别是危险化学品事故也不断发生，给人民的生命、财产安全和生活环境构成了重大的威胁。历史上发生的各种重大危险化学品事故无一不提醒我们：事故的发生具有突然性和不确定性，突发事故给我们带来了巨大的损失。通过加强应急管理水平应对突发危险化学品事故已经成为目前各级人员关注的焦点。

应急管理工作中一项关键的工作就是事故的应急救援与处置。而应急救援预案（应急计划）又是应急救援与处置的文本体现，是应急管理工作的指导性文件，它有利于实现应急行动的快速、有序、高效，以充分体现应急救援的"应急"精神，其总目标是控制事故的发展并尽可能消除事故，将事故对人、财产和环境的损失减到最低限度。近年来我国发布的职业安全健康法律法规相关条文都要求各级政府及企事业单位制定实施应急救援预案，以便应对紧急事件的发生。尤其是危险化学品从业单位，无论规模大小都要编制应急救援预案并实施。

本书基于国内相关学者在应急救援方面的科研成果，在参阅国外发达国家的有关应急救援预案编制及应急管理理论的基础上编写完成的。本书在简要介绍危险化学品基础知识及国内外危险化学品事故应急救援现状与发展趋势的基础上，系统阐述了危险化学品事故应急救援的指导思想与原则、目标与任务以及危险化学品事故应急救援预案的编制及演练的基本步骤与要求。按照重点突出、具体实用、易操作的原则，重点介绍了危险源辨识与分析、危险性评估、应急救援通信与信息、应急救援装备及事故发生后的现场应急处置等应急救援的关键环节。

本书系统完整，具体实用，可操作性强，既可作为高职高专及其他高等院校安全类专业的教材，又可作为政府、企业危险化学品事故应急救援培训的教材。

本书完成之际，要特别感谢常州工程职业技术学院化学工程系主任薛叙明老师，正是由于他的无私指导，才使本书顺利成稿。同时要感谢本书所列参考文献的所有作者，他们坚实的工作是本书完成的基础和源泉。

参加本书编写的人员有常州工程职业技术学院的孙玉叶（第一、二、三、四章，第五章第一、二、三节）与徐进（第五章第四节），中国人民武装警察部队学院夏登友（第六章）与辛晶（第七章），河南工业大学化学工业职业学院付玲（第八章）。本书由孙玉叶、夏登友主编，薛叙明主审。

由于时间仓促，书中难免存在不妥之处，敬请读者提出建议及修改意见。

编 者

2008 年 4 月

目　录

第一章　危险化学品安全概述

学习目标

本章介绍了危险化学品安全基础知识，通过本章的学习，应了解危险化学品安全现状，熟悉有关法律法规，熟悉危险化学品国内外安全发展趋势，掌握危险化学品分类情况，能对危险化学品的危险性进行分析，掌握危险化学品的事故类型及事故特点。

第一节　危险化学品安全现状

一、加强危险化学品安全管理的重要性

化学工业是基础工业，既以其技术和产品服务于所有其他工业，也制约着其他工业的发展，化学工业和化学品的安全，是国民经济又好又快发展的重要保证条件之一。50年前全世界的化学品年产量仅有100万吨，而如今化学品的年产量已超过4亿吨。目前全世界已有的化学品多达700多万种，已经上市销售的现有化学品约10万种，经常使用的有7万多种，我国也能生产4万多种，每年全世界新出现的化学品有1000多种，这些化学品中相当一部分是危险化学品，而同时人们对化学品和化工生产过程中可能产生的危害知之甚少。

20世纪80年代以来，国际上相继发生了一系列危险化学品重特大事故（见表1-1），据估计全世界每年因化学事故和化学危害造成的损失已超过4000亿元人民币，就我国的情况而言，最近20多年以来随着我国改革开放的逐步深化，国内经济市场化和国际经济活动全球化的深刻变化，化学品生产、使用、流通的形势不断恶化，特别是近年来，国内相继发生了一系列重特大危险化学品事故。

表1-1　世界几起特大化工事故

事故类型	后　　果	时间	地　　点
甲基异氰酸酯泄漏	20万人中毒，其中3500余人死亡，5万人失明	1984年	印度博帕尔
乙烯装置泄漏产生蒸气云发生爆炸	直接财产损失8.12亿元	1989年	美国得克萨斯州帕萨迪纳
环氧乙烷泄漏产生蒸气云发生爆炸	工厂被夷平，厂外破坏涉及18mile，包括2488个家庭、商店和工厂	1974年	英国费利克斯博洛

注：1mile＝1609.344m。

——重庆开县井喷事故：2003年12月23日22时4分，由四川石油管理局川东钻探公司承钻的位于重庆开县境内的罗家16H井，在起钻过程中发生天然气井喷失控，从井内喷出的大量含有高浓度硫化氢的天然气四处弥漫、扩散，导致243人因硫化氢中毒死亡、2142人因硫化氢中毒住院治疗、65000人被紧急疏散安置，事故直接经济损失达6432.31万元。

——京沪高速3·29液氯泄漏事故：2005年3月29日晚，一辆在京沪高速公路行驶的罐式半挂车在江苏淮安段发生交通事故，引发车上罐装的液氯大量泄漏，造成29人死亡，456名村民和抢救人员中毒住院治疗，门诊留治人员1867人，10500多名村民被迫疏散转

移，大量家畜（家禽）、农作物死亡和损失，造成直接经济损失1700余万元。京沪高速公路宿迁至宝应段（约110公里）关闭20小时。

——吉化11·13事故：2005年11月13日，中国石油天然气股份有限公司吉林石化分公司双苯厂硝基苯精制岗位外操人员违反操作规程导致硝基苯精馏塔发生爆炸，造成8人死亡，60人受伤，直接经济损失6908万元，并造成松花江水污染事件，引发不良的国际影响。

据有关机构对我国危险化学品事故进行统计分析发现：危险化学品事故不仅产生于生产和使用环节，还产生于运输、储存和废弃等诸环节上（见表1-2）。近年来我国危险化学品事故呈明显上升趋势。2000年发生事故514起，死亡785人；2003年上升为621起，死亡960人；2006年，发生各类危险化学品伤亡事故154起，死亡266人，同比增加12起、37人，分别上升8.5%和16.2%。导致危险化学品事故频频发生的主要原因是：职能交叉导致监管不力、从业人员素质低下、城市规划未能很好地考虑危险化学品单位尤其是生产单位和经营单位的状况、对危险化学品的监管未能有效地实现全国联网与数据共享以及应急预案体系没有得到很好的建立与管理等。

表1-2 我国20世纪末危险化学品的典型群死群伤事故表

环节	事故类型(介质)	死亡人数	受伤人数	事故发生时间及名称
生产	爆炸(氯、油、硝铵)	22	58	1998年1月6日,陕西兴平化工厂硝铵生产装置爆炸
使用	火灾(酒精)	40	89	1997年1月29日长沙燕山酒家“1·29”火灾
运输	泄漏中毒(甲胺)	42	595	1991年9月3日,江西上饶县“9·3”特大中毒事故
储运	雷击火灾、爆炸(原油)	19	78	1989年8月12日,黄岛油库“8·12”特大火灾事故
	火灾爆炸(硫代硫酸铵、硝铵等)	15	200多	1993年8月5日,深圳市“8·5”特大爆炸火灾事故
	爆炸(过氧化苯甲酰)	27	33	1993年6月26日,河南郑州食品添加剂厂“6·26”特大爆炸

随着科学技术的进步，现代化工日益呈现高度自动化、连续化、高能化的特点，危险化学品的安全管理具有鲜明的专业性和复杂性，不能只是泛泛的、空洞的管理，必须结合行业特点进行有效管理，形成一个强有力的监管与服务系统，同时根据危险化学品的特点围绕生产、经营、运输、使用和废弃等环节建立完善的应急救援体系应对各种突发事件。

二、危险化学品安全现状

1. 总体形势平稳 个别环节反弹

在全国安全生产形势总体平稳的情况下，危险化学品安全生产形势非常严峻。主要表现在以下几个方面。

（1）危险化学品伤亡事故同比大幅度上升 2005年，发生各类危险化学品伤亡事故142起，死亡229人。2006年，发生各类危险化学品伤亡事故158起，死亡277人，同比增加16起、48人，分别上升11.3%和21%。在31个省（自治区、直辖市）中，有10个省发生10起以上危险化学品事故（包括运输事故）。

（2）危险化学品生产环节伤亡事故多发 从发生事故的环节来看，生产环节伤亡事故116起，死亡216人，分别占总数的73.4%、78%。

（3）运输、使用环节事故呈现明显上升趋势 中国化工信息中心统计数据显示，2006年运输环节发生事故237起，使用环节发生事故121起，与2005年相比分别上升了14.5%和22%。

（4）危险化学品伤亡事故明显上升 2006年，发生一次死亡3人至9人事故23起，死亡106人。

（5）部分地区危险化学品安全生产形势严峻　部分地区危险化学品伤亡事故同比上升幅度较大。2006年，危险化学品事故起数、死亡人数同比有6个地区大幅上升。

2007年第一季度全国危险化学品伤亡事故呈下降趋势。据国家安监总局统计调度司统计，2007年第一季度全国共发生危险化学品伤亡事故22起，死亡31人，同比减少10起，少死亡21人，分别下降31.3%、40.4%。

危险化学品是安全生产工作的重点领域之一，监管环节多，涉及部门多。危险化学品安全生产不仅关系到危险化学品从业单位的安全发展和清洁发展，也关系广大人民群众的安全健康和公共安全。随着危险化学品安全生产许可制度实施工作和专项整治工作的不断深入，危险化学品安全生产工作的深层次问题和矛盾也愈加突出。

2. 监管力量分散　尚未形成合力

（1）部分企业安全生产主体责任不落实　部分危险化学品从业单位安全生产主体责任不落实是当前危险化学品事故多发的根本原因。有些企业的主要负责人不重视建立和健全本单位安全生产责任制，不检查、不考核责任制落实情况；没有制定和完善本单位安全生产规章制度和操作规程，无章可循；安全投入少，安全欠账多，没有形成有效的隐患整改机制；没有制定安全生产事故应急预案，或有预案不演练，或演练流于形式。

（2）一些企业安全基础管理工作薄弱，从业人员素质低　小化工企业普遍缺乏懂化工、会管理的人才，安全管理水平低。在危险化学品生产企业，33.8%的从业人员是农民工，缺乏安全培训教育，不懂操作规程和基本的化工知识，“三违”现象屡禁不止。

（3）违法、违规生产经营现象突出　一是部分危险化学品生产企业新建、改建、扩建项目未经审批就擅自开工建设，安全设施未经验收就投入生产。二是非法运输危险化学品的问题突出。

（4）化工企业安全设计标准、规范滞后　虽然国家先后出台了一些危险化学品安全生产技术标准、规范，但仍不能够满足现代化学工业发展的需要。总体上说，我国的石油化工企业设计标准、规范相对滞后。如中石油吉林石化分公司双苯厂“11·13”爆炸事故及松花江水污染事件，暴露出我国现行的有关设计标准、规范中，没有事故状态下“清净下水”的措施。

（5）监管力量薄弱，部门监管尚未形成合力　安全监管力量存在层层衰减的现象。大部分小化工分布在乡镇。而乡镇一级没有专门的安全监管机构和人员。县级安全监管机构力量薄弱，懂化工的人少。

在危险化学品道路运输方面，监管还没有形成合力。危险化学品道路运输活动既涉及运输单位、运输车辆、驾驶人员和押运人员，又涉及货物的买卖双方，还具有长距离、跨行政区的特点。在监管过程中，往往涉及不同地区的公安、交通、质检、安监等部门。由于还没有建立跨行政区、跨部门通报协查机制，异地相关部门无法追究非法、违规进行危险化学品道路运输的有关托运人、运输单位的责任，被处罚的往往只是驾驶人员。同一地区的联合执法力度不够或机制不健全，在执法过程中，只能对本部门监管的违规现象进行处罚，打击力度不够。

（6）法制建设还有待加强，执法检查技术支持力度不够　近年来，危险化学品生产法制建设取得长足进展，但危险化学品安全生产法律法规体系还不健全，部门监管存在交叉，也存在漏洞。技术支撑体系还不完善，不能满足执法检查的需要。

3. 行业管理弱化　发展缺少规划

石油化工是我国的支柱产业之一，近年来，随着我国经济的发展，大批新建项目投入生产，生产规模迅速扩大，品种增多。

就整个行业看，目前，危险化学品安全监管存在以下几方面问题。

（1）行业管理缺失，行业发展缺少整体规划 化工行业发展缺少整体规划和行业指导，呈现盲目扩张趋势；许多已有的化工行业设计标准、规范没有得到及时修订，实际需要的标准、规范缺失，导致化工行业准入门槛低。各种投资主体纷纷发展化工项目，建成了一批污染大、能耗高、安全没有保障的小化工。当前，许多城市发展很快，缺少科学规划，一些化工企业外部安全距离被城市建设侵占，化工企业安全生产与周边社区之间的矛盾越来越突出。

（2）危险化学品长途运输量大，事故多发 由于缺少行业发展规划，化工企业布局不合理，造成大量危险化学品产地远离市场，需要长途公路运输。同时，由于尚未形成供需信息服务市场，使得同一种危险化学品异地交叉运输。据不完全统计，我国每年通过公路运输的危险化学品约有2亿吨、3000多个品种。由于危险货物运输准入门槛低，使得一些车况较差、人员素质较低、没有危险化学品运输能力的运输单位和个人进入危险化学品运输市场。在危险化学品道路运输中，超载、超限、疲劳驾驶现象时有发生，道路运输危险化学品事故频发。

（3）行业基础差，企业规模小，技术水平低，事故风险大 由于我国化工行业基础差，大多数化工企业规模小、集中度低、装备水平低，与发达国家相比，还有很大差距。如美国烧碱产量每年1270万吨，与我国每年烧碱产量1240万吨大体相当，但是美国氯碱企业只有30多家，我国氯碱企业却达200多家。我国的一些小氯碱企业烧碱产量每年只有5000t，生产规模小，点多面广，危险源数量多，而且耗能高、污染大、自动化控制水平低、本质安全水平低，发生事故的风险很大。

除上述问题外，危险化学品的安全监管还存在从业人员培训教育、工伤保险、职业健康等问题。这些问题是安全生产问题，也是化工产业结构、产业布局、产业政策、职业健康等问题在危险化学品安全生产领域中的集中反映。促进信息共享完善联合机制要解决化工行业存在的问题，不能只靠某一个部门，需要其他相关部门的配合。

为了强化监管部门之间的协作与配合，提高安全监管工作效率，国务院批准建立危险化学品安全生产监管部际联席会议制度。

联席会议制度的建立，使全国危险化学品安全生产工作有了组织保障和统一领导。为充分发挥部际联席会议制度的作用，国家安监总局副局长孙华山在第一次联络员会议上，提出了三点要求。

一是各成员单位要按照职责分工，主动研究涉及危险化学品安全管理的有关问题。要采取不同形式，对突出问题作深入调查研究，提出解决问题的办法、措施和建议。对需要其他部门配合解决的问题，要及时向国家安监总局反映，通过联席会议明确牵头部门，研究对策，提出解决问题的途径和力法。

二是通过落实联席会议制度，建立危险化学品安全监管部门联合执法机制。实践证明，在重点领域、难点问题、事故调查、监督检查等方面，部门联合执法是有效办法。危险化学品监管环节多、涉及的部门多，问题比较复杂，更需要各相关部门的通力协作。从大的方面讲，联席会议制度本身就是部门联合执法机制；从具体问题上看，在大的框架下，几个部门也可联合执法，集中力量，解决突出问题。比如危险化学品道路运输事故调查处理、安全防护距离不足的企业搬迁、小化工整治、化工企业事故状态下“清净下水”排放措施的落实等问题，都要通过部门联合执法才能逐步解决。

更重要的是，要通过落实部际联席会议制度，带动地方政府建立部门联席会议制度，完善地方各级政府部门的联合执法机制；通过建立国务院部门间的危险化学品安全监管部门联合执法机制，带动地方政府完善本地区的部门联合执法机制，建立跨地区的联合执法程序。

三是要建立联席会议情况通报、信息共享机制。为便于部门之间及时交流情况，各部门要指定一名工作人员作为联系人，向联席会议办公室提供本部门有关危险化学品安全监管方面的信息，为本部门的联席会议组成人员、联络员提供联席会议办公室的有关资料和信息。国家安监总局作为牵头单位，要努力为各部门做好服务工作，及时收集和整理各类危险化学品安全生产方面的信息和资料，通过简报等形式分发给各部门的联席会议组成人员和联络员。

三、法律法规建立与执行情况

为加强对危险化学品的安全管理，近年来我国政府以法制化建设为核心开展了一系列卓有成效的工作，如颁布实施了《中华人民共和国安全生产法》、《中华人民共和国职业病防治法》、《危险化学品安全管理条例》和《安全生产许可证条例》等一系列法律法规和《化工企业职业安全健康管理体系实施指南》等一系列标准、规范，也在全国范围内进行了一次又一次的危险化学品和烟花爆竹的安全生产专项整治等，使得我国危险化学品安全生产管理正迅速步入法制化、规范化管理的轨道。

总体来看，危险化学品方面安全生产法律法规与标准已经形成了一个较为全面的法律体系，对促进我国危险化学品安全管理，预防和减少危险化学品事故起到了非常积极的作用，但从目前的实施情况看，危险化学品法律法规与标准在一定程度上和一定范围内还存在着严格不起来、落实不下去，同时部门规章政出多门，未进行很好的梳理，相互的协调性有待进一步改进。

第二节 危险化学品安全发展趋势

一、国外危险化学品安全管理状况

1. 国外危险化学品安全管理概述

(1) 欧盟关于化学品的规划　当今世界化学品的生产与发展确实极大地改善了现代人的生活状况；但由于化学品固有的危险特性也给人类的生存带来了极大的威胁，对环境的影响也是十分地突出。这已经引起了世界各国的高度重视。世界各国都在根据自己实际情况，制定本国的化学品发展规划。在危险化学品领域，有一些指标可以反映其安全水平。

国际劳工组织对 2002 年的危险化学品事故的统计分析有两个指标：百万工人死亡事故起数和百万工人三天缺勤事故率。

在欧盟，与化学品规划紧密相关的现行法规体系，自从 1993 年就已经生效。目前，大约有 30000 种物质的量超过 1t。对于这些化学品所产生的环境和健康影响，都应该可以通过相关途径获得足够的信息。欧盟已经确定 140 种物质应该受到高度重视。工作思路已经确定，但工作进展速度还是很缓慢的。其中，欧盟化学品规划白皮书的决策过程经历了 4～5 年的时间。

在化学品规划白皮书中的主要建议如下：

① 现有化学品及新化学品的信息；

② 化学品的登记、评估和授权；

③ 高度重视和管理的化学品的授权；

④ 物质优先化；

⑤ 企业对化学品的安全使用承担责任；

⑥ 化学品生产环节的附加责任；

⑦ 鼓励替代使用危险化学品等。

欧盟化学品规划的目标是涵盖现有的所有物质和新的物质。不管是欧盟自己生产的化学品，还是进口到欧盟的化学品，只要其每年的量超过 1t，就应该在化学品登记中心数据库注册。同时，要创建一个测试和评估化学物质的快速高效而又实用的程序。不断进行动物实验，以保护人类健康和环境。并且对动物进行的实验也应该进行的尽可能少。应该认真考虑实验的直接和间接成本，以及对人类健康和环境所带来的好处。

另外，经济合作与发展组织已经成为进行化学品信息交流的国际论坛，包括测试等相关信息。其最初目标是在成员国之间获得数据的共享，并充分利用世界各国可以获得的信息。这可以避免测试的不必要重复。其测试程序全世界认可，并尽可能减少和替换用动物做实验。

化学品评估主要是通过高产量风险评估程序。这个程序可以使得化学品评估取得国际间的相互认可，现在每年约进行一百种危险化学品的评估。化学协会国际委员会到 2004 年要完成 1000 种化学品的评估。这些评估正均按照经济合作与发展组织的指导原则进行。

(2) 英国化学品规划

① 英国政府对于危险化学品规划的承诺是力争实现四个目标。

a. 有效保护环境；

b. 谨慎使用自然资源；

c. 保持经济快速稳定增长；

d. 充分就业。

② 英国对进行危险化学品的规划管理的目的是：

a. 尽可能地界定那些对人类健康和环境可以造成不可承受风险的化学品；

b. 尽可能减少那些在日常生活必须使用的危险化学品所造成的风险，从而保护人类健康与环境，取得社会与经济的协调发展；

c. 使得大家都可以获得有关于危险化学品造成环境和健康风险的全面信息；

d. 维持和提高化工企业的竞争能力。

③ 危险化学品规划的范围：

a. 市场上可获得的危险化学品对环境和人类健康所造成的风险；

b. 化学品的商业生产和使用；

c. 与危险化学品生产和使用相关的控制措施；

d. 加快对化学品所造成的环境风险进行评估的措施。

其中，化学品规划不考虑下面的情况：

① 暴露于工作场所的危险化学品；

② 危险化学品的运输和重大危险源；

③ 食品在加工过程中增加的化学品；

④ 化学品释放到环境中的控制措施。

一个国家的化学品规划常受到许多国际协议的影响。英国的化学品政策受到许多国际协议的影响。英国积极参加许多国际活动，都是为了实现其对化学品规划的承诺。

联合国推动了全球范围内许多事情的合作，包括在化学品领域。在化学品管理方面，英国的规划涉及到好几个联合国协议。

在制定化学品规划时应该遵循的指导原则：

① 充分利用现有法律；

② 充分利用可以获得的可靠信息；

③ 生成相关信息，采用均衡原则；

④ 使当局可以获得信息；

⑤ 避免复杂问题；

⑥ 尽量减少对动物进行实验；

⑦ 与协调当局紧密合作。

(3) 美国关于危险化学品的安全管理 美国化学安全和危害调查署负责危险化学品的安全管理和事故调查统计。依据美国化学安全和危害调查署（CBS）的报告，在1987～1996年10年内，美国大约有605000次危险化学品的伤害事故，而实际情况可能还更多。也就是说平均每年大约有60000起危险化学品的事故发生，每年导致2565人死亡和22949人受伤，其中死亡333人和受伤的9962人与固定设施装置有关。资料还显示，42%的事故发生在固定设施内，43%事故的发生是在物料的传输过程中。设备的失效和人员的失误是造成事故的关键因素。

为防止事故的继续发生，对危险化学品的设施和装置，必须执行风险管理计划条例(Risk Management Plan Rule)。如果装置在生产过程中含有的危险有害物质多于140lb(1lb=0.45359237kg)，那么必须执行RMPs。RMPs详细描述了关于化学物质的释放和活性的详细信息，并由此可以防止化学事故的发生以及应对紧急情况。风险管理计划条例主要集中于防止化学物质的释放，降低由于有害化学物质暴露于社区的风险，同时将对环境的破坏后果减少到最低。风险管理计划条例需要对盛装危险化学品的容器进行识别，并分析这些化学物质对周围社区的风险程度大小，以及对紧急情况的反应计划。这些信息都在风险管理计划条例中要进行描述。风险管理计划条例必须要包括如下内容：

① 事故原因分析，通过原因分析可以估计潜在的对社区环境的风险大小程度；

② 近5年以来的危险化学品意外释放事故的历史记录；

③ 相关的事故调查报告；

④ 预防事故发生的措施概述；

⑤ 对潜在的危险化学品意外释放或飞溅的应急反应计划（应急预案）。

对危险化学品的设备设施的管理，分为三个安全状态层次。因为不是所有的设备设施都会危及人的生命。依据过程中的危害范围和设备设施的事故历史记录，每一个安全水平级对应着不同的安全措施。

第一个安全水平级代表了设备设施中的危险化学品一旦释放对周围环境或社区的危害是最低的水平。一个设施或设备被界定为第一安全水平级应满足：

① 在最近5年内应没有对周围环境和社区造成危害的泄漏事故发生；

② 在最坏的情景状态下泄漏时对周围的人员没有影响。

由于该水平级的设备设施，其危险性比较低，对社区及周围环境的影响比较小，因此，对其可进行较少的危害评估、预防以及紧急情况的应急措施。该水平级的应急响应预案必须与现场的应急预案相一致。

第二安全水平级不像第一安全水平级那样比较合格，可以接受，也不像第三安全水平级那样具有非常大的危险性。第二安全水平级的设施设备主要依据高度危险化学物质过程安全管理条例（the Process Safety Management of highly Hazardous Chemicals Rule，PSM）。

第三安全水平级的设备设施具有最大的危险危害性，必须严格地逐步对工艺过程、设备进行危害分析，以便于确认在什么地方危险化学品容易泄漏发生事故。

人的失误和机械故障是主要的造成化学品飞溅和泄漏的原因。事故预防应当确定问题的所在并解决它们。建议采取以下安全措施来降低风险，并减少事故的发生。

① 对操作员工的培训可以降低事故的发生。大多数事故的发生是由于不安全的状态或不安全的行为。合适的培训可以减少事故发生的次数。风险管理计划条例中要求对操作员工以及相关人员进行适当的安全培训。

② 保持生产过程中设备的完整有效性可以降低风险，使风险程度可以降低。

③ 通过对事故的调查，分析原因，可以预防事故的再次发生。

④ 减少危险，提高安全性。

2. 国外危险化学品安全管理分析

（1）政府高度重视危险化学品管理　经济发达国家政府对危险化学品安全管理的主要做法归纳起来就是加强危险化学品安全立法和严格执法。政府对企业的要求主要有：

① 危险化学品生产经营企业的设立、生产经营的安全卫生设施及管理条件必须符合相关标准，否则不得设立；

② 危险化学品生产必须到指定部门登记，否则不能生产，同时限制和禁止剧毒化学品的生产、销售或使用；

③ 化学品出厂和流通过程中必须附有安全技术说明书（即物质安全数据卡 MSDS），其包装必须贴（挂）安全标签；

④ 化学品生产经营企业必须建立化学品事故应急预案，包括制定现场应急预案和协助地方当局制定厂外应急预案；

⑤ 企业可能危及员工和社会公众的危险化学品的危害性和应急措施必须向员工、社区公众公开；

⑥ 对化学品反应性危险加强管理，把化学品生产工艺过程特殊条件和化合作用导致的反应性危险考虑进去；

⑦ 对危险物质运输的风险管理，对放射性、爆炸性和有毒性物质以及其他危险物质的运输进行风险评估，并采取必要的安全措施。

（2）企业严格自我约束

① 企业有化学物质申报和持续报告义务。新化学物质（包括剧毒化学物质）在进入市场之前，都要向国家主管部门申报。国家制定了现有化学物质名录，在名录中的化学物质可以免于申报，但不能免除分类、包装和标注的责任要求。申报的内容依据化学物质投放到市场的量的不同而改变，如果投放量超过一定标准，则需要进行完全申报，否则可进行部分申报。

② 化学物质的危险性评估。要求有关主管部门或生产使用的企业就化学物质对人类和环境的潜在危险性进行评估。

③ 危险信息交流。对危险的化学品，尤其是剧毒化学品，推行安全技术说明书（MSDS）和安全标签制度，进行危险信息传递，同时要求这些危险信息语言和格式本地化。

④ 社区知情权。公众和社区享有知情权，要求工业界报告社区和州政府规定的有毒化学品的泄漏情况；要求企业报告化学品或杀虫剂对设施所在社区存在的可能的危险；要求企业报告危险的化学品在社区内存放的量，并建立危险化学品的列表，列表内容包括商品名称、泄漏报告量等信息。

例如，杜邦公司有自己的研究开发中心，其毒理研究和动物实验的规模相当宏大。美国石油公司研究和开发的《安全控制系统》、《故障分析控制系统》不仅使本公司安全水准达到很高水平，也使世界石油化工界受益。美国道化学公司研究开发的危险指数评价法、英国帝国化学公司研究开发的蒙德指数评价方法已在全球得到广泛应用。加拿大化工企业界总结出《责任与关怀》——企业自愿采取的加强安全、健康与环保的管理理念和体系，它包括化学品的生产、销售、储运、回收、废弃的各个环节，强调要有员工、客户、供应商、社区公众的共同参与。另外企业界普遍推行《职业安全健康管理体系》。该管理体系更加强调企业内部的规范化管理，把安全、卫生工作分成若干要素，根据企业实际情况制定目标和计划、实施计划、审查评估、持续改进，在一定期限内完成从计划到改进的一个循环，反复进行。

（3）国际组织积极参与　现在很多国际组织对化学品安全问题相当重视，目前参与此事的有国际劳工组织、国际卫生组织、联合国环境规划署、联合国危险货物运输专家委员会以及政府间化学品安全论坛等。

二、我国危险化学品安全管理发展趋势

近年来，我国经济持续高速发展，我国已能生产各种化学产品四万余种（品种、规格），现在国内的一些主要化工产品产量已位于世界前列，如化肥、染料产量位居世界第一；农药、纯碱产量居世界第二；硫酸、烧碱居世界第三；合成橡胶、乙烯产量居世界第四；原油加工能力居世界第四。石油和化学工业已经成为国内工业的支柱产业之一。随着经济的发展与科学的进步，石油和化学工业还将会快速发展。在众多的化学品中，已列入危险货物品名编号的有3000余种，这些危险化学品具有易燃性、易爆性、强氧化性、腐蚀性、毒害性，其中有些品种属剧毒化学品。当前我国危险化学品安全管理的总体对策包括：深化危险化学品安全专项整治，对生产、使用、经营、储存、运输和废弃等各个环节进行有效的监督管理，进一步健全危险化学品安全管理的法律法规和政策体系，加强对新化学品源头控制，完善危险化学品事故应急救援预案和救援体系，提高事故防范和应急救援能力，大力推进危险化学品监管部门间和区域间协调联动机制的建设。

随着我国经济的不断发展，危险化学品的生产经营将呈以下几方面的发展态势：

① 危险化学品单位数量越来越多，化学品危险源数量将大大增加，发生事故的可能性也在增加；

② 危险化学品单位规模越来越大，特别是化学品生产过程中自动化和连续化程度提高，设备要求严格，工艺条件苛刻，生产经营过程中能量储备呈几何级数增加，一旦发生事故其后果难估量；

③ 新工艺、新设备、新产品不断出现，必然会带来一些影响安全生产的新问题。

同时，相当一部分危险化学品单位尤其是中小企业安全投入不足、安全管理基础薄弱和从业人员素质不高等。这些问题在短期内难以根本改变，决定了今后较长一个时期内我国危险化学品事故发生的可能性及事故后果的严重性将大大增加，安全形势不容乐观。为此，危险化学品的安全管理是我国目前安全工作的一项重要任务，从我国的现状和危险化学品固有的危险性，都要求我们对危险化学品必须加强管理，制定详细可操作的规程、制度、标准、方案，以此来规范危险化学品的安全生产、使用、储存、运输，为国民经济的迅速发展和人民生活的不断提高以及环境保护做出应有的贡献。

第三节　危险化学品种类

《常用危险化学品的分类及标志》（GB 13690—92）将危险化学品分为八大类，包括爆炸品、压缩气体和液化气体、易燃液体、易燃固体、自燃物品和遇湿易燃物品、氧化剂和有

机过氧化物、有毒品和腐蚀品等。

一、爆炸品

爆炸品系指在外界作用下（如受热、受压、撞击等），能发生剧烈的化学反应，瞬时产生大量的气体和热量，使周围压力急骤上升，发生爆炸，对周围环境造成破坏的物品；也包括无整体爆炸危险，但具有燃烧、抛射及较小爆炸危险，或仅产生热、光或烟雾等一种或几种作用的烟火物品。

爆炸品危险性分为以下五项。

第 1 项　具有整体爆炸危险的物质和物品，如高氯酸。

第 2 项　具有抛射危险，但无整体爆炸危险的物质和物品，如弹药用雷管。

第 3 项　具有燃烧危险和较小爆炸或较小抛射危险、或两者兼有，但无整体爆炸危险的物质和物品，如二亚硝基苯。

第 4 项　无重大危险的爆炸物质和物品，本项危险性较小，万一被点燃或引燃，其危险作用大部分局限在包装件内部，而对包装件外部无重大危险，如四唑并-1-乙酸。

第 5 项　非常不敏感的爆炸物质，本项性质比较稳定，在着火实验中不会爆炸。

二、压缩气体和液化气体

本类系指压缩、液化或加压溶解的气体，并应符合下述两种情况之一者。

① 临界温度低于 50℃时，或在 50℃时，其蒸气压力大于 291kPa 的压缩或液化气体。

② 温度在 21.1℃时，气体的绝对压力大于 275kPa，或在 51.4℃时气体的绝对压力大于 715kPa 的压缩气体；或在 37.8℃时，雷德蒸气压大于 274kPa 的液化气体或加压溶解的气体。

本类分为三项。

第 1 项　易燃气体，此类气体极易燃烧，与空气混合能形成爆炸性混合物。在常温常压下遇明火、高温即会发生燃烧或爆炸。如氨气、一氧化碳、甲烷等。

第 2 项　不燃气体系指无毒、不燃气体，包括助燃气体。但高浓度时有窒息作用。助燃气体有强烈的氧化作用，遇油脂能发生燃烧或爆炸。如氮气、氧气等。

第 3 项　有毒气体，如氯（液化的）、氨（液化的）等。该类气体有毒，毒性指标与六（有毒品）毒性指标相同。对人畜有强烈的毒害、窒息、灼伤、刺激作用。其中有些还具有易燃、氧化、腐蚀等性质。

三、易燃液体

本类系指易燃的液体、液体混合物或含有固体物质的液体，但不包括由于其危险特性列入其他类别的液体。其闭杯实验闪点等于或低于 61℃。

本类按闪点分为三项。

第 1 项　低闪点液体，本项系指闭杯实验闪点低于－18℃的液体，如乙醛、丙酮等。

第 2 项　中闪点液体，本项系指闭杯实验闪点在－18～23℃的液体，如苯、甲醇等。

第 3 项　高闪点液体，本项系指闭杯实验闪点在 23～61℃的液体，如环辛烷、氯苯、苯甲醚等。

四、易燃固体、自燃物品和遇湿易燃物品

第 1 项　易燃固体，本项系指燃点低，对热、撞击、摩擦敏感，易被外部火源点燃，燃烧迅速，并可能散发出有毒烟雾或有毒气体的固体，但不包括已列入爆炸品的物质。如红磷、硫黄等。

第 2 项　自燃物品，本项系指自燃点低，在空气中易于发生氧化反应，放出热量而自行燃烧的物品。如黄磷、三氯化钛等。

第 3 项　遇湿易燃物品，本项系指遇水或受潮时发生剧烈化学反应，放出大量的易燃气体和热量的物品。有些不需明火，即能燃烧或爆炸。如金属钠、氢化钾等。

五、氧化剂和有机过氧化物

第 1 项　氧化剂系指处于高氧化态、具有强氧化性、易分解并放出氧和热量的物质。其本身不一定可燃，但能导致可燃物的燃烧，能与松软的粉末状可燃物组成爆炸性混合物，对热、震动或摩擦较敏感。如氯酸铵、高锰酸钾等。

第 2 项　有机过氧化物系指分子组成中含有过氧基的有机物，其本身易燃易爆、极易分解，对热、震动和摩擦极为敏感。

六、有毒品

第 1 项　毒害品。有毒品系指进入肌体后，累积达一定的量，能与体液和组织发生生物化学作用或生物物理学变化，扰乱或破坏肌体的正常生理功能，引起暂时性或持久性的病理状态，甚至危及生命的物品。凡固体或液体经口摄取半数致死量：固体 $LD_{50} \leqslant 500mg/kg$，液体 $LD_{50} \leqslant 2000mg/kg$；经皮肤接触 24h，半数致死量 $LD_{50} \leqslant 1000mg/kg$；粉尘、烟雾及蒸气吸入的半数致死浓度 $LC_{50} \leqslant 10mg/L$，以及列入危险货物品名表的农药。如各种氰化物、砷化物、化学农药等。

第 2 项　感染性物品。本项化学品系指含有致病的微生物，能引起病态，甚至死亡的物质。

七、放射性物品

本类化学品系指放射性比活度大于 $7.4 \times 10^4 Bq/kg$ 的物品，有以下特性。

具有放射性物质放出的射线可分为四种：α 射线，也叫甲种射线；β 射线，也叫乙种射线；γ 射线，也叫丙种射线；还有中子流。各种射线对人体的危害都大。

许多放射性物品毒性很大，不能用化学方法中和使其不放出射线，只能设法把放射性物质清除或者适当清除或者用适当的材料予以吸收屏蔽。

八、腐蚀品

本类系指能灼伤人体组织并对金属等物品造成损坏的固体或液体。与皮肤接触在 4h 内出现可见坏死现象，或温度在 55℃时，对 20 号钢的表面均匀年腐蚀率超过 6.25mm/a 的固体或液体。

本类按化学性质分为三项。

第 1 项　酸性腐蚀品，如硫酸、硝酸、盐酸等。

第 2 项　碱性腐蚀品，如氢氧化钠、硫氢化钙等。

第 3 项　其他腐蚀品，如二氯乙醛、苯酚钠等。

第四节　危险化学品危险性分析

一、危险化学品固有危险性

危险化学品的固有危险性参考前欧共体危险品分类可划分为物理化学危险性、生物危险性和环境污染危险性。

1. 物理化学危险性

(1) 爆炸危险性　指危险化学品在明火影响下或是对震动或摩擦比二硝基苯更敏感，会产生爆炸。该定义取自危险物品运输的国际标准，用二硝基苯作为标准参考基础。迅速而又缺乏控制的能量释放会产生爆炸。释放能量的形式一般是热、光、声和机械振动等。化工爆炸的能源最常见的是化学反应，但是机械能或原子核能的释放也会引起爆炸。

任何易燃的粉尘、蒸气或气体与空气或其他助燃剂混合，在适当条件下点火都会产生爆炸。能引起爆炸的可燃物质有：可燃固体、易燃液体的蒸气、易燃气体。可燃物质爆炸的三个要素是：可燃物质、空气或任何其他助燃剂、火源或高于着火点的温度。

（2）氧化危险性　指危险物质或制剂与其他物质，特别是易燃物质接触产生强放热反应。氧化性物质依据其作用可分为中性的，如氧化铅等；碱性的，如高锰酸钾、氧等；酸性的，如硫酸等三种类别。绝大多数氧化剂都是高毒性化合物。按照其生物作用，有些可称为刺激性气体，如硫酸等，甚至是窒息性气体，如硝酸烟雾、氯气等。所有刺激性气体尽管其物理和化学性质不同，直接接触一般都能引起细胞组织表层的炎症。其中一些，如硫酸、硝酸和氟气，可以造成皮肤和黏膜的灼伤，另外一些，如过氧化氢，可以引起皮炎。含有铬、锰和铅的氧化性化合物具有特殊的危险，例如，铬（Ⅵ）化合物长期吸入会导致肺癌，锰化合物可以引起中枢神经系统和肺部的严重疾患。

作为氧源的氧化性物质具有助燃作用，而且会增加燃烧强度。由于氧化反应的放热特征，反应热会使接触物质过热，而且各种反应副产物往往比氧化剂本身更具毒性。

（3）易燃危险性　易燃危险性可以细分为极度易燃性、高度易燃性和易燃性三个危险类别。

① 极度易燃性。指闪点低于0℃、沸点低于或等于35℃的危险物质或制剂具有的特征。例如，乙醚、甲酸乙酯、乙醛就属于这个类别。能满足上述界定的还有其他许多物质，如氢气、甲烷、乙烷、乙烯、丙烯、一氧化碳、环氧乙烷、液化石油气，以及在环境温度下为气态、可形成较宽爆炸极限范围的气体-空气混合物的石油化工产品。

② 高度易燃性。指无需能量，与常温空气接触就能变热起火的物质或制剂具有的特征。这个危险类别包括与火源短暂接触就能起火，火源移去后仍能继续燃烧的固体物质或制剂；闪点低于21℃的液体物质或制剂；通常压力下空气中的易燃气体。氢化合物、烷基铝、磷以及多种溶剂都属于这个类别。

③ 易燃性。是指闪点在21～55℃的液体物质或制剂具有的特征。包括大多数溶剂和许多石油馏分。

2. 生物危险性

（1）毒性　毒性危险可造成急性或慢性中毒甚至致死，应用实验动物的半数致死剂量表征。毒性反应的大小很大程度上取决于物质与生物系统接受部位反应生成的化学键类型。对毒性反应起重要作用的化学键的基本类型是共价键、离子键和氢键，还有 van der Waals 力（分子间存在着一种只有化学键键能的1/10～1/100的弱的作用力，它最早由荷兰物理学家 van der Waals 提出，故称 van der Waals 力）。

有机化合物的毒性与其成分、结构和性质有密切关系是人们早已熟知的事实。

（2）腐蚀性和刺激性危险　腐蚀性物质是能够严重损伤活性细胞组织的一类危险物质。一般腐蚀性物质除具有生物危险性外，还能损伤金属、木材等其他物质。

刺激性是指危险物质或制剂与皮肤或黏膜直接、长期或重复接触会引起炎症。刺激性的作用对象不包括无生物。

虽然腐蚀性作用常引起深层损伤结果，但刺激性一般只有浅表特征，且两者之间并没有明确的界线。

（3）致癌危险性　致癌性是指一些化学危险物质或制剂，通过呼吸、饮食或皮肤注射进入人体会诱发癌症或增加癌变危险。1978 年国际癌症研究机构制定的一份文件宣布有 26 种物质被确认具有致癌性质。随后又有 22 种物质经动物实验被确认能诱发癌变。在致癌物质领域，由于目前人们对癌变的机理还不甚了解，还不足以建立起符合科学论证的管理网络。但是对于物质的总毒性，却可以测出一个浓度水平，在此浓度水平之下，物质不再显示出致癌作用。另外，动物实验结果与对人体作用之间的换算目前在科学上还未解决。

（4）致变危险性　致变性是指一些化学危险物质或制剂可以诱发生物活性。对于具体物质诱发的生物活性的类型，如细胞的、细菌的、酵母的或更复杂有机体的生物活性，目前还无法确定。致变性又称变异性。受其影响的如果是人或动物的生殖细胞，受害个体的正常功能会有不同程度的变化；如果是躯体细胞，则会诱发癌变。前者称为生物变异，可传至后代；后者称为躯体变异，只影响受害个体的一生。

3. 环境污染危险性

化工有关的环境污染危险主要是水质污染和空气污染，是指化学危险物质或制剂在水和空气中的浓度超过正常量，进而危害人或动物的健康以及植物的生长。

环境污染危险是一个不易确定的综合概念。环境污染危险往往是物理化学危险和生物危险的聚结，并通过生物和非生物降解达到平衡。为了评价化学物质对环境的危险，必须进行全面评估，考虑化学物质的固有危险及其处理量，化学物质的最终去向及其散落入环境的程度，化学物质分解产物的性质及其所具有的新陈代谢功能。

二、危险化学品过程危险性

1. 危险化学品生产的特征与其危险性分析

当前，危险化学品生产等化学工业正向着多样化、大型化、连续化、自动化的趋势发展。

（1）化工产品和生产方法的多样化　化工生产所用的原料、半成品、成品种类繁多，绝大部分是易燃、易爆、有毒、腐蚀性危险化学品。而化工生产中一种主要产品可以联产或副产几种其他产品，同时，又需要多种原料和中间体来配套。同一种产品往往可以使用不同的原料和采用不同的方法制得，如苯的主要来源有四个：炼厂副产、石脑油铂重整、裂解制乙烯时的副产以及甲苯经脱烷基制取苯。而用同一种原料采用不同的生产方法，可得到不同的产品，如从化工基本原料乙烯开始，可以生产出多种化工产品。

（2）生产规模的大型化　近 20 年来，国际上化工生产采用大型生产装置是一个明显趋势。世界各国出现了以炼石脑油和天然气凝析液为原料，采用烃类裂解技术制造乙烯的大型石化工厂，生产乙烯的装置也由 20 世纪 50 年代的 1 万吨级跃升为 10 万～30 万吨级。我国已建成了许多年产 30 万吨以上的合成氨的大型化肥装置，目前新建的乙烯装置和合成氨装置大都稳定在 30 万～45 万吨/年的规模。

从安全角度考虑，大型化会带来重大的潜在危险性。

① 能量大增加了能量外泄的危险性。生产过程温度越高，设备内外压力差越大，对设备强度要求就越高，也就越难以保证。原材料、半成品甚至产品在加工过程中外泄的可能性就会增大。一旦大量外泄，就会在很大范围燃烧爆炸或产生易爆的蒸气云团或毒气云，给人民财产带来巨大的灾难。1984 年印度博帕尔发生的异氰酸甲酯泄漏所造成的中毒事故，就是震惊世界的化学灾害事故。

② 生产相互依赖、相互制约性大增。为了提高经济效益，把各种生产有机地联合起来，一个厂的产品就是另外一个厂的原料，输入、输出只是在管道中进行，多数装置直接接合，

形成直线连接，不仅规模变大而且更为复杂，装置间的相互作用强了，独立运转成为不可能。直线连接又容易形成许多薄弱环节，使系统变得非常脆弱。

③ 生产弹性减弱。放弃了中间储存设备，使弹性生产能力日益减弱。过去化工生产往往在工序或车间之间设置一定的储存能力，以调节生产的平衡，大型化必然带来连续化和自动控制操作，不可能也不必要再设置中间储存能力，但也因此导致生产弹性的减弱。

④ 控制集中化和自动控制，使系统复杂化。没有控制的集中和自动化也谈不上大型化，但控制设备和计算机也有一定的故障率，如果是开环控制，人是子系统的一员，人的低可靠性增大了发生事故的可能。

⑤ 设备要求日益严格。工厂规模大型化以后，对工艺设备的处理能力、材质和工艺参数要求更高。如轻油裂解、蒸气稀释裂解的裂解管壁温要求都在900℃以上，合成氨、甲醇、尿素的合成压力要求都在10MPa以上，高压聚乙烯压缩机出口压力为350MPa，高速水泵转速达2500r/min，天然气深冷分离在零下120～130℃的条件下进行，这些严酷的生产条件给设备制造带来极大的难度，同时也增加了潜在危险性的严重程度。

⑥ 大型化给社会带来威胁。工厂大型化基本上是在原有厂区上逐渐扩建的，大量职工的生活需求又使厂区与居民区越来越近，一旦发生事故，便会对社会造成巨大影响。

(3) 条件工艺过程的连续化和自动控制　化工生产有间歇操作和连续操作之分，间歇操作的特点是各个操作过程都在一组或一个设备内进行，反应状态随时间而变化，原料的投入和产出都在同一地点，危险性原料和产品都在岗位附近。因此，很难达到稳定生产，操作人员的注意力十分集中，劳动强度也很大，这就容易发生事故。间歇生产方式不可能大型化，连续化和自动控制是大型化的必然结果。

连续操作的特点是各个操作程序都在同一时间内进行，所处理的原料在工艺过程中的任何一点或设备的任何断面上，其物理量或参数（如温度、压力以及浓度、比热容、速度等）在过程的全部时间内，都要按规定要求保持稳定。这样便形成了一个从原料输入、物理或化学处理、形成产品的连续过程，原料不断输入，产品不断输出，使大型化成为可能。

连续大型化的生产很难想象能用人工控制。20世纪50年代中在某些化工生产中使用负反馈的定值控制方式，使工艺过程比较平稳，后来随着工艺技术的发展，逐步进入了集中控制、自动控制和计算机控制，实现了工艺过程控制的自动化，保证了运转条件和产品质量的稳定，同时也提高了生产的安全性。

连续化生产的操作比起间歇操作要简单，特别是各种物理量参数在正常运转的全部时间内是不变的；不像间歇操作不稳定，随时间变化经常出现波动。但连续化生产中外部或内部产生的干扰非常容易侵入系统，影响各种参数发生偏离；由于各子系统的输入、输出是连续的，上游的偏离量很容易传递到下游，进而影响系统的稳定。连续化生产装置和设备之间的相互作用非常紧密，输入、输出问题也比间歇操作复杂，所以必须实现自动控制，才能保持稳定生产。自动控制虽然能增加运转的可靠性，提高产品质量和安全性，但也不是万无一失的。美国石油保险协会曾调查过炼油厂火灾爆炸事故原因，其中因控制系统发生故障而造成的事故即达6.1%，所以，即使采用自动控制手段，也应加强管理，搞好维护，不可掉以轻心。

(4) 间歇操作仍是众多化工企业生产的主要方式　间歇操作的特点是所有操作阶段都在同一设备或地点进行。原料和催化剂、助剂等加入反应器内，进行加热、冷却、搅拌等操作，使之发生化学反应。经一段时间反应完成后，产品从反应器内全部或部分卸出，然后再加入新原料周而复始地进行新一轮的操作。

间歇操作适于生产批量较少而品种较多的化工产品，如染料、医药、精细化工等产品，这种生产方式仍是化工生产的重要方式之一。有些集中控制或半自动控制的化工装置也还残留着间歇操作的部分特性。

进行间歇操作时，由于人机接合面过于接近，发生事故很难躲避，岗位环境不良，劳动强度也大。因此，在中小型工厂中，如何改善间歇操作的安全环境和劳动条件，仍是当今化工安全的主攻方向。

(5) 生产工艺条件苛刻　采用高温、高压、深冷、真空等工艺，可以提高单机效率和产品收率，缩短产品生产周期，使化工生产获得更大的经济效益。然而，与此同时，也对工艺操作提出更为苛刻的要求，首先，对设备的本质安全可靠性提出了更高的要求，否则，就极易因设备质量问题引发设备安全事故；其次，是要求操作人员必须具备较为全面的操作知识、良好的技术素质和高度的责任心；最后，苛刻的工艺条件要求必须具备良好的安全防护设施，以防工艺波动、误操作等导致的事故，而对这些苛刻条件下的生产进行防护，无论从软件，还是到硬件都不是一件很容易的事情。而一旦不能做好，就会发生不可估量的事故。

2. 化工单元操作的危险性分析

化工单元操作是指各种化工生产中以物理过程为主的处理方法，主要包括加热、冷却、加压操作、负压操作、冷冻、物料输送、熔融、干燥、蒸发与蒸馏等。

(1) 加热　加热是促进化学反应和物料蒸发、蒸馏等操作的必要手段。加热的方法一般有直接火加热（烟道气加热）、蒸汽或热水加热、载体加热以及电加热等。

① 温度过高会使化学反应速度加快，若是放热反应，则放热量增加，一旦散热不及时，温度失控，发生冲料，甚至会引起燃烧和爆炸。

② 升温速度过快不仅容易使反应超温，而且还会损坏设备，例如，升温过快会使带有衬里的设备及各种加热炉、反应炉等设备损坏。

③ 当加热温度接近或超过物料的自燃点时，应采用惰性气体保护；若加热温度接近物料分解温度，此生产工艺称为危险工艺，必须设法改进工艺条件，如负压或加压操作。

(2) 冷却　在化工生产中，把物料冷却在大气温度以上时，可以用空气或循环水作为冷却介质；冷却温度在15℃以上，可以用地下水；冷却温度在0～15℃之间，可以用冷冻盐水。还可以借某种沸点较低的介质的蒸发从需冷却的物料中取得热量来实现冷却，常用的介质有氟里昂、氨等。此时，物料被冷却的温度可达－15℃左右。

① 冷却操作时，冷却介质不能中断，否则会造成积热，系统温度、压力骤增，引起爆炸。开车时，应先通冷却介质；停车时，应先停物料，后停冷却系统。

② 有些凝固点较高的物料，遇冷易变得黏稠或凝固，在冷却时要注意控制温度，防止物料卡住搅拌器或堵塞设备及管道。

(3) 加压操作　凡操作压力超过大气压的都属于加压操作。加压操作所使用的设备要符合压力容器的要求，加压系统不得泄漏，否则在压力下物料以高速喷出，产生静电，极易发生火灾爆炸。所用的各种仪表及安全设施（如爆破泄压片、紧急排放管等）都必须齐全好用。

(4) 负压操作　负压操作即低于大气压下的操作。负压系统的设备也和压力设备一样，必须符合强度要求，以防在负压下把设备抽瘪。

负压系统必须有良好的密封，否则一旦空气进入设备内部，形成爆炸混合物，易引起爆炸。当需要恢复常压时，应待温度降低后，缓缓放进空气，以防自燃或爆炸。

(5) 冷冻　在工业生产过程中，蒸气、气体的液化，某些组分的低温分离，以及某些物品的输送、储藏等，常需将物料降到比水或周围空气更低的温度，这种操作称为冷冻或制冷。

一般说来，冷冻程度与冷冻操作技术有关，凡冷冻范围在－100℃以内的称冷冻；而－100～－200℃或更低的温度，则称深度冷冻或简称深冷。

① 某些制冷剂易燃且有毒。如氨，应防止制冷剂泄漏。

② 对于制冷系统的压缩机、冷凝器、蒸发器以及管路，应注意耐压等级和气密性，防止泄漏。

（6）物料输送　在工业生产过程中，经常需要将各种原材料、中间体、产品以及副产品和废弃物由前一个工序输往后一个工序，由一个车间输往另一个车间，或输往储运地点，这些输送过程就是物料输送。

① 气流输送系统除本身会产生故障之外，最大的问题是系统的堵塞和由静电引起的粉尘爆炸。

② 粉料气流输送系统应保持良好的严密性。其管道材料应选择导电性材料并有良好的接地，如采用绝缘材料管道，则管外应采取接地措施。输送速度不应超过该物料允许的流速，粉料不要堆积管内，要及时清理管壁。

③ 用各种泵类输送易燃可燃液体时，流速过快能产生静电积累，其管内流速不应超过安全速度。

④ 输送有爆炸性或燃烧性物料时，要采用氮、二氧化碳等惰性气体代替空气，以防造成燃烧或爆炸。

⑤ 输送可燃气体物料的管道应经常保持正压，防止空气进入，并根据实际需要安装逆止阀、水封和阻火器等安全装置。

（7）熔融　在化工生产中常常需将某些固体物料（如苛性钠、苛性钾、萘、磺酸等）熔融之后进行化学反应。碱熔过程中的碱屑或碱液飞溅到皮肤上或眼睛里会造成灼伤。

碱融物和磺酸盐中若含有无机盐等杂质，应尽量除掉，否则这些无机盐因不熔融会造成局部过热、烧焦，致使熔融物喷出，容易造成烧伤。

熔融过程一般在150～350℃下进行，为防止局部过热，必须不间断地搅拌。

（8）干燥　干燥是利用热能使固体物料中的水分（或溶剂）除去的单元操作。干燥的热源有热空气、过热蒸汽、烟道气和明火等。

干燥过程中要严格控制温度，防止局部过热，以免造成物料分解爆炸。在过程中散发出来的易燃易爆气体或粉尘不应与明火和高温表面接触，防止燃爆。在气流干燥中应有防静电措施，在滚筒干燥中应适当调整刮刀与筒壁的间隙，以防止火花。

（9）蒸发　蒸发是借加热作用使溶液中所含溶剂不断汽化，以提高溶液中溶质的浓度，或使溶质析出的物理过程。蒸发按其操作压力不同可分为常压、加压和减压蒸发。

凡蒸发的溶液皆具有一定的特性。如溶质在浓缩过程中可能有结晶、沉淀和污垢生成，这些都能导致传热效率的降低，并产生局部过热，促使物料分解、燃烧和爆炸，因此要控制蒸发温度。为防止热敏性物质的分解，可采用真空蒸发的方法，降低蒸发温度，或采用高效蒸发器，增加蒸发面积，减少停留时间。

（10）蒸馏　蒸馏是借液体混合物各组分挥发度的不同，使其分离为纯组分的操作。蒸馏操作可分为间歇蒸馏和连续蒸馏；按压力分为常压、减压和加压（高压）蒸馏。

在安全技术上，对不同的物料应选择正确的蒸馏方法和设备。在处理难于挥发的物料时（常压下沸点在150℃以上）应采用真空蒸馏，这样可以降低蒸馏温度，防止物料在高温下分解、变质或聚合。

在处理中等挥发性物料（沸点为100℃左右）时，采用常压蒸馏。

对沸点低于 30℃的物料，则应采用加压蒸馏。

第五节 危险化学品事故类型

一、危险化学品事故定义

危险化学品事故指由一种或数种危险化学品或其能量意外释放造成的人身伤亡、财产损失或环境污染事故。危险化学品事故后果通常表现为人员伤亡、财产损失或环境污染以及它们的组合。

1. 危险化学品事故的特征

① 事故中产生危害的危险化学品是事故发生前已经存在的，而不是在事故发生时产生的。

② 危险化学品的能量是事故中的主要能量。

③ 危险化学品发生了意外的、人们不希望的物理或化学变化。

2. 危险化学品事故的界定

危险化学品事故的界定条件如下。

① 界定危险化学品最关键的因素是判断事故中产生危害的物质是否是危险化学品。如果是危险化学品，可以界定为危险化学品事故。

② 危险化学品事故的类型主要是泄漏、火灾、爆炸、中毒和窒息、灼伤等。

③ 某些特殊的事故类型，如矿山爆破事故，不列入危险化学品事故类型。

二、从事故形式组成分

1. 单一型

表现形式有：危险化学品火灾事故、危险化学品爆炸事故、危险化学品泄漏事故、危险化学品中毒事故、危险化学品窒息事故、危险化学品灼伤事故和其他危险化学品事故等。单一型事故是指危险化学品发生事故时其表现形式仅仅是上述各种类型事故中的一种。

2. 复合型

危险化学品发生事故时，往往是由泄漏事故引起中毒、窒息、火灾或爆炸事故等，或由火灾引起爆炸、灼伤、中毒或其他形式的事故，很难以单一型的事故方式出现。像这种由一种类型的事故引发其他类型事故的形式称为危险化学品的复合型事故。

三、从事故的理化表现分类

从危险化学品事故的理化表现分，危险化学品事故大体上可划分为 8 类：火灾、爆炸、泄漏、中毒、窒息、灼伤、辐射事故和其他危险化学品事故。

1. 火灾

危险化学品火灾事故指燃烧物质主要是危险化学品的火灾事故。具体又分若干小类，包括：易燃液体火灾、易燃固体火灾、自燃物品火灾、遇湿易燃物品火灾、其他危险化学品火灾。易燃气体、液体火灾往往又引起爆炸事故，易造成重大的人员伤亡。由于大多数危险化学品在燃烧时会放出有毒有害气体或烟雾，因此危险化学品火灾事故中，往往会伴随发生人员中毒和窒息事故。

2. 爆炸

危险化学品爆炸事故指危险化学品发生化学反应的爆炸事故或液化气体和压缩气体的物

理爆炸事故。具体包括：爆炸品的爆炸（又可分为烟花爆竹爆炸、民用爆炸装备爆炸、军工爆炸品爆炸等）；易燃固体、自燃物品、遇湿易燃物品的火灾爆炸；易燃液体的火灾爆炸；易燃气体爆炸；危险化学品产生的粉尘、气体、挥发物爆炸；液化气体和压缩气体的物理爆炸；其他化学反应爆炸。

3. 泄漏

危险化学品泄漏事故主要是指气体或液体危险化学品发生了一定规模的泄漏，虽然没有发展成为火灾、爆炸或中毒事故，但造成了严重的财产损失或环境污染等后果的危险化学品事故。危险化学品泄漏事故一旦失控，往往造成重大火灾、爆炸或中毒事故。

4. 中毒

危险化学品中毒事故主要指人体吸入、食入或接触有毒有害化学品或者化学品反应的产物，而导致的中毒事故。具体包括：吸入中毒事故（中毒途径为呼吸道）；接触中毒事故（中毒途径为皮肤、眼睛等）；误食中毒事故（中毒途径为消化道）；其他中毒。

5. 窒息

危险化学品窒息事故主要指危险化学品对人体氧化作用的干扰，主要是人体吸入有毒有害化学品或者化学品反应的产物，而导致的窒息事故，分为简单窒息（周围氧气被惰性气体替代）和化学窒息（化学物质直接影响机体传送氧以及和氧结合的能力）。

6. 灼伤

危险化学品灼伤事故主要指腐蚀性危险化学品意外地与人体接触，在短时间内即在人体被接触表面发生化学反应，造成明显破坏的事故。腐蚀品包括酸性腐蚀品、碱性腐蚀品和其他不显酸碱性的腐蚀品。

7. 辐射

是指具有放射性的危险化学品发射出一定能量的射线对人体伤害。放射性污染物主要指各种放射性核素，其放射性与化学状态无关。其放射性强度越大，危险性就越大。人体组织在受到射线照射时，能发生电离，如果人体受到过量射线的照射，就会产生不同程度的损伤。

8. 其他

其他危险化学品事故指不能归入上述七类危险化学品事故之外的其他危险化学品事故，如危险化学品罐体倾倒、车辆倾覆等，但没有发生火灾、爆炸、中毒和窒息、灼伤、泄漏等事故。

四、从危险化学品的类型分类

1. 爆炸品事故

指爆炸品在外界作用下（如受热、受摩擦、撞击）发生了剧烈的化学反应，瞬时产生大量的气体和热量，使周围压力急骤上升发生爆炸，对周围环境造成破坏的事故。

2. 压缩气体和液化气体事故

压缩气体和液化气体事故可以分为以下三类。

一般压缩气体与液化气体均盛装在密闭容器中，如果受到高温、日晒，气体极易膨胀产生很大的压力。当压力超过容器的耐压强度时，就会造成爆炸事故。

易燃气体与空气能形成爆炸性混合物，遇明火极易发生燃烧爆炸。

具有毒性、腐蚀性、刺激性、致敏性的易燃气体进入空气后容易造成中毒事故、灼伤事故、窒息事故等。

3. 易燃液体事故

易燃液体事故可以分为以下几类。

密闭容器储存时，常常会出现鼓桶或挥发现象，如果体积急剧膨胀，就会引起爆炸。

易燃液体易形成火灾爆炸事故，一是由于其蒸气与空气的混合物遇明火形成，二是由于其自身电荷的积聚产生的，火灾爆炸事故而且还会随着液体的流动扩散蔓延。

4. 易燃固体、自燃物品和遇湿易燃物品事故

易燃固体、自燃物品和遇湿易燃物品事故主要是火灾事故，一些易燃固体还会发生燃烧爆炸事故，一些易燃固体与遇湿易燃物品还有较强的毒性和腐蚀性，容易发生中毒和灼伤事故。

5. 氧化剂和有机过氧化物事故

容易形成火灾爆炸事故，同时一些氧化剂和有机过氧化物还有较强的毒性和腐蚀性，容易发生中毒和灼伤事故。

6. 毒害品事故

毒害性物品易扰乱或破坏人或动物机体的正常生理功能，引起机体产生暂时性或持久性的病理状态，甚至危及生命，使人感到神经麻痹、头晕昏迷。如农药、硫化氢等。

7. 放射性物品事故

在极高剂量的放射线作用下，能造成3种类型的放射伤害。

对中枢神经和大脑系统的伤害。这种伤害主要表现为虚弱、倦怠、嗜睡、昏迷、震颤、痉挛，可在两天内死亡。

对肠胃的伤害。这种伤害主要表现为恶心、呕吐、腹泻、虚弱和虚脱，症状消失后可出现急性昏迷，通常可在两周内死亡。

对造血系统的伤害。这种伤害主要表现为恶心、呕吐、腹泻，但很快能好转，经过约2～3周无症状之后，出现脱发，经常性流鼻血，再出现腹泻，极度憔悴，通常在2～6周后死亡。

8. 腐蚀品事故

腐蚀性物品易引起皮肤、眼睛的严重腐蚀和灼伤，造成溃疡糜烂，严重者会危及生命，如硫酸、氨水、烧碱等。

第六节 危险化学品事故特点

一、危险化学品事故致因和发生机理

1. 危险化学品事故致因理论

（1）能量意外释放理论　事故是一种不正常或不希望的能量释放。预防和控制危险化学品事故就是控制、约束能量或危险物质，防止其意外释放；防止危险化学品事故后果就是在事故、能量或危险物质意外释放的情况下，防止人体与之接触，或者一旦接触，作用于人体或财物的能量或危险物质尽可能得小，使其不超过人或物的承受能力。

（2）两类危险源理论　第一类危险源是指系统中存在的、可能发生意外释放的能量或危险物质。第一类危险源具有的能量越多，发生事故的后果就越严重。一般情况下为控制系统

中的能量或危险物质而采取相应的约束和限制措施，这些使约束和限制措施失效、破坏的原因因素称为第二类危险源。两类危险源共同决定危险源的危险性。

2. 危险化学品事故的发生机理

危险化学品事故发生机理可分为两大类。

(1) 危险化学品泄漏

① 易燃易爆化学品→泄漏→遇到火源→火灾或爆炸→人员伤亡、财产损失、环境破坏等。

② 有毒化学品泄漏→急性中毒或慢性中毒→人员伤亡、财产损失、环境破坏等。

③ 腐蚀品泄漏→腐蚀→人员伤亡、财产损失、环境破坏等。

④ 压缩气体或液化气体→物理爆炸→易燃易爆、有毒化学品泄漏。

⑤ 危险化学品→泄漏→没有发生变化→财产损失、环境破坏等。

(2) 危险化学品没有发生泄漏

① 生产装置中的化学品→反应失控→爆炸→人员伤亡、财产损失、环境破坏等。

② 爆炸品→受到撞击、摩擦或遇到火源等→爆炸→人员伤亡、财产损失等。

③ 易燃易爆化学品→遇到火源→火灾、爆炸或放出有毒气体或烟雾→人员伤亡、财产损失、环境破坏。

④ 有毒有害化学品→与人体接触→腐蚀或中毒→人员伤亡、财产损失等。

⑤ 压缩气体或液化气体→物理爆炸→人员伤亡、财产损失、环境破坏等。

二、危险化学品在事故中起重要作用

1. 危险化学品在事故起因中起重要的作用

① 危险化学品的性质直接影响到事故发生的难易程度。这些性质包括毒性、腐蚀性、爆炸品的爆炸性（包括敏感度、稳定性等）、压缩气体或液化气体的蒸气压力、易燃性和助燃性、易燃液体的闪点、易燃固体的燃点和可能散发的有毒气体和烟雾、氧化剂和过氧化剂的氧化性等。

② 具有毒性或腐蚀性危险化学品泄漏后，可能直接导致危险化学品事故，如中毒（包括急性中毒和慢性中毒）、灼伤（或腐蚀）、环境污染（包括水体污染、土壤污染、大气污染等）。

③ 不燃性气体可造成窒息事故。

④ 可燃性危险化学品泄漏后遇火源或高温热源即可发生燃烧、爆炸事故。

⑤ 爆炸性物品受热或撞击，极易发生爆炸事故。

⑥ 压缩气体或液化气体容器超压或容器不合格极易发生物理爆炸事故。

⑦ 生产工艺、设备或系统不完善，极易导致危险化学品爆炸或泄漏。

2. 危险化学品在事故后果中起重要的作用

事故是由能量的意外释放而导致的。危险化学品事故中的危害能量主要包括如下几个方面。

① 机械能。主要有压缩气体或液化气体产生物理爆炸的势能，或化学反应爆炸产生的机械能。

② 热能。危险化学品爆炸、燃烧、酸碱腐蚀或其他化学反应产生的热能，或氧化剂和过氧化物与其他物质反应发生燃烧或爆炸。

③ 毒性化学能。有毒化学品或化学品反应后产生的有毒物质与体液或组织发生生物化学作用或生物物理学变化，扰乱或破坏肌体的正常生理功能。

④ 阻隔能力。不燃性气体可阻隔空气，造成窒息事故。

⑤ 腐蚀能力。腐蚀品使人体或金属等物品的被接触的表面发生化学反应，在短时间内造成明显破损的现象。

⑥ 环境污染。有毒有害危险化学品泄漏后，往往对水体、土壤、大气等环境造成污染或破坏。

三、危险化学品事故的特点

1. 突发性

危险化学品事故往往是在没有先兆的情况下突然发生的，而不需要一段时间的酝酿。

2. 复杂性

事故的发生机理常常非常复杂，许多着火、爆炸事故并不是简单地由泄漏的气体、液体引发那么简单，而往往是由腐蚀等化学反应等引起的，事故的原因往往很复杂，并使之具有相当的隐蔽性。

3. 严重性

事故造成的后果往往非常严重，一个罐体的爆炸会造成整个罐区的连环爆炸，一个罐区的爆炸可能殃及生产装置，进而造成全厂性爆炸，如北京东方化工厂就发生过类似的大爆炸。更有一些化工厂，由于生产工艺的连续性，装置布置紧密，会在短时间内发生厂毁人亡的恶性爆炸，如江苏射阳一化工厂就发生过这样的爆炸。危险化学品事故不仅会因设备、装置的损坏，生产的中断，而造成重大的经济损失，同时，也会对人员造成重大的伤亡。

4. 持久性

事故造成的事故后果往往在长时间内都得不到恢复，具有事故危害的持久性。譬如，人员严重中毒，常常会造成终生难以消除的后果；对环境造成的破坏，往往需要几十年的时间进行治理。

5. 社会性

危险化学品事故往往造成惨重的人员伤亡和巨大的经济损失，影响社会稳定。灾难性事故常常会给受害者、亲历者造成不亚于战争留下的创伤，在很长时间内都难以消除痛苦与恐怖。如重庆开县的井喷事故，造成了 243 人死亡，许多家庭都因此残缺破碎，生存者可能永远无法抚平他心中的创伤。同时，一些危险化学品泄漏事故还可能对子孙后代造成严重的生理影响。如 1976 年 7 月意大利塞维索一家化工厂爆炸，剧毒化学品二噁英扩散，使许多人中毒。这次事故使许多人中毒，附近居民被迫迁走，半径 1.5km 范围内植物被铲除深埋，数公顷的土地均被铲掉几厘米厚的表土层。但是由于二噁英具有致畸和致癌作用，事隔多年后，当地居民的畸形儿出生率大为增加。

复习思考题

一、选择题

1.《常用危险化学品的分类及标志》(GB 13690—92) 将危险化学品分为（　　）大类。

A. 七　　B. 八　　C. 九　　D. 十

2. 以下危险化学品的危险特性中哪一项不是生物危险性（　　）。

A. 毒性　　B. 致癌危险性　　C. 腐蚀性和刺激性　　D. 燃烧性

二、简答题

1. 分析我国危险化学品安全现状。

2. 分析国内外危险化学品安全发展趋势。
3. 危险化学品可分为哪些大类？
4. 危险化学品有哪些固有危险性？
5. 分析危险化学品的过程危险性是什么？
6. 危险化学品事故的特征是什么？
7. 危险化学品事故的类型有哪些？
8. 危险化学品事故的特点有哪些？

第二章　危险化学品事故应急救援概述

学习目标

本章内容为应急救援预案编制基础知识，通过本章的学习，应掌握危险化学品事故应急救援指导思想与原则，熟悉危险化学品事故应急救援任务与目标，熟悉应急救援相关法律法规，熟悉应急管理过程，了解应急救援体系组成，掌握应急救援预案的概念、基本构成及预案的分级分类和预案的文件体系等内容。

第一节　危险化学品事故应急救援概况

一、危险化学品事故应急救援的重要性与紧迫性

1. 危险化学品事故应急救援的重要性

事故应急救援是一个新兴的安全专业，是安全科学技术学科的重要组成部分，其主要目标是控制紧急事件的发生与发展并尽可能消除事故，将事故对人、财产和环境的损失减小到最低程度。当前化学品品种和数量的日益增多，给相关的产业带来了巨大变化，为提高人类的生活水平和促进物质文明的进步做出了巨大贡献。然而，人类在利用化学品的不同性质发展生产的同时，危险化学品固有的易燃、易爆、有毒、腐蚀等特性也会给人类的生命和生存及发展环境带来副作用，如果处理不当或疏于管理，将会发生严重的危险化学品事故，给人类造成严重的危害。因此，编制完善的危险化学品事故应急救援预案，建立完善的化学事故应急救援体系，对预防、控制危险化学品事故，避免、减少人员伤亡和财产损失，具有十分重要的作用。

（1）危险化学品事故应急救援对预防事故有重要的作用　通过危险化学品事故应急救援预案的制定，总结安全工作的经验和教训，明确安全生产工作的重大问题和工作重点，特别是通过危险源辨识、风险评价和脆弱性分析，有针对性提出预防事故的措施，并根据轻重缓急予以落实。

（2）应急救援是危险化学品重大危险源控制系统的重要组成部分　危险化学品重大危险源总是涉及到易燃、易爆、有毒的危害物质，并且在一定范围内使用、生产、加工、储存超过了临界数量的这些物质。控制重大危险源的目的不仅仅是预防重大事故的发生，而且是要做到一旦发生事故，能够将事故限制到最低程度，或者说能够控制到人们可接受的程度。因此应急救援体系建设是重大危险源控制系统的重要组成部分，只有加强应急救援体系建设，重大危险源的控制才能得到根本有效的保证。

（3）在危险化学品事故发生时应急救援能迅速控制事态发展，减少伤亡损失　危险化学品事故具有突发性，且波及面较大，如果采取的抢救方法不当，将难以控制事故现场，甚至会导致事态的扩大，而事故应急救援体系能保证事故应急救援组织的及时出动，并有针对性地采取救援措施，有效防止事故的进一步扩大、减少人员伤亡，并且专业化的应急救援能有效地避免事故施救过程的盲目性，减少事故救援过程中的伤亡和损失，降低生产安全事故的救援成本。

20 世纪 80 年代以来，国际上相继发生了一系列灾难性工业事故，尤其是 1984 年 11 月

19日墨西哥城的天然气泄漏爆炸，452人死亡；1984年12月3日印度博帕尔毒物泄漏事故，在短短的几天内死亡2500余人，有20多万人受伤需要治疗。一星期后，每天仍有5人死于这场灾难。半年后的1985年5月还有10人因事故受伤而死亡，据统计本次事故共死亡3500多人。受害者需要治疗、孕妇流产、胎儿畸形、肺功能受损者不计其数。这次事故经济损失高达近百亿元，震惊整个世界。如果这些灾难发生时企业建立了科学、合理、可行的事故应急救援预案，并进行必要的培训和演练，按应急预案和程序实施应急处置，就可能会避免事故的扩大和惨剧的发生。

(4) 危险化学品事故应急救援有助于提高全社会的风险防范意识　危险化学品事故应急救援预案的编制实际上是辨识重大风险和防御决策的过程，强调各方的共同参与，因此，预案的编制、评审以及发布和宣传，有利于社会各方了解可能面临的重大风险及其相应的应急措施，有利于促进社会各方提高风险防范意识和能力。

2. 危险化学品事故应急救援的紧迫性

(1) 危险化学品单位生产经营特点决定了危险化学品事故应急救援的紧迫性　我国危险化学品单位数量众多，经初步统计，全国现有危险化学品生产、储存、经营、使用、运输和废弃危险化学品处置等单位近29万户，其中生产单位近2.3万户，储存单位1万余户，经营单位12.4万余户，运输单位近9000户，使用单位12.3万余户，废弃处置单位600余户，其从业人员多达几千万人。这些单位地域上相对分散，管理上良莠不齐。特别是近年来，随着企业数量的增加，多种经济成分的大量涌现，进出口贸易额的增长，加上企业规模较小、装备相对落后，因而产生了大量的事故隐患和不安定因素，特别是有些地方和企业为获取局部和短期的经济效益，忽视安全生产，导致危险化学品事故屡有发生。危险化学品事故不仅仅发生于生产环节，而且还延伸到使用、经营、运输、储存和销毁处置等6个环节，每个环节都有可能发生危及人和环境的重大事故，任何一个单位在管理控制上稍有疏忽都有可能产生难以料想的后果。

(2) 危险化学品大量生产和使用，构成重大危险源数量多　随着我国危险化学品的大量生产和使用、生产规模的扩大和生产、储存装置的大型化，重大危险源也在不断增多。1997年，原劳动部对北京、上海、天津、青岛、深圳和成都6城市进行了危险源普查，共普查出重大危险源10230个，其中北京、上海、天津三大城市重大危险源均达2500个以上。由于这些危险源90%以上与化学品有关，无疑会对城市的安全构成巨大的威胁，对危险源进行危险性评估并加强应急管理是保障人民生命财产安全的一项重要而紧迫的任务。

(3) 危险化学品事故居高不下　据统计，化工企业1996～2000年共发生伤亡事故1060起，死亡678人，重伤646人，其中造成死亡人数最多的是化学爆炸事故，死亡168人，占总死亡人数的24.78%；其次是中毒窒息事故，死亡99人，占总死亡人数的14.60%。近年来我国危险化学品事故仍呈多发势头，事故总量居高不下，2006年全国危险化学品事故起数和伤亡人数与2005年相比有较大幅度的上升，频频发生的危险化学品事故尤其是一些重特大事故已经严重影响到我国经济又好又快地发展，因此加快危险化学品事故应急救援体系建设对促进我国化工行业安全生产形势的好转在当前形势下显得尤为迫切。

因此，为切实做好危险化学品事故预防，加强对危险化学品事故的有效控制，最大限度地降低事故危害程度，保障人民生命、财产安全，保护环境，建立和完善危险化学品事故应急救援体系，提高对危险化学品风险和突发事件的应急救援能力是摆在我们面前的一项重要而紧迫的任务。

二、危险化学品事故应急救援指导思想与原则

1. 危险化学品事故应急救援的指导思想

认真贯彻“安全第一，预防为主，综合治理”的方针，体现“以人为本”的思想，本着

对人民生命财产高度负责的精神，按照先救人、后救物，先控制、后处置的指导思想，当发生危险化学品事故时，能迅速、有序、高效地实施应急救援行动，及时、妥善地处置危险化学品重大事故，最大限度减少人员伤亡和财产损失，把事故危害程度降到最低，维护城市的安全和稳定。

2. 危险化学品事故应急救援的基本原则

（1）统一指挥的原则　危险化学品事故的抢险救灾工作必须在危险化学品生产安全应急救援指挥中心的统一领导、指挥下开展。应急预案应当贯彻统一指挥的原则。各类事故具有意外性、突发性、扩展迅速、危害严重的特点，因此，救援工作必须坚持集中领导、统一指挥的原则。因为在紧急情况下，多头领导会导致一线救援人员无所适从，贻误战机。

（2）充分准备、快速反应、高效救援的原则　针对可能发生的危险化学品事故，做好充分的准备；一旦发生危险化学品事故，快速做出反应，尽可能减少应急救援组织的层次，以利于事故和救援信息的快速传递，减少信息的失真，提高救援的效率。

（3）生命至上的原则　应急救援的首要任务是不惜一切代价，维护人员生命安全。事故发生后，应当首先保护学校学生、医院病人、体育场馆游客和所有无关人员安全撤离现场，转移到安全地点，并全力抢救受伤人员，寻找失踪人员，同时保护应急救援人员的安全同样重要。

（4）单位自救和社会救援相结合的原则　在确保单位人员安全的前提下，应急预案应当体现单位自救和社会救援相结合的原则。单位熟悉自身各方面情况，又身处事故现场，有利于初起事故的救援，将事故消灭在初始状态。单位救援人员即使不能完全控制事故的蔓延，也可以为外部的救援赢得时间。事故发生初期，事故单位应按照灾害预防和处理规范（预案）积极组织抢险，并迅速组织遇险人员沿避灾路线撤离，防止事故扩大。

（5）分级负责、协同作战的原则　各级地方政府、有关部门和危险化学品单位及相关的单位按照各自的职责分工实行分级负责、各尽其能、各司其职，做到协调有序、资源共享、快速反应，积极做好应急救援工作。

（6）科学分析、规范运行、措施果断的原则　科学分析是做好应急救援的前提，规范运行是保证应急预案能够有效实施的，针对事故现场果断决策采取不同的应对措施是保证救援成效的关键。

（7）安全抢险的原则　在事故抢险过程中，应采取切实有效措施，确保抢险救护人员的安全，严防抢险过程中发生二次事故。

三、危险化学品事故应急救援任务与目标

1. 危险化学品事故应急救援的目标

① 抢救受害人员；

② 降低财产损失；

③ 清除事故造成的后果。

2. 危险化学品事故应急救援的任务

危险化学品事故应急救援的任务包括下述几个方面。

（1）立即抢救受害人员，指导群众防护和撤离危险区，维护救援现场秩序　抢救受害人员是应急救援的首要任务。接到事故报警后，应该立即组织营救受害人员，组织撤离或者采取其他措施保护危害区域内的其他人员。在应急救援行动中，快速、有序、高效地实施现场急救与安全转送伤员是降低伤亡率，减少事故损失的关键。由于危险化学品事故发生突然、扩散迅速、涉及范围广、危害大，应及时指导和组织群众采取各种措施进行自身防护，并迅

速撤离出危险区或可能受到危害的区域。在撤离过程中，应积极组织群众开展自救和互救工作。

(2) 控制危害源，对事故危害进行检验和监测　及时控制造成事故的危险源是应急救援工作的重要任务，只有及时控制住危险源，防止事故的继续扩展，才能及时有效地进行救援。在控制危险源的同时，对事故造成的危害进行检测、监测，确定事故的危害区域、危害性质及危害程度。特别是对于发生在城市或人口稠密地区的危险化学品事故，应尽快组织工程抢险队与事故单位技术人员一起及时控制事故继续扩展。

(3) 转移危险化学品及物资设备　对处于事故和事故危险区域内的危险化学品组织转移，防止引发二次事故；转移或抢救物资设备，降低财产损失。

(4) 消除危害后果，恢复正常生活、生产秩序　做好现场清洁，消除危害后果。针对事故对人体、动植物、土壤、水源、空气造成的实际危害和可能的危害，迅速采取封闭、隔离、洗消等措施。对事故外溢的有毒有害物质和可能对人和环境继续造成危害的物质，应及时组织人员予以清除，消除危害后果，防止对人的继续危害和对环境的污染。对危险化学品事故造成的危害进行监测、处置，直至符合国家环境保护标准。

(5) 查清事故原因、评估危害程度　事故发生后应及时调查事故的发生原因和事故性质，评估出事故的危害范围和危险程度，查明人员伤亡情况，做好事故调查。

四、国内外危险化学品事故应急救援工作现状

1. 国外的应急救援体系

近些年来，世界各国频繁发生的危险化学品泄漏、爆炸事故，受到世界舆论的普遍关注，已引起了发达国家对化学品特别是危险化学品安全管理的高度重视，投入了大批人力、物力，组建了专门机构，建立健全了较完善的法律、法规，已逐步形成了较为科学的化学事故应急救援体系，尤其是欧美等发达国家大都建立了责任明确、响应快捷并符合自己国家特点的应急体系。如美国的应急救援体系以“发挥各部门专长”为其特色，首先由各州和地方政府对自然灾害等紧急事件做出最初反应，如果超出地方范围，则由总统宣布实施“联邦应急方案”。该方案将应急工作细分为交通、通信、消防、大规模救护、卫生医疗服务、有害物质处理等12个职能。每个职能由特定机构领导，并指定若干辅助机构。这种组织结构方式使执行各职能的领导机构专长得到发挥，在遇到不同灾害及紧急事件时，可视情况启动全部或部分职能模块。日本的应急救援体系以“政府集中指挥”为其特色，建立了以内阁首相为危机管理最高指挥官的危机管理体系，负责全国的危机管理体系。然后根据不同的危机类别如安全保障会议、中央防灾会议、紧急召集对策小组等。欧盟国家国际性的化学事故应急救援行动由欧洲化学工业委员会（CEFIC，European Chemical Industry Council）组织实施，通过推行国际化学品环境计划ICE计划（International Chemical Environment），在欧盟国家内部和欧盟国家之间建立了运输事故应急救援网络。在这个“网络”的运作下，当欧盟范围内欧盟国家的产品发生事故时，都能得到有效的“救助”，从而使运输事故的危害在欧盟国家降到最低。目前，通过CEFIC组成国际性的应急网络，10个欧盟国家的化工协会都是CEFIC的成员，CEFIC已拥有2000多家成员企业。CEFIC的成员企业覆盖了整个欧盟地区。

纵观国外发达国家的应急救援体系，有以下特点：

① 建立了国家统一指挥的应急救援协调机构；

② 拥有精良的应急救援装备；

③ 充足的应急救援队伍；

④ 完善的工作运行机制。

2. 我国化学事故应急救援工作现状

在我国化学工业建设的初期，我国就已经开始了化学事故救援抢救工作，不过那时仅仅是以抢救伤员为主。1991 年，上海市颁布了《上海市化学事故应急救援办法》，建立了我国第一个地方性化学事故应急救援体系，并在实际应用中取得了良好的效果，1994 年原化学工业部根据有关法律法规颁布了《化学事故应急救援管理办法》；1995 年成立了“全国氯气泄漏事故工程抢险网”，颁布了《氯气泄漏事故工程抢险管理办法》；1996 年，原化学工业部与国家经贸委联合组建了化学事故应急救援系统，该系统由化学事故应急救援指挥中心、化学事故应急救援指挥中心办公室和 8 个化学事故应急救援抢救中心等组成，该系统目前挂靠国家安全生产监督管理总局。

近年来，党和国家把加强应急管理作为全面落实科学发展观、构建社会主义和谐社会的重要内容，采取了一系列重大举措全面加强和大力推进。安全生产领域认真贯彻落实党中央、国务院的重大决策和部署，以“一案三制”（其中“一案”即《国家突发公共事件总体应急预案》简称《总体预案》，而“三制”即法制、体制和机制）为重点，加强安全生产应急管理和应急救援体系建设、队伍建设、装备建设，努力推进各项工作，取得了新的进展。

（1）应急救援被纳入政府的重大决策　加强应急管理，提高预防和处置突发公共事件的能力，是落实“以人为本”的科学发展观、构建社会主义和谐社会的现实需要，是加强党的执政能力建设、提高政府行政能力的具体体现。

从 20 世纪 90 年代开始，我国政府对应急救援工作给予了高度重视，应急救援工作获得了飞速发展。突出表现为：政府高度重视，把应急救援纳入了政府的重大决策之中；法规迅速完善，应急救援工作得到了法律的保障；应急救援指挥机构迅速建立，并形成网络化，应急救援指挥体系不断完善；应急救援预案体系初步完成；应急救援队伍迅速壮大；应急救援投入不断加大，应急物资从政府、企业两个层面上得到有力保障。

党的十六大以来，党中央、国务院把处理突发事件作为政府管理的一件大事，将建立健全各种突发事件应急机制提到了重要议程。十六届三中全会提出要“建立健全各级预警和应急机制，提高政府应对突发事件和风险的能力。”

党的十六届五中全会强调要“建立健全社会预警体系和应急救援、社会动员机制，提高处置突发性事件能力。”

国家“十一五”规划纲要把“建设国家、省、市三级安全生产应急救援指挥中心和国家、区域、骨干应急救援体系”列为公共服务重点工程，为加强安全生产应急管理工作提供了保障。

《国务院关于进一步加强安全生产工作的决定》（国发［2004］2 号）第 8 条明确规定：“建立生产安全应急救援体系。加快全国生产安全应急救援体系建设，尽快建立国家生产安全应急救援指挥中心，充分利用现有的应急救援资源，建设具有快速反应能力的专业化救援队伍，提高救援装备水平，增强生产安全事故的抢险救援能力。加强区域性生产安全应急救援基地建设。搞好重大危险源的普查登记，加强国家、省（区、市）、市（地）、县（市）四级重大危险源监控工作，建立应急救援预案和生产安全预警机制。”

（2）应急管理法制建设和应急救援体系规划制定及实施工作步伐加快　在各方面的共同努力下，安全生产应急管理法制建设有了一定的进展。

2002 年颁布实施的《安全生产法》，从生产经营单位负责人、生产经营单位、从业人员的职责、权利和义务等方面对应急救援工作的各方义务、权利与责任追究进行了明确规定。

“第十七条　生产经营单位的主要负责人对本单位安全生产工作负有下列职责：

……

（五）组织制定并实施本单位的生产安全事故应急救援预案；

……

第三十三条　生产经营单位对重大危险源应当登记建档，进行定期检测、评估、监控，并制定应急预案，告知从业人员和相关人员在紧急情况下应当采取的应急措施。生产经营单位应当按照国家有关规定将本单位重大危险源及有关安全措施、应急措施报有关地方人民政府负责安全生产监督管理的部门和有关部门备案。

第三十六条　生产经营单位应当教育和督促从业人员严格执行本单位的安全生产规章制度和安全操作规程；并向从业人员如实告知作业场所和工作岗位存在的危险因素、防范措施以及事故应急措施。

第四十二条　生产经营单位发生重大生产安全事故时，单位的主要负责人应当立即组织抢救，并不得在事故调查处理期间擅离职守。

第五十条　从业人员应当接受安全生产教育和培训，掌握本职工作所需的安全生产知识，提高安全生产技能，增强事故预防和应急处理能力。

第六十九条　危险物品的生产、经营、储存单位以及矿山、建筑施工单位应当建立应急救援组织；生产经营规模较小，可以不建立应急救援组织的，应当指定兼职的应急救援人员。

危险物品的生产、经营、储存单位以及矿山、建筑施工单位应当配备必要的应急救援器材、设备，并进行经常性维护、保养，保证正常运转。

第七十条　生产经营单位发生生产安全事故后，事故现场有关人员应当立即报告本单位负责人。

单位负责人接到事故报告后，应当迅速采取有效措施，组织抢救，防止事故扩大，减少人员伤亡和财产损失，并按照国家有关规定立即如实报告当地负有安全生产监督管理职责的部门，不得隐瞒不报、谎报或者拖延不报，不得故意破坏事故现场、毁灭有关证据。”

同时，《安全生产法》还对生产经营单位应急救援工作的法律责任做出了明确规定。

“第八十五条　对重大危险源未登记建档，或者未进行评估、监控，或者未制定应急预案的，责令生产经营单位限期改正；逾期未改正的，责令停产停业整顿，可以并处二万元以上十万元以下的罚款；造成严重后果，构成犯罪的，依照刑法有关规定追究刑事责任。”

《危险化学品安全管理条例》对危险化学品的应急救援也做了明确规定。

“第四十九条　县级以上地方各级人民政府负责危险化学品安全监督管理综合工作的部门应当会同同级其他有关部门制定危险化学品事故应急救援预案，报经本级人民政府批准后实施。

第五十条　危险化学品单位应当制定本单位事故应急救援预案，配备应急救援人员和必要的应急救援器材、设备，并定期组织演练。

危险化学品事故应急救援预案应当报设区的市级人民政府负责危险化学品安全监督管理综合工作的部门备案。”

《关于特大安全事故行政责任追究的规定》规定如下。

“第七条　市（地、州）、县（市、区）人民政府必须制定本地区特大安全事故应急处理预案。本地区特大安全事故应急处理预案经政府主要领导人签署后，报上一级人民政府备案。”

《特种设备安全监察条例》规定如下。

“第三十一条　特种设备使用单位应当制定特种设备的事故应急措施和救援预案。”

《使用有毒物品作业场所劳动保护条例》规定如下。

“第十六条　从事使用高毒物品作业的用人单位，应当配备应急救援人员和必要的应急救援器材、设备，制定事故应急救援预案，并根据实际情况变化对应急救援预案适时进行修订，定期组织演练。事故应急救援预案和演练记录应当报当地卫生行政部门、安全生产监督管理部门和公安部门备案。”

《生产安全事故报告和调查处理条例》规定如下。

“第十四条　事故发生单位负责人接到事故报告后，应当立即启动事故相应应急预案，或者采取有效措施，组织抢救，防止事故扩大，减少人员伤亡和财产损失。

第十五条　事故发生地有关地方人民政府、安全生产监督管理部门和负有安全生产监督管理职责的有关部门接到事故报告后，其负责人应当立即赶赴事故现场，组织事故救援。

第三十五条　事故发生单位主要负责人有下列行为之一的，处上一年年收入40%至80%的罚款；属于国家工作人员的，并依法给予处分；构成犯罪的，依法追究刑事责任：

（一）不立即组织事故抢救的；

……

第三十九条　有关地方人民政府、安全生产监督管理部门和负有安全生产监督管理职责的有关部门有下列行为之一的，对直接负责的主管人员和其他直接责任人员依法给予处分；构成犯罪的，依法追究刑事责任：

（一）不立即组织事故抢救的；

……”

近几年，应急法制建设发展更为迅速。如2006年9月19日国家安监总局发布《关于加强安全生产应急管理工作意见》，2007年11月1日起施行的《突发事件应对法》都是专门的应急管理方面的法律法规。另外，《安全生产应急管理条例》草案经安监总局局长办公会议审议后，已修改成稿。与此同时，还下发了《安监总局重特大事故信息报送及处置程序》、《矿山救援队伍资质认定管理规定》、《矿山救护培训办法》、《安全生产应急救援联络员工作办法》等规章制度和《关于加强安全生产应急预案监督管理的通知》、《关于报告安全生产事故救援工作情况总结有关事项的通知》。安全生产应急管理的一些标准和《矿山救援规程》、《安全生产应急救援队伍开展安全检查指导意见》等一些部门规章、规范性文件制定工作正在抓紧进行。公安消防、道路和水上交通、核工业、建设、铁路、民航、特种设备、电力等一些行业主管部门也发布了一些安全生产应急管理的部门规章。

地方性应急救援法规建设逐步得到加强。广东、浙江、山东、河北、河南等省（区、市）在出台的相关法规、规章中，包含了安全生产应急管理的相关内容。重庆、广西、湖南、黑龙江、天津、上海等省（区、市）政府对安全生产事故应急救援工作做了专门规定。尤其是重庆市，先后制定颁发了《突发事件应急联动条例》、《应急救援监管工作条例》等6项地方性法规，形成了较为完善的地方安全生产应急救援法规体系。一些中央企业也建立了配套的应急管理规章制度。

按照《国务院关于进一步加强安全生产工作的决定》精神，安监总局组织编制了《全国安全生产应急救援体系总体规划方案》。在《规划方案》中初步规划了全国安全生产应急救援体系建设的主要内容，并按照统一规划、分步实施的原则，提出了到2010年的建设目标，以及分三个阶段的实施步骤。

该方案经国务院领导同志原则同意后，安监总局又提出了安全生产应急救援体系建设项目及主要内容，主要内容已经纳入了《安全生产“十一五”规划》，并列入了国家《国民经济和社会发展第十一个五年规划纲要》和《“十一五”国家突发公共事件应急体系建设规划》之中。目前，国家安全生产应急救援指挥中心项目、矿山应急救援体系项目、危险化学品事故应急救援体系项目和安全生产应急救援信息系统项目等建设项目建议书编制工作已基本完成，即将上报立项。大部分省（区、市）也结合本地安全生产应急救援工作实际做了相应的建设规划，有的已纳入当地国民经济和社会发展“十一五”规划，其中北京、河北、山西等地的安全生产应急救援体系建设的一些项目已开始启动。

（3）应急救援指挥体系逐步完善　一是以国务院安全生产委员会为核心，由国家安监总局（国务院安委会办公室）与国务院有关部门和省级人民政府共同构成了安全生产应急救援协调指挥和领导决策层。

二是安全生产应急管理和应急救援的协调指挥执行机构逐步建立起来。中央机构编制委员会批准成立了由安监总局管理的国家安全生产应急救援指挥中心。

三是地方安全生产应急管理和应急救援指挥机构逐步建立。

四是以国家安全生产应急救援指挥中心为中枢，横向联合消防、海上搜救、铁路、民航、核工业、电力、旅游、特种设备和医疗救护 9 个专业应急救援指挥机构，纵向联合地方省级安全生产应急救援指挥机构，直接管理矿山和危险化学品事故应急救援指挥机构，初步构成了省部级层面安全生产应急救援协调指挥体系框架。部委层面的应急救援协调机制也已初步建立了起来。

五是一些大中型企业设立了专门负责应急管理和应急救援工作的机构。如中石化集团公司和神华集团公司健全了上下各级应急管理和应急救援指挥机构。中海油总公司成立了应急委员会，委员会下设办公室和资源协调行动组、公共关系法律组、后勤支持保障组、资金保障组。

（4）应急预案体系基本形成　2006 年 1 月 8 日，国务院发布《国家突发公共事件总体应急预案》，标志着我国应急预案框架体系初步形成。

为规范安全生产事故灾难的应急管理和应急响应程序，及时有效地实施应急救援工作，最大程度地减少人员伤亡、财产损失，维护人民群众的生命安全和社会稳定，2006 年 1 月 22 日，国务院颁布《国家安全生产事故灾难应急预案》。

从 2003 年年底开始，在国务院应急预案工作组的统一组织、指导下，国家有关部门完成了 9 个事故灾难类专项应急预案和 22 个事故灾难类部门应急预案编制工作，已全部发布实施。全国 31 个省（区、市）人民政府和新疆生产建设兵团及其有关部门针对本地危险行业和领域的实际情况，制定发布了若干个关于安全生产的专项应急预案和部门应急预案。大部分市（地）和一些县（市、区）安全生产专项应急预案编制发布工作也已基本完成。

为规范和指导生产经营单位制定和完善应急预案，安全监管总局组织部分中央企业对应急预案编制工作进行了研讨、交流，组织制定了《生产经营单位安全生产事故应急预案编制导则》和《危险化学品事故应急救援预案编制导则（单位版）》，编印了企业应急预案范本。国家有关部门和一些省（区、市）也加强了对生产经营单位应急预案编制工作的领导和指导。许多地方将生产经营单位的应急预案编制管理列入了安全监管的重要内容，在核发安全生产许可证、经营许可证等证照和建设项目“三同时”竣工验收中将应急预案编制管理情况作为必查项目，有力地推动了生产经营单位应急预案编制工作的开展。

一些企业特别是中央企业，集中时间，投入大量人力、物力，加快了应急预案编制步伐。中石化、中石油、中海油三大石油化工企业在编制集团总体预案的基础上，其下属的各级企业和单位也都编制了相配套的安全生产应急预案，企业内部自上而下，形成了比较完整的应急预案体系。

目前，高危行业规模以上企业绝大部分都制定发布了相关类别的安全生产事故应急预案。全国安全生产应急预案体系框架基本形成。

(5) 应急救援队伍初具规模，自身建设得到加强 由于各地区、各有关部门和生产经营单位，特别是高危行业企业的高度重视，经过多年努力，我国安全生产应急救援队伍有了一定规模，总人数已达25万多人。

危险化学品方面：主要依靠大型企业消防队和公安消防特勤队伍进行应急救援。此外，在全国按区域组建了8个化学应急救援抢救中心，负责化学事故的医疗抢救。中石化、中石油和部分氯碱化工等企业建立了自己的化学事故应急救援（消防）队伍，总人数约8万人。

消防方面：按照“部队建制、地方事权”的原则，在公安机关设立专业消防队伍，目前全国共有现役消防队员约12万人；石油化工等企业的非现役专职消防队伍约8万人；一些地方县（市）、乡（镇）政府组建的民办消防队约1.5万人，总共21万多人。

各地区、各有关部门和单位在重视应急救援队伍组织建设的同时，也十分重视抓队伍的思想政治建设、作风建设和业务建设。如公安消防部队，大力加强政治思想工作和业务训练，加强作风建设，使部队的战斗力不断提高，成为一支调得动、救得好、打得赢的专业救援部队。一些大型石油化工企业高度重视应急救援队伍建设，坚持严格要求、严明纪律、严细训练，使石化企业以内部消防队伍为主体的应急救援队伍养成了良好的作风，实战能力不断增强，为企业内外的应急救援工作做出了重要贡献。各类应急救援机构也在主管部门、单位的领导下，从提高战斗力的大目标出发，采取有力措施，不断加强自身建设，取得了明显成效。由于狠抓了应急救援队伍的建设，提高了队伍素质，增强了队伍的战斗力，使这些专业队伍在应对事故灾难方面发挥了主力军作用。

(6) 应急投入逐步加大，救援装备水平有所提高 从企业层面看，大部分高危行业企业围绕提高装备水平和救援能力，建立了应急资金投入保障制度。从国家层面看，仅对矿山救援方面，继2002年国家投资1.14亿元，为全国86支矿山救护队伍配备了部分装备之后，2004年又以国债资金下达了7703万元的投资计划，目前该投资计划已完全实施。从地方层面看，各地也积极采取措施，加大安全生产应急救援投入。由于各地区、各部门、各单位加大了应急投入，使应急救援装备的总体水平有所提高。

(7) 事故预防和应急救援演练、培训工作逐步开展 在事故预防方面，各地区、各有关部门和各单位注重发挥应急救援队伍的作用，组织应急救援队伍定期开展安全检查、隐患排查、应急知识培训等工作，并将应急救援队伍参与事故预防工作纳入了本地区、本部门、本单位安全生产工作的总体部署之中。国家安监总局每年组织全国矿山、危险化学品救援队伍对服务范围内的企业进行安全检查，不仅使应急救援人员熟悉了救援环境，而且排查了隐患。

在应急演练方面，各地区、各有关部门认真组织开展了不同层次、规模、形式的演练(习)。如北京市2005年7月组织进行了一次较大规模的以消防为主的综合演练。

一些企业也特别重视演练工作。开展了自下而上、自上而下，开展不同层次、不同功能的综合演练、专项演练、现场处置演练等。

在培训方面，国家安全监管总局在安全生产的有关培训中增设了应急管理的内容；公安消防、海上搜救、建设、质检等方面和地方安全监管部门及大中型企业也都开展了不同层次的应急救援培训工作。

(8) 应急救援工作成效显著 近年来，事故应急救援工作在各级党委的高度重视和各级政府的直接领导下，由于精心有力组织指挥、专家支持参与决策、有关部门协调配合、救援队伍英勇奋战、企业员工自救互救，取得了显著的成效。

另外，为了有效防范化学事故和为应急救援提供技术、信息支持，根据《危险化学品安全管理条例》和《危险化学品登记管理办法》（国家经贸委令第35号）的规定，国家已经实行危险化学品登记制度，并设立国家化学品登记注册中心和各省、自治区、直辖市化学品登记注册办公室。其中国家化学品登记注册中心的主要职责是：负责组织、协调和指导全国危险化学品登记工作；负责全国危险化学品登记证书颁发与登记编号的管理工作；建立并维护全国危险化学品登记管理数据库和动态统计分析信息系统；设立国家化学事故应急咨询电话，与各地登记注册办公室共同建立全国化学事故应急救援信息网络，提供化学事故应急咨询服务；组织对新化学品进行危险性评估；对未分类的化学品统一进行危险性分类；负责全国危险化学品登记人员的培训工作。

3. 应急救援工作存在的主要问题

尽管我国安全生产应急救援工作有所进步，取得了很大成就，并在一些事故灾难的应急救援过程中发挥了重要作用，但近年来我国发生的几起特别重大事故，如1999年的“11·24”海难、2003年“12·23”重庆开县井喷事故，特别是2004年连续发生的“10·20”河南郑煤集团瓦斯爆炸事故、“11·20”河北省沙河市铁矿火灾事故、“11·28”铜川瓦斯爆炸事故，2005年“2·14”阜新矿业集团瓦斯爆炸事故，2005年“11·13”中石油吉化公司双苯厂爆炸事故，暴露出我国安全生产应急救援方面存在许多薄弱环节。

当前我国安全生产形势严峻，各类事故死亡人数居高不下，重特大事故不断发生，给国家经济、社会发展都造成了重大影响。导致我国事故频发、伤亡后果严重局面，在安全生产应急救援方面主要有以下几个方面原因。

总结起来，我国安全生产应急救援工作存在以下几个主要问题。

（1）缺乏统一有效的协调指挥机制　安全生产应急救援力量分散于多个部门，各部门根据自身灾害特点建立了相对独立的应急体系，如矿山应急救援、化学品应急抢救、中毒事故医疗抢救、海上搜救与打捞、航空搜救等，以及为旅游、人身意外伤害等事故提供有偿应急救援服务的保险机构和社会应急救援机构。在指挥和协调方面基本上仅局限于各自领域，没有完全建立相互协调与统一指挥的工作机制，没有全国统一的安全生产应急救援管理与协调指挥机构，安全生产应急救援体系缺乏统一规划，安全生产应急救援工作缺乏统一的协调和指导。另一方面也存在重复建设和资源浪费的现象。例如，我国危险化学品事故的应急救援力量涉及了公安消防、特勤消防、总参防化部队、化工企业消防力量、环境清消和监测队伍、中毒抢救队伍等，由于应急力量分散，当发生重特大安全生产事故，尤其是发生涉及多种灾害或跨地区、跨行业和跨国的重特大事故时，仅仅依靠某一部门的应急力量和资源往往十分有限；而临时组织应急救援力量，则往往存在职责不明、机制不顺、针对性不强等问题，难于协同作战、发挥整体救援能力。

（2）应急管理薄弱，应急反应迟缓　我国没有明确的负责安全生产应急救援工作的统一管理机构，整个安全生产应急救援体系缺乏统一规划、监督和指导，导致各部门应急救援体系各自为政，不可避免地造成应急能力和管理水平参差不齐，以及应急资源配置上的不合理和浪费，对应急队伍的建设、救援装备的配备、维护和应急响应机制等缺乏行之有效的管理，也没有建立完善的应急信息网络化管理体系以及有效的技术支持体系，导致应急反应迟缓，应急能力低下。

（3）应急救援队伍力量薄弱，分布不合理　消防部队是我国应急救援的一支骨干力量，发挥了重要作用，但面对所承担的任务和责任也显出力量不足，与国际中等发达国家相比也还存在较大的差距。各部门的应急救援力量基本上仅局限于各自领域，且力量分散，缺少满足重特大事故灾难应急救援需要的骨干队伍，缺乏经常性的应急演练和训练有素的专业应急人员。应急队伍的区域分布基本上是自然形成的，专业布局和区域布局不尽合理，或造成浪费、或造成空当。而且随着企业进入市场，受经济效益的影响，以前形成的各类企业的应急救援力量也受到较大的削弱。

(4) 应急装备落后，救援能力有限　我国的应急救援装备普遍存在数量不足、技术落后和低层次重复建设等问题。即使是比较完善的消防体系，在相当一部分的城市也存在应急装备和器材数量不足的现象。一些行业至今没有制定企业应急救援队伍配备标准，专业应急救援队伍数量少、经费不足、装备差、能力弱，一旦发生重大事故，抢险手段原始、落后，很难有效发挥应有的作用。

(5) 应急管理法制基础工作相对滞后　我国的地震救灾体系有国务院颁布的《地震应急管理条例》，核事故应急救援有《核电厂核事故应急管理条例》，公共卫生突发事件应急体系有《突发公共卫生事件应急条例》，消防有《中华人民共和国消防法》，相关的配套法规也比较完善。尽管《安全生产法》明确规定县级以上地方各级人民政府应当建立起安全生产应急救援体系，但我国至今还没有一部统一的安全生产应急救援法规，这也是我国安全生产应急救援体系建设滞后的重要原因之一。

第二节　应急管理

应急管理是从应急准备、应急响应到应急恢复，对各类潜在险情、事故、事件应急救援所进行的全过程管理。也就是从事前、事中、事后对各类潜在险情、事故、事件应急救援所进行的全过程管理。

应急管理的内容包括 6 个有序发展、往复循环的阶段，即预防、准备、响应、结束、恢复、响应程序关闭，这 6 个阶段的内涵与循环特性决定了应急管理是一个动态发展、闭环管理、不断改进提升的过程。应急管理动态闭环管理示意图见图 2-1。

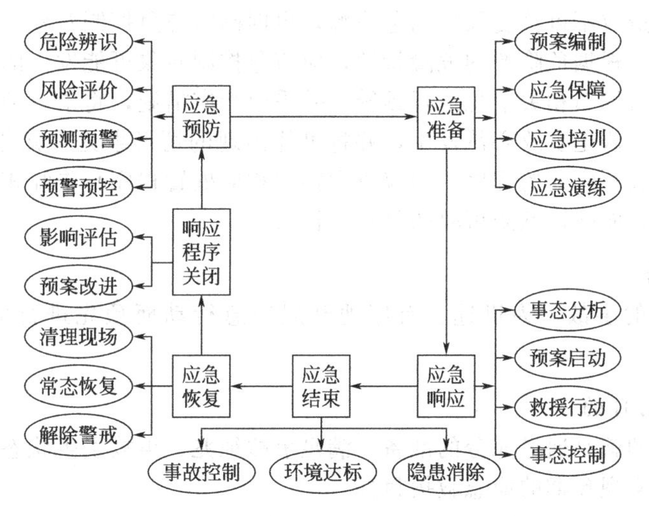

图 2-1　应急管理动态闭环管理示意图

这 6 个阶段，应急预防体现了“预为上，救为下”的应急工作思想；应急准备是为具体的应急救援行动做准备，打基础；应急响应、应急结束、应急恢复、响应程序关闭，这是一个完整的应急救援实战过程，成功的应急救援是应急管理的重要内容，也是应急管理的重要目标。

一、应急预防

从应急管理的角度，为预防事故发生或恶化而做的预防性工作。

1. 应急预防的含义

应急预防有2层含义：

① 预防事故发生；

② 假定事故发生，预先拟定要采取的措施，避免事故的恶化或扩大。

2. 应急预防的具体情形

应急预防具体包括以下4种情形：

① 事先进行危险源辨识和风险分析，通过预测可能发生的事故、事件，采取风险控制措施，尽可能地避免事故的发生；

② 深入实际，进行应急专项检查，查找问题，通过动态监控，预防事故发生；

③ 在出现事故征兆的情况下，及时采取控制措施，消除事故的发生；

④ 假定在事故必然发生的情况下，通过预先采取的预防措施，来有效控制事故的发展，最大程度地减少事故造成的损失和事故造成的后果。

预防是应急管理的首要工作。能把事故消除在萌芽状态是应急管理的最高境界。在此阶段，任何突发险情都最易得到控制，花费的成本最小。在事故发生的情况下，预防性措施全面到位，将事故迅速控制，避免了事故的恶化或扩大，最大程度地减少事故造成的人员伤亡、财产损失和社会影响，是应急管理的第二境界。

3. 应急预防的工作方法

应急预防的工作方法具体如下。

（1）危险辨识　危险辨识是应急管理的第一步。即首先要把本单位、本辖区所存的危险源进行全面认真的普查。

（2）风险评价　在危险源普查完成之后，就要理论结合实际，对所有危险源进行风险评价，从中确定可能造成不可接受风险的危险源，也即确定应急控制对象。

（3）预测预警　根据危险源的危险特性，对应急控制对象可能发生的事故进行预测，对出现的事故征兆及时发布相关信息进行预警，并采取相应措施，将事故消灭在萌芽状态。

（4）预警预控　假定事故必然发生，并将可能出现的情形事先告知相关人员进行预警，同时，将预防措施及相应处置程序（即应急预案的相应处置程序）告知相关人员，以便在事故发生之时，能有备而战，预防事故的恶化或扩大。

二、应急准备

针对可能发生的事故，为迅速、有序地开展应急行动而预先进行的组织准备和应急保障。

1. 应急准备的目的

应急准备的目的就是通过充分的准备，满足事故征兆、事故发生状态下的各种应急救援活动的顺利进行，实现预期的应急救援目标。

2. 应急准备的内容

应急准备的内容主要包括以下方面：

① 应急组织的成立；

② 应急队伍的建设；

③ 应急人员的培训；

④ 应急预案的编制；

⑤ 应急物资的储备；

⑥ 应急装备的配备；

⑦ 应急技术的研发；

⑧ 应急通信的保障；

⑨ 信息渠道的建立；

⑩ 应急预案的演练；

⑪ 外部救援力量的衔接；

⑫ 应急资金的保障；

⑬ 其他。

3. 应急准备的工作方法

(1) 预案编制　应急救援不能打无准备之战，应急准备的第一步就是要编制应急“作战方案”，即应急预案。有了完善的“作战方案”，应急救援就等于成功了一半。

(2) 应急保障　根据预案的要求，进行人力、物力、财力的准备，为应急救援的具体实施提供保障。应急保障犹如为将帅准备作战地图、放大镜、望远镜、电话机，为士兵提供机关枪、手榴弹、防弹背心、防护头盔、急救包，只有指挥得力，弹药充足，避免、减少伤亡才能打胜仗。各项应急保障是否到位对应急救援行动的成败起着至关重要的作用。

(3) 应急培训　作战方案很好，武器装备也先进，财力也雄厚，是否就能打胜仗呢？否！

如果作战方案不能得到逐级落实，到了连、排、班，就各自为战，再好的方案也会成为一片废纸；如果士兵不能了解武器装备的功能，也不能熟练运用，那么武器装备有再多的“先进功能”又有何用？又怎能打胜仗呢？

应急救援如同战场作战。指挥者如果指挥错误，救援者如果不会用有毒气体监测器，应急救援要成功是不可能的。因此，必须对应急指挥人员、应急专业人员及其他应急相关人员，甚至包括相关的社会人员都要进行应急培训，确保做到指挥者指挥得力、救援者熟练操作、被疏散者逃生科学。

(4) 应急演练　应急演练是针对可能发生的事故，按照应急预案规定的程序和要求所进行的程序化模拟训练演练。

应急演练可以验证应急救援物资装备是否充分、救援程序是否科学、救援操作是否正确等，从而可以发现应急救援预案存在的问题并及时加以修改，避免在实战中出现错误，贻误战机，或导致严重后果。

与此同时，应急救援可以提高应急指挥人员的指挥水平、应急队伍的实战水平，能显著提高应急救援的效果。

应急演练是实现应急救援目标——“作战意图”的重要保障，必须一丝不苟、不厌其烦地进行演练，以发现问题、纠正问题、熟练操作，大大提高应急救援能力。

三、应急响应

应急响应是在事故险情、事故发生状态下，在对事故情况进行分析评估的基础上，有关组织或人员按照应急救援预案所采取的应急救援行动。

1. 应急响应的目的

应急响应的目的有两个：

① 接到事故预警信息后，采取相应措施，化解事故于萌芽状态；

② 事故发生之后，根据应急预案，采取相应措施，及时控制事故的恶化或扩大，并最终将事故控制并恢复到常态，最大程度地减少人员伤亡、财产损失和社会影响。

2. 应急响应的工作方法

（1）事态分析　事态分析即对事态进行全面考察、分析。事态分析包括两个主要内容。

① 现状分析。即对事故险情、事故初期事态进行现状分析。

② 趋势分析。即对险情、事故发展趋势进行预测分析。

通过对事态分析，得出事故的危险状况，为下一步采取相应的控制措施，特别是应急预案的启动提供决策依据。事态分析是启动应急预案的必需条件。

（2）预案启动　根据事态分析结果，尽快采取措施，消除险情。若险情得不到消除，则要根据事态分析结果，得出事故危险等级，根据事故危险等级，迅速启动相应等级的应急预案。

（3）救援行动　预案宣布启动，即开始按照应急预案的程序和要求，有组织、有计划、有步骤、有目的地动用应急资源，迅速展开应急救援行动。

（4）事态控制　通过一系列紧张有序的应急行动，事故得以消除或者控制，事态不会扩大或恶化，特别是不会发生次生事故，具备恢复常态的基本条件。

应急响应可划分为两个阶段，即初级响应和扩大应急。

初级响应是在事故初期，企业应用自己的救援力量，使事故得到有效控制。但如果事故的规模和性质超出本单位的应急能力，则应请求增援和扩大应急救援活动的强度，以便最终控制事故。

四、应急结束

当事故现场得以控制，环境符合有关标准，导致次生、衍生事故隐患消除后，经事故现场应急指挥机构批准后，现场应急救援行动结束。

应急结束后，应明确：

① 事故情况上报事项；

② 需向事故调查处理小组移交的相关事项；

③ 事故应急救援工作总结报告。

五、应急恢复

应急结束特指应急响应的行动结束，并不意味着整个应急救援过程的结束。在宣布应急结束之后，还要经过后期处置，即应急恢复，使生产、工作、生活秩序得以恢复，预案得以完善改进，才算一次完整的应急救援行动正式结束。

应急恢复是指在事故得到有效控制后，为使生产、工作、生活和生态环境尽快恢复到正常状态，针对事故造成的设备损坏、厂房破坏、生产中断等后果，采取的设备更新、厂房维修、重新生产等措施。

1. 应急恢复情形

应急恢复从理论上讲，一般包括短期应急恢复如更换阀门、管线，和长期恢复如进行厂房重建两种情形。

在实际工作中，一般情况下，应急恢复是指短期恢复，即在事故得到彻底控制状态下，较短时间内所采取的恢复正常生产的行动，是应急结束前的收尾工作。长期恢复一般属于应急结束后的灾后重建，特殊情况下，也可将潜在风险高的恢复性行动一直作为应急恢复工作进行到应急救援结束。

2. 应急恢复的目的

应急恢复的目的就是在事态得以控制之后，尽快让生产、工作、生活等恢复到常态，从根本上消除事故隐患，避免事态向事故状态演化；二是通过常态的迅速恢复，减少事故损失，弱化不良影响。

3. 应急恢复的工作方法

（1）清理现场 对事故现场进行清理就是将事故现场的物品该回收的回收，该作垃圾清除的进行垃圾外运，该化学洗消的进行化学洗消，最后达到现场物品分类处置、环保达标、干净卫生的要求。

（2）常态恢复 配合各方力量，使生产、生活、工作秩序恢复到常态。

六、应急响应关闭

应急恢复阶段完成之后，还必须做两项工作，应急响应程序才能关闭。

1. 影响评估

组织相关人员从人员伤亡、经济损失、环境影响、社会影响等方面，对事故影响进行分析评估。

2. 预案评审与改进

为了保证应急预案的有效性、高效性，应急救援行动结束，应对应急救援预案从应急指挥、应急职责、救援方法、救援操作等方面进行全面评审，对错误项进行改正，对不合理项进行修正，对不足项进行完善，通过这些改进完善，使得预案更合理、更科学、更符合实际、更有可操作性，提高应急救援能力与效果。

第三节 应急救援体系

应急救援体系是开展应急救援管理工作的基础，一个完整的应急救援体系应由组织体制、运作机制、法制基础和应急保障系统四部分构成。

一、组织体制

首先是应急体制建设中的组织体系，主要分为四个组成部分：管理机构、功能部门、应急指挥和救援队伍。

企业管理组织机构：一般是指维持应急日常管理的负责部门。负责管理、组织、协调、联络等方面的工作。

功能部门：是指应急活动中需要多种功能，这些功能又由各个部门来承担，如公安、医疗、消防、通信、警戒与治安等。这些功能对应地包括与应急活动有关的各类组织机构，这些机构在应急活动中承担不同的应急救援任务，是应急响应的主要实施力量。对于不同的风险企业，应急响应的各项活动也有所不同，但是无论是何种规模和风险的企业，都需要一些基本的应急功能，只是在响应和恢复中，某项功能可能因为其作用的变化而发生变化，有的功能可能因为某一事件发生会立即启动、扩大或转移。如在液氯罐车泄漏事故中，首先启动的是消防部门，当液氯罐不断地发生泄漏不能控制形势时，其消防的功能逐渐地转化为工程抢险，随之其指挥功能的成员和组成也发生变化。但原则是，无论在哪一阶段，进行响应的应急功能参与的时间、程度和所起的作用一定要满足应急活动中最重要的救援和损失减少到最低限度的需求，这些变化需要应急指挥的协调和管理。

企业现场应急指挥（中心）：是指应急救援活动中的指挥控制系统。应急指挥包括应急预案启动后，负责应急救援活动场外与场内的指挥系统，是促进有关规定的制定、协调和应急能力的总体指挥。该组织的最高管理者有权指挥所有的应急响应行动和恢复行动，确定形势和应急行动的优先顺序，根据情况的变化，启动、改变或调整应急行动和资源使用，以满足应急活动需求。

企业应急救援队伍：一般指专业和自愿救援队伍两部分。专业救援队伍，如消防、医疗、防泄漏、工程抢险等。自愿救援队伍和人员在企业里一般是指那些受过一定培训和教育的应急人员，大多是兼职的安全人员、义务消防员和红十字救护员等。根据企业的风险水平不同，应重点地培养一批针对企业风险特点的有经验的、具有不同应急功能的兼职人员，因其可能是当事人和第一目击者，常常在应急响应中起到重要作用。

企业的自愿应急组织人员来自各个部门，要经过系统的标准化应急培训，经过培训后给予相应资格，成为整个应急队伍的重要组成部分，以适应应急活动的不同需求。一旦发生事故，这些人能够起到很重要的作用。

我国在应急救援方面还没有广泛地开展工作，表现为企业和社会救援力量的薄弱。例如，珠海的一个染织厂发生火灾，事故导致楼房坍塌，引起多人死亡和重伤；现场的救援人员没有进行过很好的救援培训，使用不正确的救护方法搬运伤员，虽然许多人生命挽救了，但却造成终身截瘫的后果。这件事反映了在应急救援方面普及工作的重要性，普通员工必须经过有针对性的应急响应基本知识的培训，才能在紧急情况发生时有所作为。

二、运作机制

应急救援活动一般划分为应急准备、初级响应、扩大应急和应急恢复四个阶段。应急机制与这些应急活动密切相关。应急运作机制主要有统一指挥、分级响应、属地管理和公众动员四个基本原则。

统一指挥：是应急活动的最基本原则。在应急活动中必须是统一指挥，它保证应急活动正常有效地进行。应急指挥一般可分为集中指挥与现场指挥，或场外指挥与场内指挥几种形式，但无论采用哪一种指挥形式，都必须实行统一指挥的模式，无论应急救援活动涉及单位的行政级别高低和隶属关系是否相同，都必须在应急指挥部的统一组织协调下行动，有令则行，有禁则止，统一号令，步调一致。

对于如何统一指挥的协调是规划现场指挥系统的一个关键目标。应急响应可涉及部门中多方面的人员、相关部门的人员、扩大应急时的政府各部门和其他人员及志愿者。所以必须在紧急事件发生之前，建立协调所有这些不同类型应急者的机制。应急指挥的结构应当在紧急事件发生前就已建立，一旦响应开始，如应由谁负责，以及谁向谁报告等情况应有明确的规定。应急预案应在指挥机构中做出明确的规定，并达成共识，这将有助于保证所有应急活动的参与人员明确自己的职责，并在紧急事件发生时很好地履行其职责。一般情况下，企业可以选择考虑或使用一个集中指挥控制系统和一个现场控制系统，或者合二为一的指挥系统。

集中指挥控制系统应做到：

① 在应急中心收到的信息基础上对整个形势有清晰的认识和判断；

② 与相应的应急服务组织（消防、治安、设备设施、医疗等）及其他支持部门紧密协作，根据整个企业的形势确定优先的应急响应行动和活动；

③ 根据情况，改变或调整应急行动和资源的使用，来满足紧急情况时受伤害人员的救援需要和对企业财产的保护。

在应急响应中的集中控制和指挥是非常重要的。一般来说，企业发生事故时，最重要的是现场实施的减少紧急事件影响和挽救生命的行动，常常可以由现场的指挥员指挥控制。首先指定某人的指挥职权，经确认后可以（有能力）行使其指挥权，其有权协调和调集资源、人员用于救援。但当响应级别发生变化时，事故指挥的职责也会随之发生变化，可转移由更高级别的指挥系统人员来承担。一旦指挥的权力转移到上一层的指挥人员手中，原有的指挥仅负责提供支持的功能，而不能再进行应急响应行动的决策，这些转换的规定必须在预案的编制时给予明确，确定转移的时机和原则。

作为事故指挥系统，其主要功能是针对应急响应的现场行动。它形成模块化的结构，这五个基本结构自上而下分别是：事故指挥官、行动部、策划部、后勤部、财政/行政部，如图 2-2 所示。每一个结构在应急活动中有不同的功能。这五个不同的结构应分别有其相应的负责人，最终对应急指挥负责。

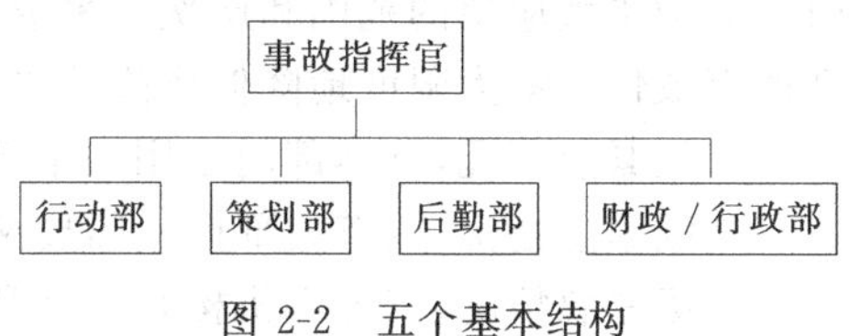

图 2-2　五个基本结构

（1）行动部　其功能主要是负责事故现场的战术行动，并保证所有的应急战术行动按照事故行动计划来完成。例如，在应急中的消防、医疗救援、防泄漏、疏散等都属于该行动范围。这些行动功能可以是分别行动并分别负责，或是有一个统一的组织或部门负责，但无论是何种方式，都要最终对事故（统一）指挥负责人负责。

（2）策划部　其功能主要是负责有关应急信息的收集、评价、文件化、发布和使用，以及应急现场资源的使用和需求分析，也可准备事故行动计划。对于临时小型的事故，这些计划可以是口头表达形式，如需使用来自多个机构的资源，涉及多个部门、人员和设备的轮换等情况时，需要以书面形式明确下来。策划部门的主管责任人也要对事故（统一）指挥负责人负责。

（3）后勤部　主要负责提供设施、服务、人员和物资，并向事故（统一）指挥负责人报告。

（4）财政/行政部　跟踪事故所有费用、评估事故的资金事项及其他功能未涉及的行政职责，并确保对事故（统一）指挥负责人负责和报告。

（5）事故指挥官　应急指挥官员的职责主要是对现场提供全面的管理，对设备和人员进行指挥、控制及调度，协调不同机构的人员等。企业根据事故的大小和复杂程度来确定以上相应级别的管理结构，当事故的大小和复杂程度增加时，管理结构也相应扩展。这些变化的规定必须是在预案中事先进行原则上的制定。如在事故指挥官中还可包括以下人员。

① 安全（责任）员。负责评估现场的危险，确保应急响应人员的安全，否则，救援人员的安全得不到保障。2004 年在某省发生的一次大火，导致数十名消防官兵殉职。如在火灾发生现场设有一名责任人员，其职责就是对现场响应人员的安全进行监督，他能及时发现现场楼房在燃烧了几个小时后，已经达到了耐火极限，可能对楼房的结构带来影响，对于这些情况他能及时地做出判断，将可能出现的不安全情况，如楼房可能坍塌等信息及时反馈给指挥人员，以便及时做出正确的撤离指令。

② 信息（责任）员。职责是了解和收集有关事故现场各种信息。如什么原因导致事故发生的，大致有多少人受伤，救援力量需要什么资源，当前急需解决什么问题等，同时也可代表应急指挥（因应急指挥主要的精力在指挥现场救援）直接与媒体和社区政府进行联系。这些都是大致情况的判断。由于收集的是初期综合信息，对于应急初级响应阶段的正确指挥和下达指令将非常重要。

③ 联络（责任）员。职责是如事态扩大导致场外应急启动时，负责与场外联络。

以上这些人员因其具有特殊作用和功能，应直接对应急指挥负责，其具体作用可在相应的功能中给予详细的描述。

分级响应：指在初级响应到扩大应急的过程中实行分级响应的机制。扩大或提高应急级别的主要依据是事故灾难的危害程度、影响范围和控制事态能力，而后者是“升级”的最基本条件。扩大应急救援主要是提高指挥级别，扩大应急范围等，增强响应的能力。因为对于应急响应的初期来讲，最重要的应急力量和响应是在企业，但有些事故的发生并不是企业的应急能力和资源都能解决和完成的，当事态扩大时，已经超出了企业的应急响应能力，这时，必须扩大应急的范围和层次。采取不同的事故类型应有不同的响应级别，以确保应急活动的有效性，最大限度地降低风险后果。即使在企业内部也有响应级别：

一级紧急情况，(本部门）用一个部门正常可利用的资源即可处理的紧急情况；

二级紧急情况，(有关部门）需要两个或更多部门响应的紧急情况；

三级紧急情况，(外部机构）必须利用所有相关部门及一切资源的紧急情况。

属地为主：是强调“第一反应”的思想和以现场应急现场指挥为主的原则。我国在计划经济时期形成的行业管理形式有些还在部分行业中没有完全转变，过于强调行业主管，尤其有些中央大型企业，长期以来只对主管部门负责，与地方政府很少交流和沟通，没有属地的概念。所以导致在一些重大事故中，由于不能及时沟通信息而没有得到很好的救助和配合，进而导致重大人身伤亡，这些都有过血的教训。

强调属地管理是因为只有地方管理者对于本地区情况、气候条件、地理位置最熟悉；只有地方应急力量才能在紧急行动中最快捷地到达；只有地方管理者才能有权调配本区域内的各种资源和协调各部门的组织。

公众动员：是应急机制的基础，也是整个应急救援体系的基础。我国在这方面普遍差距较大，全民性的教育和培训还远远不足。2003 年的“非典”是一次最好的公众教育形式，在这次事件中，大家不但了解了“非典”的传播方式、注意事项、防护方法，自我防护意识的增强也变成了自觉的行动，使得“非典”得到有效控制。

三、法制基础

法制建设是应急救援体系的基础和保障，也是开展各项应急活动的依据。与应急有关的法规可分为四个层次：一是由立法机关通过的法律，如《中华人民共和国安全生产法》、《中华人民共和国消防法》等；二是由政府、行业和企业颁布的应急救援管理的相关规章或条例等；三是包括预案在内的以企业发布令形式颁布的规定等；四是与应急救援活动直接有关的一些标准或管理办法。

应急管理还缺乏统一的要求，各个企业和部门在制定此类文件过程中需要参考相关的规定和要求，这些都是亟待解决的问题。目前在制定预案时，企业内部也可根据现有的一些规定，结合企业的实际需要，制定一些规定和要求，包括计划和程序等内容。这些企业文件一经发布，也可视为执行应急活动的依据。

四、应急保障体系

应急救援工作快速有效地开展依赖于充分的应急保障体系。保障体系包括人力资源保障、各类物资保障和应急能力的保障。

排在应急保障体系首位的是信息与通信系统。建立集中管理的信息通信平台是应急救援体系的最重要基础建设之一。事故发生时，所有预警、报警、警报、报告和指挥等活动的信息交流，要通过应急信息通信系统的保障才能快速、顺畅、准确到达。另外，建立信息平台可以使宝贵的信息资源共享。但是由于有些信息有一定的军事价值和商业价值，应界定信息资源共享的范围和人员，同时要防止借信息共享的名义将一些国家重要的军事、国家或地区安全、地理和重要商业的信息泄露出去，给国家造成损失。有些企业制定的应急预案，对于企业的核心技术部分资源的了解就限定了响应的权限。

物资与装备不但要保证有足够的资源，而且还一定要实现快速、及时供应到位。并且要界定和明确对于不同应急资源管理、使用、维护和更新的相应的职责部门和人员。

用于应急的通信和通信联络设备，进入事故现场实施救援的人员的防护用品，一定要保证充足的数量和合格的质量。

应急活动中除了常用的一些救援装备以外，在特殊情况时，还需要一些特种救援装备，如破拆、吊装、起重、运送设备，建筑破拆、金属切割和挖掘设备，探测、支撑、防护设备，以及封闭等特种设备，侦检装备等。企业应了解哪里有这些设备，通过什么样的快捷方式能在需要时迅速得到，这对于救援出现紧急情况时是非常重要的。

另外，有些虽不属于设备，但也应作为保障体系的一部分。如现场地图和图表，有关材料储存区域、工艺区域、服务区域、路径、厂区规划等信息和资料。在国外，很多救援活动指挥开始就是在图纸上进行的。要了解相关的信息情况时，图纸常常可以给我们最直观的印象。

现场应急设备还包括危险品泄漏控制装置、营救设备、应急电力设备、重型设备、文件资料等。另外，医疗服务机构、设施、设备和供应应有足够的准备。保安和进出管制设备方面，应有足够的控制交通及疏散时的执法、进出管制设备，如路障等。

应急人力资源保障主要指的是紧急情况下可动员的全职及兼职人员，其应急能力和培训水平应达到要求。

人力资源保障包括专业队伍和志愿人员及其他有关人员，他们是经过相应的培训教育，并能在应急反应中起到相应作用的人员，如指挥人员、医疗救护人员、抢险人员、指挥疏散人员等。

应急经费保障是用以保障应急管理运行和应急反应中各项活动的开支。

第四节　应急救援预案概述

一、应急救援预案概念

1. 应急救援预案概念

根据ILO《重大工业事故预防规程》，应急救援预案（又称应急救援计划）的定义为：

① 基于在某一处发现的潜在事故及其可能造成的影响所形成的一个正式书面计划，该计划描述了在现场和场外如何处理事故及其影响；

② 重大危险设施的应急计划应包括对紧急事件的处理；

③ 应急计划包括现场计划和场外计划两个重要组成部分；

④ 企业管理部门应确保遵守符合国家法律规定的标准要求，不应把应急计划作为在设施内维持良好标准的替代措施。

因此，应急救援预案（以下简称预案）是指政府或企业为降低紧急事件后果的严重程度，以对危险源的评价和事故预测结果为依据而预先制定的紧急事件控制和抢险救灾方案，是紧急事件应急救援活动的行动指南。

2. 制定应急救援预案的目的和必要性

应急救援预案对于应急事件的应急管理工作具有重要的指导意义，它有利于实现应急行动的快速、有序、高效，以充分体现应急救援的“应急”精神，制定应急救援预案的目的是为了在发生紧急事件时，能以最快的速度发挥最大的效能，有序地实施救援，达到尽快控制事态发展，降低紧急事件造成的危害，减少事故损失。制定应急救援预案具有以下必要性：

① 制定预案是贯彻国家职业安全健康法律法规的要求；

② 制定预案是减少事故中人员伤亡和财产损失的需要；

③ 制定预案是事故预防和救援的需要；

④ 制定预案是实现本质安全型管理的需要。

二、应急救援预案有关法律法规要求

《中华人民共和国安全生产法》第十七条要求：“生产经营组织的主要负责人员有组织制定并实施本组织的生产安全事故应急救援预案的职责。”第三十三条要求：“生产经营组织对重大危险源应当登记建档，进行定期检测、评估、监控，并制定应急救援预案，告知从业人员和相关人员在紧急事件下应当采取的应急措施。”第六十八条要求：“县级以上地方各级人民政府应组织有关部门制定本行政区域内的特大生产安全事故应急救援预案，建立应急救援体系。”

《危险化学品安全管理条例》第四十九条要求：“县级以上地方各级人民政府负责危险化学品安全监督管理综合工作的部门应当会同同级其他有关部门制定危险化学品事故应急救援预案，报经本级人民政府批准后实施。”第五十条要求：“危险化学品组织应当制定本组织事故应急救援预案，配备应急救援人员和必要的应急救援器材、设备，并定期组织演练；危险化学品事故应急救援预案应当报设区的市级人民政府负责危险化学品安全监督管理综合工作的部门备案。”

《中华人民共和国消防法》第十三条要求：“举办大型集会、焰火晚会、灯会等群众性活动，具有火灾危险的，主办组织应当制定灭火和应急疏散预案，落实消防安全措施，并向公安消防机构申报，经公安消防机构对活动现场进行消防安全检查合格后，方可举办。”第十六条要求：“消防安全重点组织制定灭火和应急疏散预案，定期组织消防演练。”

《关于特大安全事故行政责任追究的规定》第七条要求：“市（地、州）、县（市、区）人民政府必须制定本地区特大安全事故应急处理预案。本地区特大安全事故应急处理预案经政府主要领导人签署后，报上一级人民政府备案。”

《特种设备安全监察条例》第三十一条规定：“特种设备使用组织应当制定特种设备的事故应急措施和救援预案。”

《使用有毒物品作业场所劳动保护条例》第十六条要求：“从事使用高毒物品作业的用人组织，应当配备应急救援人员和必要的应急救援器材、设备，制定事故应急救援预案，并根据实际情况变化对应急救援预案适时进行修订，定期组织演练。事故应急救援预案和演练记录应当报当地卫生行政部门、安全生产监督管理部门和公安部门备案。”

《建设工程安全生产管理条例》第四十七条要求：“县级以上地方人民政府建设行政主管部门应当根据本级人民政府的要求，制定本行政区域内建设工程特大生产安全事故应急救援预案。”第四十八条要求：“施工组织应当制定本组织生产安全事故应急救援预案，建立应急救援组织或者配备应急救援人员，配备必要的应急救援器材、设备，并定期组织演练。”第四十九条要求：“施工组织应当根据建设工程施工的特点、范围，对施工现场易发生重大事故的部位、环节进行监控，制定施工现场生产安全事故应急救援预案。实行施工总承包的，由总承包组织统一组织编制建设工程生产安全事故应急救援预案，工程总承包组织和分包组织按照应急救援预案，各自建立应急救援组织或者配备应急救援人员，配备救援器材、设备，并定期组织演练。”

三、应急预案的基本构成

应急预案是针对各级各类可能发生的事故和所有危险源制定应急方案，必须考虑事前、事发、事中、事后的各个过程中相关部门和有关人员的职责，物资、装备的储备、配置等方方面面的需要。

完整的应急预案编制应包括以下一些基本要素，即分为六个一级关键要素，包括：

① 方针与原则；

② 应急策划；

③ 应急准备；

④ 应急响应；

⑤ 现场恢复；

⑥ 预案管理与评审改进。

六个一级要素之间既具有一定的独立性，又紧密联系，从应急的方针、策划、准备、响应、恢复到预案的管理与评审改进，形成了一个有机联系并持续改进的应急管理体系。根据一级要素中所包括的任务和功能，应急策划、应急准备和应急响应三个一级关键要素可进一步划分成若干个二级小要素。所有这些要素构成了重大事故应急预案的核心要素，这些要素是重大事故应急预案编制应当涉及的基本方面。在实际编制时，根据企业的风险和实际情况的需要，也为便于预案内容的组织，可根据企业自身实际，将要素进行合并、增加、重新排列或适当的删减等。见表 2-1。这些要素在应急过程中也可视为应急功能。

表 2-1　重大事故应急预案的核心要素

重大事故应急预案分级核心要素					
1. 方针与原则	2. 应急策划	3. 应急准备	4. 应急响应	5. 现场恢复	6. 预案管理与评审改进
	2.1 危险分析 2.2 资源分析 2.3 法律法规要求	3.1 机构与职责 3.2 应急资源 3.3 教育、训练和演习 3.4 互助协议	4.1 接警与通知 4.2 指挥与控制 4.3 警报和紧急公告 4.4 通信 4.5 事态监测与评估 4.6 警戒与治安 4.7 人群疏散与安置 4.8 医疗与卫生 4.9 公共关系 4.10 应急人员安全 4.11 消防与抢险(包括泄漏物的控制)		

1. 方针与原则

无论是何级或何类型的应急救援体系，首先必须有明确的方针和原则，作为开展应急救援工作的纲领。方针与原则反映了应急救援工作的优先方向、政策、范围和总体目标，应急的策划和准备、应急策略的制定和现场应急救援及恢复都应当围绕方针和原则开展。

事故应急救援工作是在预防为主的前提下，贯彻统一指挥、分级负责、区域为主、单位自救和社会救援相结合的原则。其中预防工作是事故应急救援工作的基础，除了平时做好事故的预防工作，避免或减少事故的发生外，还要落实好救援工作的各项准备措施，做到预先有准备，一旦发生事故就能及时实施救援。

2. 应急策划

应急预案最重要的特点是要有针对性和可操作性。因而，应急策划必须明确预案的对象和可用的应急资源情况，即在全面系统地认识和评价所针对的潜在事故类型的基础上，识别出重大潜在事故及其性质、区域、分布及事故后果，同时，根据危险分析的结果，分析评估企业中应急救援力量和资源情况，为所需的应急资源准备提供建设性意见。在进行应急策划时，应当列出国家、地方相关的法律法规，作为制定预案和应急工作授权的依据。因此，应急策划包括危险分析、应急能力评估（资源分析），以及法律法规要求等三个二级要素。

3. 应急准备

主要针对可能发生的应急事件，应做好的各项准备工作。能否成功地在应急救援中发挥作用取决于应急准备的充分与否。应急准备基于应急策划的结果，明确所需的应急组织及其职责权限、应急队伍的建设和人员培训、应急物资的准备、预案的演习、公众的应急知识培训和签订必要的互助协议等。

4. 应急响应

企业应急响应能力的体现应包括需要明确并实施在应急救援过程中的核心功能和任务。这些核心功能具有一定的独立性，又互相联系，构成应急响应的有机整体，共同完成应急救援目的。

应急响应的核心功能和任务包括：接警与通知，指挥与控制，警报和紧急公告，通信，事态监测与评估，警戒与治安，人群疏散与安置，医疗与卫生，公共关系，应急人员安全，消防和抢险，泄漏物控制等。

当然，根据企业风险性质的不同，需要的核心应急功能也可有一些差异。

5. 现场恢复

现场恢复是事故发生后期的处理。比如泄漏物的污染问题处理、伤员的救助、后期的保险索赔、生产秩序的恢复等一系列问题。

6. 预案管理与评审改进

强调在事故后（或演练后）的对于预案不符合和不适宜的部分进行不断的修改和完善，使其更加适宜于企业的实际应急工作的需要，但预案的修改和更新要有一定的程序和相关评审指标。

四、应急预案分级分类

1. 应急预案的分级

根据可能的事故后果的影响范围、地点及应急方式，我国事故应急救援体系可将事故应急救援预案分为如下5种级别。

(1) Ⅰ级（企业级）应急救援预案　这类事故的有害影响局限在一个组织（如某个工厂、火车站、仓库、农场、煤气或石油管道加压站/终端站等）的界区之内，并且可被现场的操作者遏制和控制在该区域内。这类事故可能需要投入整个组织的力量来控制，但其影响预期不会扩大到社区（公共区）。

(2) Ⅱ级（县、市/社区级）应急救援预案　这类事故所涉及的影响可扩大到公共区（社区），但可被该县（市、区）或社区的力量，加上所涉及的工厂或工业部门的力量所控制。

(3) Ⅲ级（市/地区级）应急救援预案　这类事故影响范围大，后果严重，或是发生在两个县或县级市管辖区边界上的事故。应急救援需动用地区的力量。

(4) Ⅳ级（省级）应急救援预案　对可能发生的特大火灾、爆炸、毒物泄漏事故，特大危险品运输事故以及属省级特大事故隐患、省级重大危险源，应建立省级事故应急救援预案。它可能是一种规模极大的灾难事故，或可能是一种需要用事故发生的城市或地区所没有的特殊技术和设备进行处理的特殊事故。这类意外事故需用全省范围内的力量来控制。

(5) Ⅴ级（国家级）应急救援预案　对事故后果超过省、直辖市、自治区边界以及列为国家级事故隐患、重大危险源的设施或场所，应制定国家级应急救援预案。

2. 应急预案分类

(1) 按照事件分类划分　《国家突发公共事件总体预案》将突发公共事件分为自然灾害、事故灾难、公共卫生事件、社会安全事件四类。

每一类突发公共事件下面分别编制专项预案。如为了规范事故灾难类突发公共事件的应急管理和应急响应程序，及时有效地实施应急救援工作，最大程度地减少人员伤亡、财产损失，维护人民群众生命财产安全和社会稳定。针对事故灾难类突发事件，国务院发布了9件事故灾难类突发公共事件专项应急预案：

① 国家安全生产事故灾难应急预案；

② 国家处置铁路行车事故应急预案；

③ 国家处置民用航空器飞行事故应急预案；

④ 国家海上搜救应急预案；

⑤ 国家处置城市地铁事故灾难应急预案；

⑥ 国家处置电网大面积停电事件应急预案；

⑦ 国家核应急预案；

⑧ 国家突发环境事件应急预案；

⑨ 国家通信保障应急预案。

(2) 按照预案功能划分　根据应急预案的不同功能划分，应急预案可分为综合应急预案、专项应急预案、现场处置方案。

① 综合应急预案。从总体上阐述处理事故的应急方针、政策，应急组织结构及相关应急职责，应急行动、措施和保障等基本要求和程序，是应对各类事故的综合性文件。

② 专项应急预案。是针对具体的事故类别（如煤矿瓦斯爆炸、危险化学品泄漏等事故）、危险源和应急保障而制定的计划或方案，是综合应急预案的组成部分，应按照综合应急预案的程序和要求组织制定，并作为综合应急预案的附件。专项应急预案应制定明确的救援程序和具体的应急救援措施。

③ 现场处置方案。是针对具体的装置、场所或设施、岗位所制定的应急处置措施。现场处置方案应具体、简单、针对性强。现场处置方案应根据风险评估及危险性控制措施逐一编制，做到事故相关人员应知应会，熟练掌握，并通过应急演练，做到迅速反应、正确处置。

(3) 按单位性质划分　按照单位性质，可将事故预案分为政府应急预案、生产经营单位应急预案等。

在实际工作中，上述应急预案的分类往往是综合运用、有机结合的，譬如政府应急预案，先进行综合预案的编制，后进行专项预案的编制，在生产经营单位里，先进行综合预案的编制，后进行专项预案的编制，再进行现场处置预案的编制等。

五、应急预案的文件体系

应急救援预案要形成完整的文件体系以充分发挥作用，有效完成应急行动。一个完整的应急救援预案应包括总预案、程序、说明书和记录四级文件体系。

文件框架中应包括应急预案要素的所有内容，包括现有的文件、将要起草的文件以及它们之间的联系等。一般采用四级体系：手册（综合预案）、程序、指导书、应急行动记录。

一级文件——总预案或称为基本方案。应是总的管理政策和策划。其中应包括应急救援方针、应急救援（预案）目标（针对何种重大风险）、应急组织机构构成和各级应急人员的责任及权利，包括对应急准备、现场应急指挥、事故后恢复及应急演练、训练等的原则的叙述。

二级文件——应是对于总预案中涉及的相关活动具体工作程序。程序说明某个行动的目的和范围。程序内容十分具体，其目的是为应急行动提供指南。程序书写要求简洁明了，以确保应急队员在执行应急步骤时不会产生误解。程序格式可以是文字、图表或两者的组合。程序文件包括：预案概况、预防程序、准备程序、基本应急程序、专项应急程序、恢复程序。需要编写的应急程序如表 2-2 所示，重大危险源应急程序中还要列出应急管理制度清单（见表 2-3）和所需应急附件清单（见表 2-4）。

表 2-2 应急救援预案中需要编写的应急程序

项目	内容	项目	内容
准备程序	风险评价程序	基本应急行动程序	交通管制程序
	应急资源和能力评估程序		政府协调程序
	人员培训程序		公共关系处理程序
	演练程序		应急关闭程序
	物资供应与应急设备	专项应急程序	火灾和泄漏事故应急程序
	记录保存		爆炸事故应急程序
	应急宣传		其他事故应急程序
基本应急行动程序	报警程序	恢复程序	事故调查程序
	应急启动程序		事故损失评价程序
	通信联络程序		事故现场净化和恢复程序
	疏散程序		生产恢复程序
	指挥与控制程序		保险索赔程序
	医疗救援程序		

表 2-3 应急管理制度清单

项目	内容	项目	内容
应急工作制度	学习、培训制度	应急工作制度	财务管理制度
	绩效考核制度		定期演练、检查制度
	值班制度		总结评比制度
	例会制度		应急设备管理制度
	救灾物资的管理制度		

表 2-4　所需应急附件清单

应急附件	应急机构人员通讯录	应急附件	疏散路线图
	组织员工手册		应急力量一览表、分布图
	专家名录		外部援助机构一览表
	技术参考(手册、后果预测和评估模型及有关支持软件等)		现场平面图
	应急设备清单		交通图
	重大危险源登记表、分布图		通信联络图
	重要防护目标一览表、分布图		应急程序图

三级文件——说明书与应急活动的记录（程序中特定细节及行动的说明，责任及任务说明）。

四级文件——对应急行动的记录。包括制定预案的一切记录，如培训记录、文件记录、资源配置的记录、设备设施相关记录、应急设备检修记录、消防装备保管记录、应急演练的相关记录等。

从记录到预案，层层递进，组成了一个完善的预案文件体系，从管理角度而言，可以根据这四类预案文件等级分别进行归类管理以保证应急救援预案得以有效地运用。

复习思考题

一、选择题

1. 应急管理是一个动态的过程，包括四个阶段（　　）。

A. 准备、预防、响应和恢复　　B. 准备、响应、恢复和预防
C. 准备、响应、预防和恢复　　D. 预防、准备、响应和恢复

2. 以下哪个系统（体系）不属于应急支持保障系统？（　　）

A. 职业健康安全管理体系　　B. 宣传、教育和培训体系
C. 法律法规保障体系　　D. 通信系统

3. 下述哪项二级要素不属于一级要素“应急策划”的内容？（　　）

A. 危险分析　　B. 资源分析　　C. 法律法规要求　　D. 机构与职责

4. 一级要素“应急准备”不包括（　　）。

A. 应急资源　　B. 教育、训练与演练　　C. 必要的互助协议　　D. 医疗与卫生

5. 泄漏物控制属于哪个一级要素？（　　）

A. 应急响应　　B. 现场恢复　　C. 应急策划　　D. 应急准备

6.《安全生产法》第六十八条规定，（　　）级以上地方各级人民政府应当组织有关部门制定本行政区域内特大生产安全事故应急救援预案，建立应急救援体系。

A. 县　　B. 市　　C. 省　　D. 地区

7. 在应急管理中，（　　）阶段的目标是尽可能地抢救受害人员、保护可能受威胁的人群，并尽可能控制并消除事故。

A. 预防　　B. 准备　　C. 响应　　D. 恢复

8. 重大事故应急救援体系响应程序正确的是（　　）。

①应急启动　②应急关闭　③警情与响应级别确定　④救援行动　⑤应急恢复

A. ③、①、②、④、⑤　　B. ③、①、④、⑤、②　　C. ②、③、①、④、⑤　　D. ⑤、②、③、①、④

9.（　　）对应急预案中的特定任务及某些行动细节进行说明，供应急组织内部人员或其他相关组织，例如应急队员职责说明书、应急过程检测设备使用说明书等。

A. 预案　　B. 程序　　C. 指导书　　D. 记录

10. 应急策划中关于资源分析的作用，描述不准确的有（　　）。

A. 预先做好人群疏散与安置工作

B. 分析已有能力的不足，与相邻地区签订互助协议

C. 为应急资源的规划与配备提供指导

D. 针对危险分析所确定的主要危险，明确应急救援所需的资源

11. 根据重大事故发生的特点，应急救援的特点是：行动必须做到迅速、（　　）和有效。

A. 按时　B. 及时　C. 准确　D. 突然

12. “警戒与治安”是核心要素（　　）的二级要素。

A. 应急策划　B. 应急准备　C. 应急响应　D. 现场恢复

二、简答题

1. 危险化学品事故应急救援的基本原则是什么？
2. 危险化学品事故应急救援的任务有哪些？
3. 我国危险化学品事故应急救援目前存在的问题有哪些？
4. 应急管理的内容有哪些？
5. 如何构建应急救援体系？
6. 应急救援预案是什么？
7. 应急预案的基本构成是什么？
8. 应急预案的类型有哪些？
9. 应急预案的文件体系包含哪些内容？

第三章　危险化学品事故应急救援预案编制与管理

学习目标

本章包括危险化学品企业应急救援预案编制、政府危险化学品事故应急救援预案编制及企业与政府应急救援体系衔接及预案管理方面的内容。通过本章内容的学习，应熟悉危险化学品企业应急救援预案的编制程序及内容，并能组织开展有关预案编制的工作。了解政府危险化学品事故应急救援预案的编制程序及内容，熟悉企业、政府应急救援体系相互衔接的内容。了解建立区域性危险化学品事故应急救援协调机制的必要性。能对危险化学品预案进行有效管理。

第一节　危险化学品事故企业应急救援预案编制

一、危险化学品事故应急救援预案概述

应急救援预案是指根据预测危险源、危险目标可能发生事故的类别、危害程度，而制定的事故应急救援方案。制定应急救援预案要充分考虑现有物质、人员及危险源的具体条件，以便及时、有效地统筹指导事故应急救援行动。

《安全生产法》第69条规定："危险物品的生产、经营、储存单位以及矿山、建筑施工单位应当建立应急救援组织；生产经营规模较小，可以不建立应急救援组织的，应当指定兼职的应急救援人员。"

《危险化学品安全管理条例》第50条第一款规定："危险化学品单位应当制定本单位事故应急救援预案，配备应急救援人员和必要的救援装备，并定期组织演练。"

制定危险化学品事故应急救援预案是减少危险化学品事故中人员伤亡和财产损失的有效措施，因为：

① 通过事故应急救援预案的编制，可以发现事故预防系统的缺陷，更好地促进事故预防工作；

② 应急组织机构的建立、各类应急人员职责的明确、标准化应急操作程序的制定，使危险化学品事故发生时每一个环节的应急救援工作可有序、高效地进行；

③ 应急救援预案的演练使每一个应急人员都熟知自己的职责、工作内容、周围环境，在事故发生时，能够熟练按照预定的程序和方法进行救援行动。

二、危险化学品事故应急救援预案的内容

作为针对危险化学品可能发生的事故所需的应急行动而制定的指导性文件，一个完善的应急救援预案体系通常应该包括以下关键的内容：

① 基本预案，对紧急情况应急管理提供一个简介并作必要说明；

② 预防程序，对潜在事故进行确认并采取减缓事故的有效措施；

③ 准备程序，说明应急行动前所需采取的准备工作；

④ 基本应急程序，给出任何事故都可适用的应急行动程序；

⑤ 特殊危险应急程序，针对特殊事故危险性的应急程序；

⑥ 恢复程序，说明事故现场应急行动结束后所需采取的清除和恢复行动。

三、危险化学品事故应急救援预案的编制

发生化学事故时，由于事故单位最了解事故现场的实际情况，可以尽快控制危险源，实施初期扑救，所以，事故单位积极实施自救是化学事故应急救援的最基本、最重要的救援形式。

危险化学品企业事故应急救援预案的制定程序包括成立预案编制小组、预案编制准备、预案编制、预案的评审与发布、预案的实施、预案的演练及预案的修订与更新等。

1. 成立预案编制小组

预案编制工作是一项涉及面广、专业性强的工作，是一项非常复杂的系统工程，需要安全、工程技术、组织管理、医疗急救等各方面的知识，要求编制人员要由各方面的专业人员或专家组成，熟悉所负责的各项内容。

首先委任预案编制小组的负责人（最好由高层领导担任，这样可以增强预案的权威性，促进工作的实施）。确定预案编制小组的成员，小组成员应是预案制定和实施过程起重要作用或是可能在紧急事件中受影响的人员。危险化学品单位应急救援预案编制小组成员应来自企业管理、安全、生产操作、保卫、设备、卫生、环境、维修、人事、财务等应急救援相关部门，并且可包括来自地方政府机构应急救援机构的代表，这样可消除企业应急救援预案与地方应急救援预案的不一致性；也可明确当事故影响到厂外时涉及到的单位和职责。

预案编制小组应对整个预案的编制过程制定详细周密的计划，使得预案编制工作有条不紊地进行。

2. 预案编制准备

对现有应急计划和应急救援工作有关资料作汇总分析。充分应用已有危害辨识和风险评价的结果，包括重大危险源识别、脆弱性分析和重大事故灾害风险分析等。应急救援能力评估和应急资源整合分析，包括人力、装备、物质和财政资源。对曾发生事故灾害应急救援案例作回顾性分析。

（1）收集、整理资料　在编制预案前，需进行全面、详细的资料收集、整理。企业需要收集、调查的资料主要包括以下内容

① 法律法规。收集国家、省和地方法律法规与规章，如职业安全卫生法律法规、环境保护法律法规、消防法律法规与规程、危险化学品法律法规、交通法规、地区区划法规和应急管理规定等。

② 周围条件。地质、地形、周围环境、气象条件（风向、气温）、交通条件。

③ 厂区平面布局。功能区划分、易燃易爆有毒危险品分布、工艺流程分布、建（构）筑物平面布置、安全距离。

④ 生产工艺过程。物料（毒性、腐蚀性、燃烧性、爆炸性）、工作温度、工作压力、反应速率、作业及控制条件、事故及失控条件。

⑤ 生产设备、装置。化工设备（高温、低温、腐蚀、高压、震动、异常情况）；危险性大的设备；电气设备（短路、触电、火灾、爆炸、误运转和误操作）。

⑥ 特殊单体设备。高压气瓶、盛装危险化学品的承压容器等。

⑦ 库区。石油库、危险品库等。

⑧ 本企业、相关（相邻）企业及当地政府的应急救援预案。

⑨ 国内外同行业事故案例分析、本单位技术资料等。

（2）危险源辨识与风险评价　危险源辨识与风险评价是应急救援预案编制过程的基础和

关键。危险源辨识与风险评价的结果不仅有助于确定需要重点考虑的危险，提供划分预案编制优先级别的依据，而且也为应急救援预案的编制、应急准备和应急响应提供必要的信息和资料。危险源辨识与风险评价包括危险源辨识、脆弱性分析和风险分析。

目前，用于生产过程或设施的危险源辨识与风险评价方法已达到几十种，常用的有：故障类型与影响分析（FMEA）、危险性与可操作性研究（HAZOP）、事故树分析（FTA）、事件树分析（ETA）等。企业可根据各自实际情况、事故类型，选用合适的危险源辨识和风险评价方法。

① 危险源辨识。要调查所有的危险有害因素，并对其进行详细的分析是不可能的。危险源辨识的目的是要将可能存在的重大危险有害因素识别出来，作为下一步危险分析的对象。危险源辨识应分析本地区的地理、气象等自然条件，工业和运输、商贸、公共设施等的具体情况，总结本地区历史上曾经发生的重大事故，来识别出可能发生的自然灾害和重大事故。危险源辨识还应符合国家有关法律法规和标准的要求。危险源辨识应明确下列内容。

a. 危险化学品工厂（尤其是重大危险源）的位置和运输路线。

b. 伴随危险化学品的泄漏而最有可能发生的危险（如火灾、爆炸和中毒等）。

c. 城市内或经过城市进行运输的危险化学品的类型和数量。

d. 重大火灾隐患的情况，如地铁、大型商场等人口密集场所。

e. 其他可能的重大事故隐患，如大坝、桥梁等。

f. 可能的自然灾害，以及地理、气象等自然环境的变化和异常情况。

② 脆弱性分析。脆弱性分析要确定的是：一旦发生危险事故，哪些地方容易受到破坏或损害。脆弱性分析结果应提供下列信息。

a. 受事故或灾害影响严重的区域，以及该区域的影响因素（如地形、交通、风向等）。

b. 预计位于脆弱带中的人口数量和类型（如居民、职员，敏感人群、医院、学校、疗养院、托儿所等）。

c. 可能遭受的财产破坏，包括基础设施（如水、食物、电、医疗等）和运输线路。

d. 可能的环境影响。

③ 风险评价。风险评价是根据脆弱性分析的结果，评估事故或灾害发生时，可能造成破坏（或伤害）的可能性，以及可能导致的实际破坏（或伤害）程度。通常可能会选择对最坏的情况进行分析。风险评价可以提供下列信息。

a. 发生事故和环境异常（如洪涝）的可能性，或同时发生多种紧急事故或灾害的可能性。

b. 对人造成的伤害类型（急性、延时或慢性的）和相关的高危人群。

c. 对财产造成的破坏类型（暂时、可修复或永久的）。

d. 对环境造成的破坏类型（可恢复或永久的）。

要做到准确分析事故发生的可能性是不太现实的。一般不必过多地将精力集中到对事故或灾害发生的可能性进行精确的定量分析上，可以用相对性的词汇（如低、中、高）来描述发生事故或灾害的可能性，但关键是要在充分利用现有数据和技术的基础上进行合理的评估。

（3）应急资源与能力评估　依据危险辨识与评价的结果，对已有的应急资源和应急能力进行评估，明确应急救援的需求和不足。应急资源包括应急人员、应急设施（备）、装备和物资等；应急能力包括人员的技术、经验和接受的培训等。应急资源和能力将直接影响应急行动的有效性。制定应急救援预案时，应当在评价与潜在危险相适应的应急资源和能力的基础上，选择最现实、最有效的应急策略。

3. 应急救援预案的编写

应急救援预案的编制必须基于风险评价与应急资源和能力评估的结果，遵循国家和地方相关的法律、法规和标准的要求。应急救援预案编制过程中，应注重全体人员的参与和培训，使所有与事故有关人员均掌握危险源的危险性、应急处置方案和技能。此外，预案编制时应充分收集和参阅已有的应急救援预案，以最大可能减少工作量和避免应急救援预案的重复和交叉，并确保与其他相关应急救援预案（地方政府预案、上级主管单位以及相关部门的预案）协调一致。此阶段的主要工作包括：①确定预案的文件结构体系；②了解组织其他的管理文件，保持预案文件与其兼容；③编写预案文件；④预案审核发布。

应急救援预案的编写无固定格式，企业可结合具体情况按以下各要素进行应急救援预案的编写。

（1）总则

① 编制目的。简述应急救援预案编制的目的、作用等。

② 编制依据。简述应急救援预案编制所依据的法律法规、规章，以及有关行业管理规定、技术规范和标准等。

③ 适用范围。说明应急救援预案适用的区域范围，以及事故的类型、级别。

④ 应急救援预案体系。说明本单位应急救援预案体系的构成情况。

⑤ 应急工作原则。说明本单位应急工作的原则，内容应简明扼要、明确具体。

（2）企业基本情况　主要包括单位的地址、经济性质、从业人数、隶属关系、主要产品、产量等内容，周边区域的单位、社区、重要基础设施、道路等情况。危险化学品运输单位运输车辆情况及主要的运输产品、运量、运地、行车路线等内容。

（3）危险目标及其危险特性和对周围的影响　主要阐述本单位存在的危险源及其危险特性和对周边的影响。

（4）危险化学品事故应急救援组织机构、组成人员及职责划分　事故发生时，能否对事故做出迅速的反应，直接取决于应急救援系统的组成是否合理。所以，预案中必须对应急救援系统精心组织，分清责任，落实到人。应急救援系统主要由应急救援领导机构和应急救援专业队伍组成。

应急救援领导机构应负责企业应急救援指挥工作，小组成员应包括具备完成某项任务的能力、职责、权力及资源的厂内安全、生产、设备、保卫、医疗、环境等部门负责人，还应包括具备或可以获取有关社会、生产装置、储运系统、应急救援专业知识的技术人员。小组成员直接领导各下属应急救援专业队，并向总指挥负责，由总指挥统一协调部署各专业队的职能和工作。

应急救援专业队是事故发生后，接到命令即能火速赶往事故现场，执行应急救援行动中特定任务的专业队伍。按任务可划分为以下几种。

① 通信队，确保各专业队与总调度室和领导小组之间通信畅通，通过通信指挥各专业队执行应急救援行动。

② 治安队，维持治安，按事故的发展态势有计划地疏散人员，控制事故区域人员、车辆的进出。

③ 消防队，对火灾、泄漏事故，利用专业装备完成灭火、堵漏等任务，并对其他具有泄漏、火灾、爆炸等潜在危险的危险点进行监控和保护，有效实施应急救援、处理措施，防止事故扩大、造成二次事故。

④ 抢险抢修队，该队成员要对事故现场、地形、设备、工艺很熟悉，在具有防护措施的前提下，必要时深入事故发生中心区域，关闭系统，抢修设备，防止事故扩大，降低事故

损失，抑制危害范围的扩大。

⑤ 医疗救护队，对受害人员实施医疗救护、转移等活动。

⑥ 运输队，负责急救行动和人员、装备、物资的运输保障。

⑦ 防化队，在有毒物质泄漏或火灾中产生有毒烟气的事故中，侦察、核实、控制事故区域的边界和范围，并掌握其变化情况；或与医疗救护队相互配合，混合编组，在事故中心区域分片履行救护任务。

⑧ 监测站，迅速检测所送样品，确定毒物种类，包括有毒物的分解产物、有毒杂质等，为中毒人员的急救、事故现场的应急处理方案以及染毒的水、食物和土壤的处理提供依据。

⑨ 物资供应站，为急救行动提供物质保证，其中包括应急抢险装备、救援防护装备、监测分析装备和指挥通信装备等。

由于在应急救援中各专业队的任务量不同，且事故类型不同，各专业队任务量所占比重也不同，所以专业队人员的配备应根据各自企业的危险源特征，合理分配各专业队的力量。应该把主要力量放在人员的救护和事故的应急处理上。

（5）预防与预警

① 危险源监控。明确本单位对危险源监测监控的方式、方法，以及采取的预防措施。

② 预警行动。明确事故预警的条件、方式、方法和信息的发布程序。

③ 信息报告与处置。按照有关规定，明确事故及未遂伤亡事故信息报告与处置办法。

a. 信息报告与通知。明确 24h 有效的内部、外部通信联络手段，明确运输危险化学品的驾驶员、押运员报警及与本单位、生产厂家、托运方联系的方式、方法、事故信息接收和通报程序。

b. 信息上报。明确事故和紧急情况发生后向上级主管部门和地方人民政府报告事故信息的流程、内容和时限。

c. 信息传递。明确事故和紧急情况发生后向有关部门或单位通报事故信息的方法和程序。

譬如：发现灾情后，现场人员应利用一切可能的通信手段立即向生产总调度值班室、电话总机或消防队报警，要求提供准确、简明的事故现场信息，并提供报警人的联系方式。企业发生化学事故，很重要的是前期扑救工作，应积极采取停车、启动安全保护、组织人员疏散等措施。总调度或消防队值班室接到报警后，应首先报告应急救援领导小组，报告内容包括：事故发生的时间和地点，事故类型（如火灾、爆炸、泄漏等），是否为剧毒品，估计造成事故的物资量。领导小组全面启动事故处理程序，通知各专业队火速赶赴现场，实施应急救援行动。然后向上级应急指挥部门报告，根据事故的级别判断是否需要启动区域性化学事故应急救援预案。

（6）应急响应

① 响应分级。依据危险化学品事故的类别、危害程度的级别和单位控制事态的能力，将事故分为不同的等级。按照分级负责的原则，明确应急响应级别。

② 响应程序。根据事故的大小和发展态势，明确应急指挥、应急行动、资源调配、应急避险、扩大应急等响应程序。

③ 应急结束。明确应急终止的条件。事故现场得以控制，环境符合有关标准，导致次生、衍生事故隐患消除后，经事故现场应急指挥机构批准后，现场应急结束。应急结束后，应明确：

a. 事故情况上报事项；

b. 需向事故调查处理小组移交的相关事项；

c. 事故应急救援工作总结报告。

(7) 各种危险化学品事故应急救援专项预案（程序）及现场处置预案（作业指导书）的编制

① 专项预案。针对本单位可能发生的危险化学品事故（火灾、爆炸、中毒等事故）制定各专项预案，这些专项预案根据可能发生的事故类别及现场情况，明确事故报警、各项应急措施启动、应急救护人员的引导、事故扩大及同企业应急救援预案的衔接的程序。专项预案是在综合应急救援预案的基础上充分考虑了某特定事故的特点，具有较强的针对性，但要做好各种协调工作，避免在应急过程中出现混乱。

专项应急救援预案举例如下。

a. 受伤人员现场救护、救治与医院救治预案。依据事故分类、分级，附近疾病控制与医疗救治机构的设置和处理能力，制定具有可操作性的处置方案，应包括以下内容：

——接触人群检伤分类方案及执行人员；

——依据检伤结果对患者进行分类现场紧急抢救方案；

——接触者医学观察方案；

——患者转运及转运中的救治方案；

——患者治疗方案；

——入院前和医院救治机构确定及处置方案；

——药物、装备储备信息。

b. 现场保护与现场洗消预案

——事故现场的保护措施；

——明确事故现场洗消工作的负责人和专业队伍。

c. 检测、抢险、救援及控制措施预案。依据有关国家标准和现有资源的评估结果，确定以下内容：

——检测的方式、方法及检测人员防护、监护措施；

——抢险、救援方式、方法及人员的防护、监护措施；

——现场实时监测及异常情况下抢险人员的撤离条件、方法；

——应急救援队伍的调度；

——控制事故扩大的措施；

——事故可能扩大后的应急措施。

② 现场处置预案。现场处置方案包括以下主要内容。

a. 事故特征

(a) 危险性分析，可能发生的事故类型；

(b) 事故发生的区域、地点或装置的名称；

(c) 事故可能发生的季节和造成的危害程度；

(d) 事故前可能出现的征兆。

b. 应急组织与职责

(a) 基层单位应急自救组织形式及人员构成情况；

(b) 应急自救组织机构、人员的具体职责，应同单位或车间、班组人员工作职责紧密结合，明确相关岗位和人员的应急工作职责。

c. 应急处置

(a) 事故应急处置程序。根据可能发生的事故类别及现场情况，明确事故报警、各项应急措施启动、应急救护人员的引导、事故扩大及同企业应急预案的衔接的程序。

(b) 现场应急处置措施。针对可能发生的火灾、爆炸、危险化学品泄漏、坍塌、水患、机动车辆伤害等，从操作措施、工艺流程、现场处置、事故控制、人员救护、消防、现场恢复等方面制定明确的应急处置措施。

(c) 报警电话及上级管理部门、相关应急救援单位联络方式和联系人员，事故报告基本要求和内容。

d. 注意事项

(a) 佩戴个人防护器具方面的注意事项；

(b) 使用抢险救援器材方面的注意事项；

(c) 采取救援对策或措施方面的注意事项；

(d) 现场自救和互救注意事项；

(e) 现场应急处置能力确认和人员安全防护等事项；

(f) 应急救援结束后的注意事项；

(g) 其他需要特别警示的事项。

典型现场处置预案内容构成示例如下。

a. 防护。根据事故物质的毒性及划定的危险区域，确定相应的防护等级，并根据防护等级按标准配备相应的防护器具。

b. 询情和侦检

(a) 询问遇险人员情况，容器储量、泄漏量、泄漏时间、部位、形式、扩散范围，周边单位、居民、地形、电源、火源等情况，消防设施、工艺措施、到场人员处置意见。

(b) 使用检测仪器测定泄漏物质、浓度、扩散范围。

(c) 确认设施、建（构）筑物险情及可能引发爆炸燃烧的各种危险源，确认消防设施运行情况。

c. 现场急救。在事故现场，化学品对人体可能造成的伤害为：中毒、窒息、冻伤、化学灼伤、烧伤等。进行急救时，不论患者还是救援人员都需要进行适当的防护。

(a) 现场急救注意事项　选择有利地形设置急救点；

做好自身及伤病员的个体防护；

防止发生继发性损害；

应至少 2～3 人为一组集体行动，以便相互照应；

所用的救援器材需具备防爆功能。

(b) 现场处理。迅速将患者脱离现场至空气新鲜处；

呼吸困难时给氧，呼吸停止时立即进行人工呼吸，心脏骤停时立即进行心脏按摩；

皮肤污染时，脱去污染的衣服，用流动清水冲洗，冲洗要及时、彻底、反复多次；头面部灼伤时，要注意眼、耳、鼻、口腔的清洗；

当人员发生冻伤时，应迅速复温，复温的方法是采用 40～42℃恒温热水浸泡，使其温度提高至接近正常，在对冻伤的部位进行轻柔按摩时，应注意不要将伤处的皮肤擦破，以防感染；

当人员发生烧伤时，应迅速将患者衣服脱去，用流动清水冲洗降温，用清洁布覆盖创伤面，避免伤面污染，不要任意把水疱弄破，患者口渴时，可适量饮水或含盐饮料。

(c) 使用特效药物治疗，对症治疗，严重者送医院观察治疗。

注意：急救之前，救援人员应确信受伤者所在环境是安全的。另外，口对口的人工呼吸及冲洗污染的皮肤或眼睛时，要避免进一步受伤。

d. 泄漏处理。危险化学品泄漏后，不仅污染环境，对人体造成伤害，如遇可燃物质，还有引发火灾爆炸的可能。因此，对泄漏事故应及时、正确处理，防止事故扩大。泄漏处理一般包括泄漏源控制及泄漏物处理两大部分。

(a) 泄漏源控制。可能时，通过控制泄漏源来消除化学品的溢出或泄漏。

在厂调度室的指令下，通过关闭有关阀门、停止作业或通过采取改变工艺流程、物料走副线、局部停车、打循环、减负荷运行等方法进行泄漏源控制。

容器发生泄漏后，采取措施修补和堵塞裂口，制止化学品的进一步泄漏，对整个应急处理是非常关键的。能否成功地进行堵漏取决于几个因素：接近泄漏点的危险程度、泄漏孔的尺寸、泄漏点处实际的或潜在的压力、泄漏物质的特性。

(b) 泄漏物处理。现场泄漏物要及时进行覆盖、收容、稀释、处理，使泄漏物得到安全可靠的处置，防止二次事故的发生。泄漏物处置主要有 4 种方法。

围堤堵截。如果化学品为液体，泄漏到地面上时会四处蔓延扩散，难以收集处理。为此，需要筑堤堵截或者引流到安全地点。储罐区发生液体泄漏时，要及时关闭雨水阀，防止物料沿明沟外流。

稀释与覆盖。为减少大气污染，通常是采用水枪或消防水带向有害物蒸气云喷射雾状水，加速气体向高空扩散，使其在安全地带扩散。在使用这一技术时，将产生大量的被污染水，因此应疏通污水排放系统。对于可燃物，也可以在现场施放大量水蒸气或氮气，破坏燃烧条件。对于液体泄漏，为降低物料向大气中的蒸发速度，可用泡沫或其他覆盖物品覆盖外泄的物料，在其表面形成覆盖层，抑制其蒸发。

收容（集）。对于大型泄漏，可选择用隔膜泵将泄漏出的物料抽入容器内或槽车内；当泄漏量小时，可用沙子、吸附材料、中和材料等吸收中和。

废弃。将收集的泄漏物运至废物处理场所处置。用消防水冲洗剩下的少量物料，冲洗水排入含油污水系统处理。

(c) 泄漏处理注意事项。进入现场人员必须配备必要的个人防护器具；

如果泄漏物是易燃易爆的，应严禁火种；

应急处理时严禁单独行动，要有监护人，必要时用水枪、水炮掩护。

注意：化学品泄漏时，除受过特别训练的人员外，其他任何人不得试图清除泄漏物。

e. 火灾控制。危险化学品容易发生火灾、爆炸事故，但不同的化学品以及在不同情况下发生火灾时，其扑救方法差异很大，若处置不当，不仅不能有效扑灭火灾，反而会使灾情进一步扩大。此外，由于化学品本身及其燃烧产物大多具有较强的毒害性和腐蚀性，极易造成人员中毒、灼伤。因此，扑救化学危险品火灾是一项极其重要而又非常危险的工作。从事化学品生产、使用、储存、运输的人员和消防救护人员平时应熟悉和掌握化学品的主要危险特性及其相应的灭火措施，并定期进行防火演习，加强紧急事态时的应变能力。

一旦发生火灾，每个职工都应清楚地知道他们的作用和职责，掌握有关消防设施、人员的疏散程序和危险化学品灭火的特殊要求等内容。

(8) 警戒与人员疏散

① 建立警戒区域。事故发生后，应根据化学品泄漏扩散的情况或火焰热辐射所涉及到的范围建立警戒区，并在通往事故现场的主要干道上实行交通管制。建立警戒区域时应注意以下几项：

a. 警戒区域的边界应设警示标志，并有专人警戒；

b. 除消防、应急处理人员以及必须坚守岗位的人员外，其他人员禁止进入警戒区；

c. 泄漏溢出的化学品为易燃品时，区域内应严禁火种。

② 紧急疏散。迅速将警戒区及污染区内与事故应急处理无关的人员撤离，以减少不必

要的人员伤亡。

紧急疏散时应注意：

a. 如事故物质有毒时，需要佩戴个体防护用品或采用简易有效的防护措施，并有相应的监护措施；

b. 应向侧上风方向转移，明确专人引导和护送疏散人员到安全区，并在疏散或撤离的路线上设立哨位，指明方向；

c. 要查清是否有人留在污染区与着火区。

注意：为使疏散工作顺利进行，每个车间应至少有两个畅通无阻的紧急出口，并有明显标志。

③ 危险区的隔离。依据可能发生的危险化学品事故类别、危害程度级别，确定以下内容：

a. 危险区的设定；

b. 事故现场隔离区的划定方式、方法；

c. 事故现场隔离方法；

d. 事故现场周边区域的道路隔离或交通疏导办法。

（9）制度与物质装备保障

① 有关规定与制度。

a. 责任制；

b. 值班制度；

c. 培训制度；

d. 危险化学品运输单位检查运输车辆实际运行制度（包括行驶时间、路线、停车地点等内容）；

e. 应急救援装备、物资、药品等检查、维护制度（包括危险化学品运输车辆的安全、消防装备及人员防护装备检查、维护）；

f. 安全运输卡制度（安全运输卡包括运输的危险化学品性质、危害性、应急措施、注意事项及本单位、生产厂家、托运方应急联系电话等内容）；

g. 演练制度。

② 物质装备保障。

a. 通信与信息保障。明确与应急工作相关联的单位或人员通信联系方式和方法，并提供备用方案。建立信息通信系统及维护方案，确保应急期间信息通畅。

b. 应急队伍保障。明确各类应急响应的人力资源，包括专业应急队伍、兼职应急队伍的组织与保障方案。

c. 应急物资装备保障。明确应急救援需要使用的应急物资和装备的类型、数量、性能、存放位置、管理责任人及其联系方式等内容。

d. 经费保障。明确应急专项经费来源、使用范围、数量和监督管理措施，保障应急状态时生产经营单位应急经费的及时到位。

e. 其他保障。根据本单位应急工作需求而确定的其他相关保障措施（如：交通运输保障、治安保障、技术保障、医疗保障、后勤保障等）。

（10）应急培训与演练

① 培训。明确对本单位人员开展的应急培训计划、方式和要求。如果预案涉及到社区和居民，要做好宣传教育和告知等工作。

② 演练。明确应急演练的规模、方式、频次、范围、内容、组织、评估、总结等内容。

(11) 维护和更新　明确应急救援预案维护和更新的基本要求，定期进行评审，实现可持续改进。

(12) 附件

① 组织机构名单；

② 值班联系电话；

③ 组织应急救援有关人员联系电话；

④ 危险化学品生产单位应急咨询服务电话；

⑤ 外部救援单位联系电话；

⑥ 政府有关部门联系电话；

⑦ 本单位平面布置图；

⑧ 消防设施配置图；

⑨ 周边区域道路交通示意图和疏散路线、交通管制示意图；

⑩ 周边区域的单位、社区、重要基础设施分布图及有关联系方式，供水、供电单位的联系方式。

4. 应急救援预案的评审与发布

为了确保应急救援预案的科学性、合理性以及与实际情况的符合性，预案编制单位或管理部门应依据我国有关应急的方针、政策、法律、法规、规章、标准和其他有关应急救援预案编制的指南性文件与评审检查表，组织开展应急救援预案评审工作。

应急救援预案评审通过后，应由企业最高管理者签署发布，并报送上级主管部门和当地政府负责危险化学品安全监督管理综合工作的部门备案。

5. 应急救援预案的实施

应急救援预案签署发布后，应做好以下工作：

① 企业应广泛宣传应急救援预案，使全体员工了解应急救援预案中的有关内容；

② 积极组织应急救援预案培训工作，使各类应急人员掌握、熟悉或了解应急救援预案中与其承担职责和任务相关的工作程序、标准等内容；

③ 企业应急管理部门应根据应急救援预案的需求，定期检查落实本企业应急人员、设施、设备、物资的准备状况，识别额外的应急资源需求，保持所有应急资源的可用状态。

6. 应急救援预案的演练

危险化学品从业单位应定期组织应急演练工作，发现应急救援预案存在的问题和不足，提高应急人员的实际救援能力。

应急演练必须遵守相关法律、法规、标准和应急救援预案的规定，结合企业可能发生的危险源特点、潜在事故类型、可能发生事故的地点和气象条件及应急准备工作的实际情况，突出重点，制定演练计划，确定演练目标、范围和频次、演练组织和演练类型，设计演练情景，开展演练准备，组织控制人员和评价人员培训，编写演练总结报告，针对演练中发现的不足项及时采取措施并跟踪整改纠正情况，确保整改效果。

应急演练应重点检验应急过程中组织指挥和协同配合能力，发现应急准备工作的不足，及时改正，以提高应急救援的实战水平。

7. 预案的修订与更新

企业应急管理部门应积极收集本企业、相关企业各类危险化学品事故应急的有关信息，积极开展事故回顾工作，评估应急过程中的不足和缺陷，适时修订和更新应急救援预案。

当发生以下情况时，应进行预案的修订工作：

① 危险化学品数量和种类发生变化；

② 预案演练过程中发现问题；

③ 危险设施和危险物质发生变化；

④ 组织机构或人员发生变化；

⑤ 救援技术的改进。

整个应急救援预案编制工作流程参见图 3-1。

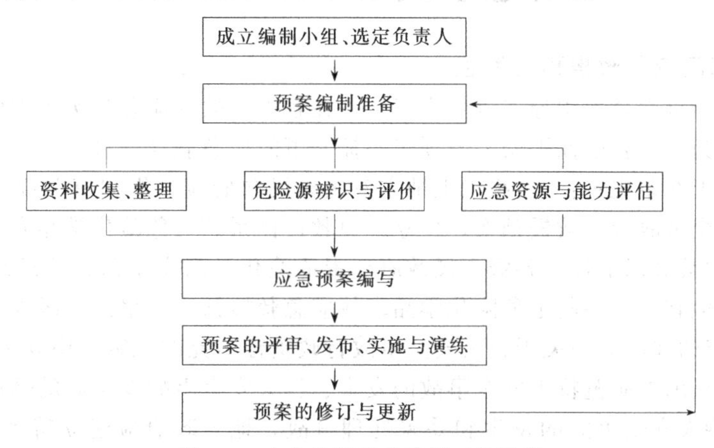

图 3-1　应急救援预案编制工作流程

8. 应急救援预案编制时应注意的几个问题

① 应急救援预案在编制和实施过程中，不能违反国家的有关法律、法规，不能损害周边地区或相邻单位的利益，应将企业的预案情况通知上级主管部门、相邻企业，以便在发生重大事故时能取得对方的支援。

② 应急救援预案是对日常安全管理工作的必要补充，应急计划应以完善的预防措施为基础，体现“安全第一、预防为主、综合治理”的方针。

③ 应急救援预案应以努力保护人身安全、防止人员伤害为第一目的，同时兼顾设备和环境保护，尽量减少灾害的损失程度。

④ 应急救援预案应结合实际，措施明确具体，具有很强的可操作性。

⑤ 事故预案编制的依据是危险源辨识评价结果或发生事故的可能性，对于一个系统中存在多个危险源的情况，应考虑到每种危险发生的可能性，并充分估计它们之间的相互作用及作用的后果，是否会引发更大规模或更严重的事故，寻找出不可预见的导致事故因素，作为预案编制的相关材料。

⑥ 在预案实施过程中，可能因救援方便等原因要求设备停运、停电等，对于这些非正常情况的操作，是否会引发不良后果，或其他不同类型严重事故，这也应考虑到。例如：当发生易燃易爆气体泄漏时，泄漏区或正在运行的电气设备如没有防爆措施不能随意关闭，应保持原来状态，否则会因关闭产生电火花而引起爆炸或火灾。因此，至少应对非正常情况下的操作进行评价和后果分析，制定出正确的紧急停止运行程序。

⑦ 由于新技术、新材料、新工艺的使用，自然条件变化等因素，会导致引发事故的因素的变化，或如果发生事故，其严重程度也发生了变化，因此预案应适时进行补充、修订和完善，保持预案的科学性和适用性。

⑧ 应合理地组织预案的章节，以便每个不同的使用者能快速地找到各自所需要的信息，避免从一堆不相关的信息中去查找所需要的信息。

⑨ 保证应急救援预案每个章节及其组成部分，在内容相互衔接方面避免出现明显的位置不当。

⑩ 保证应急救援预案的每个部分都采用相似的逻辑结构来组织内容。

⑪ 应急救援预案的格式应尽量采取范例的格式，以便各级应急救援预案能更好地协调和对应。

第二节　政府危险化学品事故应急救援预案编制

一、政府部门应急救援预案概述

各级人民政府负责全面领导安全生产工作，在各类事故的应急救援工作中处于组织指挥的核心地位。作为政府要确保平安，必须牵头抓好事故应急救援工作。《中华人民共和国安全生产法》第六十八条规定："县级以上地方各级人民政府应当组织有关部门制定本行政区域内特大生产安全事故应急救援预案，建立应急救援体系。"《危险化学品安全管理条例》第四十九条规定："县级以上地方各级人民政府负责危险化学品安全监督管理综合工作的部门应当会同同级其他有关部门制定危险化学品事故应急救援预案，报经本级人民政府批准后实施。"国务院发布的《国务院关于特大安全事故行政责任追究的规定》中规定："地方政府对本地区或者职责范围内防范特大安全事故的发生、特大安全事故发生后的迅速和妥善处理负责。"为了防范特大安全事故的发生和妥善处理事故，地方政府应建立特大事故控制体系，而编制地方政府的事故应急救援预案是其中的重要组成部分。

政府危险化学品事故应急救援预案是政府总体应急救援预案的子预案，它是针对危险化学品由于各种原因造成或可能造成众多人员伤亡及其他比较大的社会危害，为及时控制危险源、抢救受害人员、指导群众防护和组织群众撤离、消除危害后果，而制定的一套救援程序和措施。

编制政府危险化学品事故应急救援预案应在预防为主的前提下，贯彻统一指挥、分级负责、区域为主、单位自救与社会救援相结合的原则。危险化学品事故具有发生突然、扩散迅速、危害途径多、影响范围广的特点。因此，救援行动必须迅速、准确和有效，而且必须实行统一指挥下的分级负责制，以区域为主，并根据事故的趋势情况，采取单位自救与社会救援相结合的形式，充分发挥事故单位及地区的优势和作用。

二、政府危险化学品事故应急救援预案编制

政府危险化学品事故应急救援预案的编制过程可分为下面 5 个步骤：成立预案编制小组，预案编制准备，编制应急救援预案，应急救援预案的评审与发布，应急救援预案的实施。

1. 成立预案编制小组

编制政府危险化学品事故应急救援预案是一项涉及面广、专业性很强的工作，靠某一个部门是很难完成的。因此，应急救援预案的成功编制需要政府各个有关职能部门和团体的积极参与，并达成一致意见，尤其是应寻求与危险直接相关的各方进行合作。成立预案编制小组是将政府各有关职能部门、各类专业技术有效结合起来的最佳方式，可有效地保证应急救援预案的准确性和完整性，而且为政府应急各方提供了一个非常重要的协作与交流机会，有利于统一应急各方的不同观点和意见。

预案编制小组的成员一般应包括：政府首长或其代表，应急管理部门，下属行政区的行政负责人，消防、公安、化工、环保、卫生、市政、医院、医疗急救、卫生防疫、邮电、交

通和运输管理部门，技术专家，广播、电视等新闻媒体，法律顾问，有关企业，以及上级政府或应急机构代表等。预案编制小组的成员确定后，必须确定小组领导，明确编制计划，保证整个预案编制工作的组织实施。

2. 预案编制准备

（1）调查研究　调查研究是制定应急救援预案的第一步。在制定预案之前，需要对预案所涉及的区域进行全面调查。主要包括以下内容。

① 化学品普查。对生产、储存、使用危险化学品的单位的基本情况进行登记，督促有化学品的单位做好化学品危险性鉴别与分析，贯彻化学品安全技术说明书和安全标签制度，摸清危险化学品在某地区生产、储存、使用情况，包括这些单位的地理位置，涉及到的化学品种类、数量、规模和相关的生产、储存、使用信息。

② 当地的气象、地理、环境和人口分布特点。

③ 社会公用设施、应急救援力量情况和资源现状。

（2）风险分析和应急能力评估　风险分析是应急救援预案编制的基础和关键过程。风险分析的结果不仅有助于确定需要重点考虑的危险，提供划分预案编制优先级别的依据，而且也为应急救援预案的编制、应急准备和应急响应提供必要的信息和资料。

① 风险分析。风险分析包括危险源辨识、脆弱性分析和风险评价。

a. 危险源辨识。危险源辨识的目的是要将政府辖区中可能存在的危险化学品的重大危险源识别出来，作为下一步危险分析的对象。危险源辨识应根据调查研究的内容分析本地区的地理、气象等自然条件，工业和运输、商贸、公共设施等的具体情况，总结本地区历史上曾经发生的重大危险化学品事故，来识别出可能发生的自然灾害和重大危险化学品事故。危险源辨识还应符合国家有关法律法规和标准的要求。

政府可依据重大危险源的分类及各大类重大危险源各自的特性，有层次地进行危险化学品的重大危险源识别。从可操作性出发，以重大危险源所处的场所或设备、设施对危险化学品重大危险源进行分类；再按相似相溶性原则将重大危险源分为以下 7 大类。

（a）易燃、易爆、有毒物质的储罐区（储罐）。

（b）易燃、易爆、有毒物质的库区（库）。

（c）具有火灾、爆炸、中毒危险的生产场所。

（d）企业危险建（构）筑物。

（e）压力管道。

（f）锅炉。

（g）压力容器。

危险化学品危险源辨识应明确下列内容：

（a）危险化学品工厂（尤其是重大危险源）的位置和运输路线；

（b）伴随危险化学品的泄漏而最有可能发生的危险（如火灾、爆炸和中毒）；

（c）城市内或经过城市进行运输的危险化学品的类型和数量；

（d）其他可能的重大事故隐患，如大坝、桥梁等；

（e）可能的自然灾害，以及地理、气象等自然环境的变化和异常情况。

由上可见，危险化学品的重大危险源是政府应急救援预案所应关注的重点。

b. 脆弱性分析。脆弱性分析要确定的是：一旦发生危险化学品事故，哪些地方容易受到破坏。

c. 风险评价。风险评价是根据脆弱性分析的结果，评估事故或灾害发生时，对城市造成破坏（或伤害）的可能性，以及可能导致的实际破坏（或伤害）程度。通常可能会选择对最坏的情况进行分析。风险评价可以提供下列信息：

(a) 发生事故和环境异常（如洪涝）的可能性，或同时发生多种紧急事故的可能性；

(b) 对人造成的伤害类型（急性、延时或慢性的）和相关的高危人群；

(c) 对财产造成的破坏类型（暂时、可修复或永久的）；

(d) 对环境造成的破坏类型（可恢复或永久的）。

② 应急能力评估。依据危险分析的结果，对已有的应急资源和应急能力进行评估，包括政府应急资源的评估和企业应急资源的评估，明确应急救援的需求和不足。

3. 编制应急救援预案

应急救援预案的编制必须基于政府危险化学品重大危险源的分析结果，政府应急资源的需求和现状以及有关的法律法规要求。此外，预案编制时应充分收集和参阅已有的应急救援预案，以最大可能减少工作量和避免应急救援预案的重复和交叉，并确保与其他相关应急救援预案的协调和一致。

预案编制小组在设计应急救援预案编制格式时则应考虑：①合理组织，应合理地组织预案的章节，以便每个不同的读者能快速地找到各自所需要的信息，避免从一堆不相关的信息中去查找所需要的信息；②连续性，保证应急救援预案各个章节及其组成部分在内容上的相互衔接，避免内容出现明显的位置不当；③一致性，保证应急救援预案的每个部分都采用相似的逻辑结构来组织内容；④兼容性，应急救援预案的格式应尽量采取与上级机构一致的格式，以便各级应急救援预案能更好地协调和对应。

政府危险化学品事故应急救援预案的主要内容包括以下几个部分。

(1) 总则

① 目的。为有效实施危险化学品重、特大事故的应急救援，最大限度减少危险化学品重、特大事故造成的人员伤亡和经济损失，依据国家有关法律法规，结合辖区实际，制定预案。

② 指导思想。以“三个代表”重要思想为指导，坚持以人为本，通过建立统一指挥、综合有力、灵活适用、科学高效的事故应急救援体系，进一步增强辖区危险化学品重、特大事故的应急救援处置能力，确保有效组织实施危险化学品重、特大事故的应急救援，维护公众的安全利益。

③ 工作原则。危险化学品重、特大事故的应急救援坚持安全第一、依法规范、资源共享、属地为主、科学决策、分工负责、快速高效的原则。

④ 编制依据。《中华人民共和国安全生产法》；

《中华人民共和国职业病防治法》；

《中华人民共和国消防法》；

《中华人民共和国环境保护法》；

《中华人民共和国固体废物污染环境防治法》；

《中华人民共和国气象法》；

《国务院关于特别重大事故调查程序暂行规定》；

《国务院关于特大安全事故行政责任追究的规定》；

《国务院关于进一步加强安全生产工作的决定》；

《危险化学品安全管理条例》；

《特种设备安全监察条例》；

《使用有毒物品作业场所劳动保护条例》；

《中共中央办公室国务院办公室关于进一步改进和加强国内突发事件新闻报道工作的通知》（中办发［2003］22号）；

《关于改进和加强国内突发事件新闻发布工作的实施意见》（国务院办公室2004年2月27日印发）；

《国务院有关部门和单位制定和修订突发公共事件应急救援预案框架指南》（国办函［2004］33号）；

《省（区、市）人民政府突发公共事件总体应急救援预案框架指南》（国办函［2004］39号）等法律法规。

（2）基本情况　本辖区的地理、气象、环境、人口、重大危险源分布情况，社会公用设施和应急救援力量现状。

关于重大危险源的分布情况，应从危险化学品生产、储存、经营、运输、使用、废弃处理等多个环节说明危险化学品的分布、种类、从业人员、危害范围（事故中心区域、事故波及区域、受影响区域）、事故类别（泄漏、火灾、爆炸等）及后果。

（3）应急响应分级　根据政府辖区内危险化学品事故的可控性、严重程度和影响范围，确定应急响应分级。原则上分一般（Ⅳ级）、较重（Ⅲ级）、严重（Ⅱ级）、特别严重（Ⅰ级）四级，分别用蓝色、黄色、橙色和红色表示。

（4）危险化学品事故应急救援组织及职责

① 建立政府危险化学品事故应急救援指挥部。政府危险化学品事故应急救援指挥部负责组织实施危险化学品事故应急救援工作。

政府危险化学品事故应急救援指挥部组成部门如下：总指挥，主管安全生产工作的行政首长；副总指挥，政府主管安全生产工作的副秘书长、安全生产监督管理部门、公安部门主要负责人。

成员单位如下：政府办公室、安全生产监督管理部门、公安部门、公安消防部门、公安交通管理部门、卫生部门、交通部门、质量技术监督部门、环境保护部门、气象部门、发展和改革委员会、市政公用部门、供电部门、电信部门、监察部门、宣传部、防化部队。

② 政府应急救援指挥部职责。政府应急救援指挥部负责指挥、协调重特大危险化学品事故应急救援工作，负责组织政府辖区重特大危险化学品事故应急救援演练，并监督检查各部门、各系统及下一政府应急演练工作。危险化学品重特大事故发生后，总指挥或总指挥委托副总指挥赶赴事故现场进行现场指挥，成立现场指挥部，批准现场救援方案，组织现场应急救援。

③ 应急救援指挥部各成员单位职责。应急救援组织机构如图3-2所示。

a. 政府办公室。接收有关部门上报的危险化学品事故报告；请示总指挥启动应急救援预案；通知指挥部成员单位立即赶赴事故现场；协调各成员单位的抢险救援工作；及时向上一级政府报告事故和抢险救援进展情况；落实上一级政府有关应急救援的决策。

b. 安监部门。负责危险化学品事故应急救援指挥部的日常工作。监督检查下一级政府、各危险化学品从业单位制定应急救援预案；组织应急救援演练；负责建立应急救援专家组，开展应急救援咨询服务工作；负责危险化学品事故的调查处理。

c. 公安部门。治安，负责现场保卫警戒、预防和制止各种破坏活动，维护现场及周围地区治安秩序，对肇事者等有关人员采取监控措施，防止逃逸，协助危险区范围内的人员疏散。交管，负责应急救援范围内交通管制，救援道路交通的通畅，确保救援装备顺利到达救援现场。消防，负责抢险堵漏、消除危险源和污染源的洗消去污。

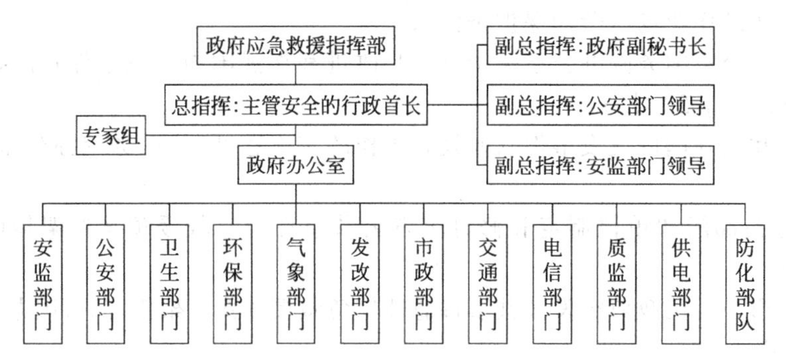

图 3-2 应急救援组织机构图

d. 卫生部门。负责制定受伤人员治疗与救护应急救援预案。确定受伤人员专业治疗与救护定点医院，培训相应医护人员；指导定点医院储备相应的医疗装备和急救药品；负责事故现场救护及伤员转移。负责统计伤亡人员情况。

e. 环保部门。负责制定危险化学品污染事故监测与环境危害控制应急救援预案。负责测定事故现场及厂界外的危害区域、危害程度并提出对策和措施，负责对危险化学品事故造成的危害跟踪监测、监测处置，指导对现场遗留危险物质的处置，直至符合国家环保标准；负责调查重大危险化学品污染事故和生态破坏事件。

f. 气象部门。负责制定应急气象服务预案。负责为事故现场提供风向、风速、温度、气压、湿度、雨量等气象资料。

g. 发改部门。负责制定应急救援物资供应保障预案。负责组织抢险装备和物资的调配。

h. 市政部门。负责制定应急救援供水及公共交通保障预案并组织实施。

i. 交通部门。负责制定运输抢险预案。落实抢险运输单位，负责监督抢险车辆的保养，驾驶人员的培训，负责组织事故现场抢险物资和抢险人员的运送。

j. 电信公司。负责制定应急救援通信保障预案并组织实施。

(a) 质监部门。负责制定压力容器、压力管道等特种设备事故应急救援预案。提出事故现场压力容器、压力管道等特种设备的处置方案。

(b) 供电公司。负责制定应急救援供电保障预案并组织实施。

(c) 辖区政府。负责疏散人员及人员的生活保障；向公众的宣传和告知。

(d) 专家组。确定危害区和影响区的可能范围和程度，对抢险方案进行可行性分析并提出意见。辖区政府也应建立应急救援机构并明确其职责。

(5) 应急响应 政府应急指挥部办公室接到危险化学品事故报告后，应科学、准确地判定危险化学品事故级别和影响程度，分级启动相应级别的应急救援预案及程序。具体的应急响应程序如图 3-3 所示。

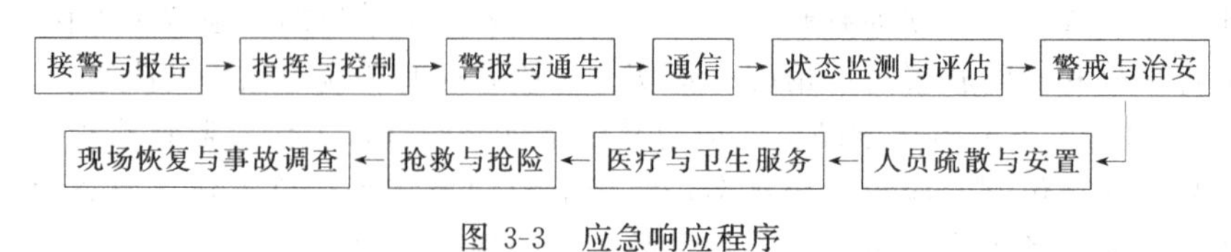

图 3-3 应急响应程序

① 接警与报告。生产、使用、储存、运输危险化学品的企业，一旦发生危险化学品事故后，必须迅速采取控制措施，同时立即报告当地负责危险化学品安全监督综合管理工作的部门和公安、环境保护、质检等部门及所在辖区政府，各部门和所在辖区有关人员要立即赶赴事故现场。有关部门应按相关规定履行报告危险化学品事故的职责。

报告危险化学品事故的内容主要有：事故发生的时间、地点、准确位置；事故表现形式（爆炸、火灾、泄漏等）；人员伤亡情况；事故现场情况和可能造成的严重后果；已经采取的应急措施和拟采取的应急措施；事故报告人。辖区政府接到事故报告，确认已发生二级紧急情况时，立即按照本辖区的危险化学品事故应急救援预案，做好指挥、领导工作。辖区政府负责危险化学品安全监督管理综合工作的部门和环境保护、公安、卫生等有关部门，按照当地应急救援预案要求组织实施救援。

辖区政府对危险化学品事故不能很快得到有效控制，确认已发生三级紧急情况时，立即向上一级政府办公室报告，请求上一级政府危险化学品事故应急救援指挥部给予支援。应急救援指挥部按照上一级政府危险化学品事故应急救援预案，做好指挥和救援工作。

② 指挥与控制。启动政府危险化学品事故应急救援预案后，由应急救援指挥部通知成员单位有关领导，迅速到位并进入指挥状态。

应急救援指挥部应立即派出现场总指挥，与接警后赶赴现场的人员会合，并明确现场总指挥的职责。

政府危险化学品事故应急救援指挥部根据事故实际情况，应成立下列应急救援专业组（见图 3-4）。

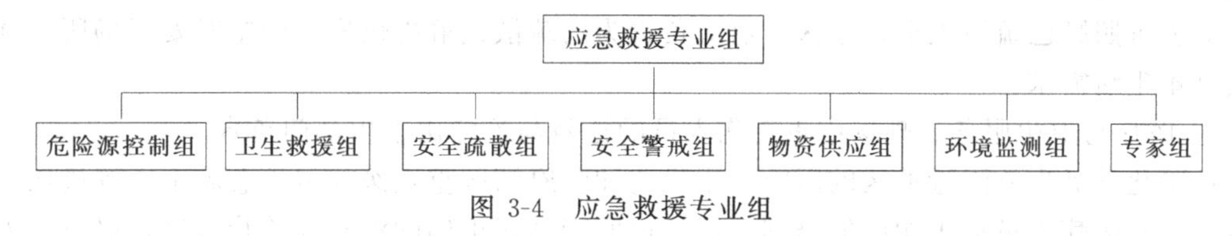

图 3-4 应急救援专业组

a. 危险源控制组。由公安消防部门负责。负责现场抢险作业，及时控制危险源。负责现场灭火、现场伤员的搜救、设备容器的冷却、抢救伤员及事故后对被污染区域的洗消工作。该组由公安消防部门和质监部门组成，人员由消防专业队伍、企业义务消防抢险队伍和专家组成。

b. 卫生救援组。由卫生部门负责。负责在现场附近的安全区域内设立临时医疗救护点，对受伤人员进行紧急救治并护送重伤人员至医院进一步治疗。该组由卫生部门急救中心或指定的具有相应能力的医院组成。

c. 安全疏散组。负责对现场及周围人员进行防护指导、人员疏散及周围物资转移等工作。由公安部门、事故单位安全保卫人员和当地政府有关部门人员组成。

d. 安全警戒组。公安部门负责。负责布置安全警戒，禁止无关人员和车辆进入危险区域，在人员疏散区域进行治安巡逻。该组由公安交管部门、治安等部门组成。

e. 物资供应组。由发改部门负责。负责组织抢险物资的供应，组织车辆运送抢险物资。该组由发改部门、交通部门等部门组成。

f. 环境监测组。该组由环保部门负责。负责对大气、水体、土壤等进行环境即时监测，确定污染区域范围，对事故造成的环境影响进行评估，制定环境修复方案并组织监督实施。该组由环境监测机构组成。

g. 专家组。由安监部门负责。负责对应急救援方案和安全措施进行可行性分析并提出建议，为现场指挥救援工作提供技术咨询。该组由安监部门、质监部门、院校及企业的有关专家组成。重大抢救抢险技术方案由现场总指挥征询事故单位领导和专家组意见，报政府应急救援指挥部。政府应急救援指挥部批准后由现场总指挥组织实施。

③ 警报与通告。发生危险化学品事故后，由辖区政府应急救援指挥部决定，何时及如何向事故区域内的公众发出警报。

在发出警报的同时，应进行紧急通告，传递紧急事故的有关重要信息，如：危险化学品的危害、自我保护措施、如何实施疏散、疏散路线和庇护所等。

④ 通信。在危险化学品事故应急救援预案的附件中应列出所有参与应急救援单位及负责人的联系电话。特殊情况下，现场需要使用移动电话或者便携式无线通信设备时，由政府危险化学品事故应急救援指挥部负责。

⑤ 状态监测与评估。状态监测与评估分别由环保部门、卫生部门负责。

发生危险化学品事故后，由环保部门、卫生部门携带监测仪器，对事故现场周围危险化学品的影响进行动态监测，为事故的抢险、公众的就地防护和疏散、应急人员的安全、人群的返回等提供决策依据。

⑥ 警戒与治安。为保障现场应急救援工作的顺利开展，由公安部门负责在事故现场周围建立警戒区域，实施交通管制，维护现场治安秩序。

⑦ 人员疏散与安置。当事故现场周围地区人群的生命受到威胁时，要考虑及时疏散人群到安全区域，以减少人员伤亡。是否需要疏散人员、疏散人员的数量、疏散的范围距离、疏散人员的安置等由应急救援指挥部根据事故的严重程度请示上一级政府后作出决定。由辖区政府负责组织实施。

为妥善照顾已疏散人群，辖区政府应负责为已疏散人群提供安全的临时安置场所，并保障其基本生活需求。

⑧ 医疗与卫生服务。现场中毒受伤人员的抢救与治疗由卫生部门负责。

危险化学品事故附近地区的医疗卫生机构和政府辖区重点医疗卫生急救中心等机构应为急救人员和医疗人员提供相应的培训，保证他们能掌握正确的消毒和治疗方法，以及个人的防护措施。

⑨ 抢救与抢险。危险化学品事故的现场集聚了大量的有毒有害物质，抢险堵漏、消除危险源和污染源的洗消去污等抢救与抢险工作由公安消防部门专业队伍负责，其他抢救人员必须在指定的区域进行救援，出现特别严重状态时商请当地驻军（包括防化兵）协助。

⑩ 现场恢复与事故调查。当事故现场危险源被排除或有效控制，危险化学品已对人群没有危害后，由政府应急救援指挥部宣布结束应急救援状态。应急救援队伍陆续撤离现场。同时要成立两个小组：事故调查小组和现场恢复小组。事故调查小组由安监部门、公安部门、工会、监察部门等部门组成；现场恢复小组由事故单位负责。

（6）附则

① 预案的演练。规定危险化学品事故应急救援预案的演练和训练的内容、范围、频次和组织等内容。

② 预案的评审、发布和更新。明确预案评审、发布和更新要求。

③ 预案实施和生效的时间。列出预案实施和生效的具体时间。

（7）支持附件

① 辖区危险化学品基本情况；

② 危险化学品事故类别及处置措施；

③ 危险化学品事故现场区域划分；

④ 危险化学品事故应急救援指挥部通讯录等。

4. 应急救援预案的评审与发布

为保证应急救援预案的科学性、合理性以及与实际情况相符合，危险化学品事故应急救援预案必须经过评审，包括组织内部评审和专家评审，必要时请上级应急机构进行评审。应急救援预案经评审通过和批准后，按有关程序进行正式发布和备案。

5. 应急救援预案的实施

应急救援预案经批准发布后，应急救援预案的实施便成了政府应急管理工作的重要环节。应急救援预案的实施包括：开展预案的宣传贯彻，进行预案的培训，落实和检查各个有关部门的职责、程序和资源准备，组织预案的演练，并定期评审和更新预案，使应急救援预案有机地融入到政府的公共安全保障工作之中，真正将应急救援预案所规定的要求落到实处。

第三节 企业、政府危险化学品事故应急救援体系衔接

企业根据自身的危险化学品实际情况建立了相应的应急体系，并按照预案做好常态下的风险评估、物资储备、队伍建设、装备完善、预案演练等监督检查工作，但是企业应急救援体系存在以下几方面的局限性。

① 局部性，企业应急救援体系相对于整个社会的大背景下是孤立的和局部的，尤其对危险化学品事故后影响到居民、周边其他单位时，企业的应急救援体系难以发挥作用。

② 企业应急响应能力和应急资源调动能力的有限性，当发生的重特大危险化学品事故超出了企业自身的控制能力时，企业无法启动与之对应的响应等级，也无法调动相应的应急资源。

③ 应急技术支撑非充分性，对大多数企业而言，其应急体系建设中技术支撑是不充分的，一旦出现与预案设定不完全相符的紧急情况，企业往往得不到专家的技术支撑，从而造成损失增大、后果加重的情况。

④ 应急信息非对称性，企业难以全面了解其他单位的应急救援体系建立与实施情况，在这方面只有依靠政府。

与此同时我们也看到，政府应急救援体系也存在着应急救援预案针对性、专业性和现场指导性不强等不足，要做好应急救援工作，使得整个应急救援工作统一于政府的控制或领导之下，就要做好应急救援预案的衔接工作，保证在非常态下能够临危不乱、行动迅速。

企业、政府应急救援预案的衔接要做好以下几方面的工作。

一、应急预案的备案

企业、政府危险化学品事故应急救援预案的衔接政府要充分发挥主导作用，要建立危险化学品事故应急救援预案的逐级备案制度，企业要主动向政府报告重大危险源和处置方案，并将应急救援预案报属地政府备案，实现企业应急救援预案和政府应急救援预案的协调统一，区（县）人民政府编制的危险化学品事故应急救援预案应报上一级政府主管部门备案等。

政府应急机构对企业上报备案的危险化学品应急处置预案要予以审核评估，对其应急救援预案的修订完善与日常管理要予以指导。

二、应急机构的衔接

企业的应急机构要自觉地接受属地政府部门的监管和组织领导，搞好企业应急职能和地方政府应急职能的衔接，形成统一指挥、功能齐全、反应灵敏、运转高效的应急救援体系。

三、应急资源的衔接

要充分发挥规模企业和地方政府具有规模大、专业队伍训练有素的特点，各方面专家集

中、技术优势突出和物资储备充分、救援装备先进的优势，合理配置物资、装备、专业队伍等资源，提高资源利用效率和水平，弥补中小企业应急能力和救援力量不足的状况。

四、应急信息的衔接

一方面，要建设高效的安全生产预防、预报、预警网络及通信系统和信息平台，充分利用和整合已有的数据资料、技术系统和设施，加快应急技术支撑体系建设，为应急决策提供更加科学、详实的支持。另一方面，要充分依托社会信息资源，掌握中央和地方政府关于应急管理的规定政策，了解应急管理的发展动态和应急技术发展方向。一旦发生事故，要按照事故报告的规定及时报各级政府相关部门，坚决杜绝瞒报、迟报和漏报问题的发生。

五、与其他应急预案的衔接

危险化学品事故只是众多突发公共事件的一部分，由于危险化学品事故极易引发其他次生灾害事故，政府要将自身和企业关于危险化学品的应急救援预案认真与其他预案做好衔接工作，只有这样才能形成相互配合、协调一致的预案体系。

第四节　建立区域性危险化学品事故应急救援的协调机制

一、建立区域性危险化学品事故应急救援协调机制的必要性

近年来随着我国经济发展的加快，区域危险化学品事故应急救援机制建立越发凸显其重要性，尤其是近年来一系列重特大危险化学品事故的发生，迫切需要构建相应的区域性应急救援体系。这些情况可以归结为以下两方面。

① 我国危险化学品所构成的重大危险源数量多，分布广，其中相当一部分发生事故后事故本身或因其产生的次生事故对周边的行政区域构成影响。

② 我国危险化学品运输企业多，流动性强，途中一旦发生泄漏或其他事故，所在地不具备应急抢险的资源和经验会使得事故后果与影响扩大。

因此政府在与企业应急救援预案衔接的基础上，要同时注重建立危险化学品区域应急救援协调机制，从而确保危险化学品事故应急救援充分有效。

二、区域性危险化学品事故应急救援协调机制的现状与存在的问题

1. 我国区域性危险化学品事故应急救援现状

(1) 组建了跨区域应急力量　自 1995 年日本沙林毒气事件之后，为了防范和及时有效地处置可能发生的恐怖暴力事件、危险化学品泄漏爆炸等重特大灾害事故，我国公安消防部队加快了消防特勤队伍建设，基本形成了一支跨区域应急处置重特大灾害事故的快速机动力量。

(2) 组建了协作区　美国“9·11”事件之后，为了适应重特大灾害事故跨区域消防灭火与抢险救援的需要，我国公安部消防局于 2001 年 9 月 27 日下发了《公安消防部队处置恐怖袭击和特大灾害事故的应急救援预案》，进一步明确了协作区的组建问题，并对跨区域应急救援中的力量调集、组织指挥、通信保障和后勤保障等方面进行了具体规定。据此，公安部消防局又相应开展了若干实战演练活动，探索协作区消防部队在跨区域协同作战中的有效途径。

(3) 正在实施规范化建设　目前，我国公安消防部队正在修定或加紧制定有关跨区域应急救援的标准和规范，对预案制定、实战演练、训练保障、装备配备和素质能力等提出了相应的标准和要求。

相比之下，其他的应急救援体系还很不完善，而且在应急救援体系的区域性建设方面大

多较为欠缺。原国家化工部等有关部门尽管从1996年起组建了化学事故应急救援抢救系统和8个区域性的化学事故应急救援抢救中心（目前挂靠在国家安全生产监督管理局），但这一化学事故应急救援体系中的应急力量则相对单薄，其建设工作仍然处在起步阶段。而地震应急救援体系和矿山应急救援体系的建设在近年来刚刚有所动作或计划。

2. 区域性应急救援体系建设所面临的问题

尽管我国公安消防部队在区域性应急救援体系建设方面进行了积极有益的探索，但区域性应急救援体系建设仍然面临着不少棘手的问题，除了认识不足和进度不一外，主要存在以下几个问题。

（1）法制上存在空白，法律保障尚未到位　不管是原有的《消防条例》还是现行的《消防法》，都没有涉及区域应急救援建设问题，更没有提升到一体化合作的战略高度，反映了法制建设与经济建设、城市发展的要求之间的巨大差距。

（2）源头上缺乏控制，防灾规划长期缺位　长期以来，我国各地地区经济发展表现出显著的“行政区经济”特点。“行政区经济”不仅导致各辖区、各城市（镇）工业结构趋同和自成体系的格局，而且导致防灾减灾工作缺少区域性规划，危险化学品类危险源星罗棋布而且与居民区混杂，因此区域性的化学事故应急救援抢救中心的建设缺乏区域性的防灾减灾规划的配合支持。

（3）体制上比较落后，管理格局较为分散　体制上的落后性突出表现为主体分割。所谓主体分割，有两层意思。首先，就城市管理体制而言，在城市化进程中出现了中国特色的“跨界城市”，存在一城两主、县市同城的问题。同处一城的市县双方由于各自追求辖区利益的最大化，缺乏有效的利益协调机制，从而严重忽视跨界城市的整体利益，整个跨界城市的安全力量的配置和灾害管理水平因此极不平衡，给城市安全和管理埋下了许多隐患。而且这种状况并未因为“以市带县”的行政体制改革而发生根本变化。

其次，从灾害管理组织体制而言，所谓主体分割是指我国灾害事故的管理体制总体上是一种部门性单项管理和地方性分散管理的体制，由于这一体制下的灾害管理组织往往是逐步分头建立起来而相互之间没有十分明确的权属关系，因此即便同一辖区在相当程度上也难以体现一元化领导，更难以促进跨区域之间形成强有力的应急救援网络体系。这种体制只能与传统的计划经济体制和僵化的城市管理体制相适应，不能适应现代灾害事故跨省市、跨部门的特点和演变趋势，不能适应建设现代城市和大都市圈的需要，因此在实践中日益表现出种种弊端。比如，管理粗放而缺乏科学性、资源分散而缺乏合理布局和优化配置、功能偏狭而缺乏应急联动等，有必要加以调整和改革。

（4）建设中不够宽泛，运作平台较为单一　通过公安消防部门最近十年来的建设，我国初步形成了以公安消防特勤队伍为主导的区域性应急救援模式，但也因此造成了一定的局限性。

其一，职能有限。根据《消防法》，公安消防部队在职能上主要从事灭火、抢险和救援工作，这样就难以全面覆盖各种跨区域的重特大灾害事故。比如其他重大危险化学品事故方面的救急救援工作一般不属于我国公安消防的职能范畴。因此，以公安消防特勤队伍为主导的区域性危险化学品事故应急救援模式显然有其局限性。

其二，效能有限。在实际的运作过程中，由于合作层面仅处在公安消防总队这一组织层次上，缺少省级政府层面上的协调合作，缺少跨区域性质的应急救援组织机构；因此，以公安消防特勤队伍为主导的区域性应急救援模式的实际效能还难以适应跨区域的重特大灾害事故管理实践的迫切需要，并容易使重大装备的调拨等力量配置问题陷入辖区性安全与区域性安全的矛盾中，也容易由于认识上缺乏全面性而受到本位意识的干扰。

三、区域性危险化学品事故应急救援支撑体系建设

1. 强化法制创新，提供法律保障

国家有必要在现有的《消防法》和公安消防协作区的基础上，从法律上对区域性危险化学品事故应急救援体系的建设理念加以规定和统一，形成国家意志。对此，可以通过国家有关部门牵头指导、各协作区联合制定的办法，以便出台适合本地区实际需要的应急救援合作条例，然后在总结经验的基础上逐步形成全国性的条例。

2. 实施源头控制，制定协作区安全总体规划

在法制创新的同时，国家可以考虑拟制区域性防灾减灾的总体规划，实施区域性危险化学品危险源总体控制，基本形成一个满足危险化学品区域性控制和应急救援工作需要的全面规划。

3. 完善体制改革，构建区域性应急救援组织

国家要继续从行政区划体制改革入手，努力消除“跨界城市”现象，消除城市灾害管理工作中的“一城两治”现象。而且行政体制改革要积极推动区域性治理，强化危险化学品区域性治理职能，而不是局限于行政区划的调整，以确保危险化学品区域性应急救援体系建设的实际需要。为此，协作区的各级地方政府要打破“行政围墙”，努力探索体制创新，建设区域性应急救援体系建设的联合机构，构建起制度化的管理和组织体制，而不是非制度化的缺少法律约束的倡导型、承诺型、磋商型、松散型组织模式。同时加快灾害管理组织体制改革和应急联动体制建设，进一步构建起危险化学品区域性应急联动的组织框架，改革行政性分割的体制格局。

4. 探索机制创新，充实区域性应急救援的运作平台

其一，要在政府间组织和协作的主导下，突出公安消防的主力作用并有效整合安监、医疗抢救等专业应急功能，创建跨越传统职能范围局限的综合性联动型区域应急救援机制。其二，建立由各界专家人士共同参与的联合调研机制和科技保障机制，发挥国家科技创新优势，开展联合科技攻关活动，积极启动并加快危险化学品区域性应急救援体系的研究进程。其三，有鉴于危险化学品区域应急救援的特殊性和挑战性，要围绕战时条件下应急救援合作的路径依赖这一核心问题，努力探索跨省跨地区跨功能的应急救援的组织响应和力量整合机制。其四，建立和完善危险化学品区域性应急救援装备和设施等方面的共建机制，增进危险化学品区域性应急救援建设的一体化水平。其五，探索“数字防灾”，积极推进危险化学品区域性应急救援的信息化建设和虚拟化运作，为区域性应急救援体系逐步建设开放的数字平台。

第五节 危险化学品事故应急救援预案管理

应急救援预案的管理包括：应急救援预案的评审与发布，预案的发放登记，应急救援预案的实施，预案的修改与修订。

一、应急预案的评审与发布

1. 应急预案的评审

为确保应急救援预案的科学性、合理性以及与实际情况的符合性，预案编制单位或管理部门应依据我国有关应急的方针、政策、法律、法规、规章、标准和其他有关应急救援预案

编制的指南性文件与评审检查表，组织开展预案评审工作，取得政府有关部门和应急机构的认可。应急救援预案的评审包括内部评审和外部评审两类。

（1）内部评审　内部评审是指编制小组成员内部实施的评审。应急救援预案管理部门应要求预案编制单位在预案初稿编写工作完成后，组织编写成员对其进行内部评审，保证预案语言简洁通畅、内容完整。

（2）外部评审　外部评审是由本城市或外埠同级机构、上级机构、社区公众及有关政府部门及其人员实施的评审。外部评审的主要作用是确保预案被城市各阶层接受。根据评审人员的不同，又可分为同级评审、上级评审、社区评议和政府评审。

① 同级评审。同级评审是指预案编制单位邀请由本城或外埠同级机构中具备与编制成员类似资格或专业背景的人员实施的评审。编制单位可通过同级评审收集本区域或外埠应急专家有关应急救援预案的客观建议和意见。

② 上级评审。上级评审是指由预案编制单位将所起草的应急救援预案交由预案管理部门或其上级机构实施的评审。通过上级评审，确保有关责任人或机构对预案中要求的资源予以授权，并做出相应承诺。

③ 社区评议。社区评议是指由预案管理部门或其上级机构组织社会公众对应急救援预案实施的评议活动。社区评议的作用是促进公众对预案的理解和接受。预案编制单位可通过社区代表讨论会、发布评议公告、举行公开会议、邀请公众参与同级和上级评审等多种形式，收集社会公众对预案的建议和意见。

④ 政府评审。政府评审是指预案管理部门或其上级机构将预案呈送城市政府，并由政府组织有关部门、专家和应急机构人员实施的评审。政府评审的作用是确认该预案符合相关法律、法规、规章、标准和上级政府的有关规定，并与其他预案相互兼容、协调一致。

2. 应急预案的发布

企业危险化学品事故应急救援预案经过评审后，由企业负责人签发，并报辖区政府备案。政府危险化学品事故应急救援预案评审通过后，由城市最高行政官员签署发布，并报送上级政府有关部门和应急机构备案。

二、应急预案的发布

预案经批准后，应进行发布，并分发给有关部门，并建立发放登记表，记录发放日期、发放份数、文件登记号、接收部门、接收日期、签收人等有关信息。

向社会或媒体分发用于宣传教育的预案可不包括有关标准操作程序，内部通信簿等不便公开的专业、关键或敏感信息。

三、应急预案的实施

应急救援预案经批准发布后，应急救援预案的实施便成了应急管理工作的重要环节。应急救援预案的实施应包括以下内容。

1. 应急救援预案宣传、教育和培训

各应急机构应广泛宣传应急救援预案，使普通公众了解应急救援预案中的有关内容。同时，积极组织应急救援预案培训工作，使各类应急人员掌握、熟悉或了解应急救援预案中与其承担职责和任务相关的工作程序、标准等内容。

2. 应急资源的定期检查落实

各应急机构应根据应急救援预案的要求，定期检查落实本部门应急人员、设施、设备、物资等应急资源的准备状况，识别额外的应急资源需求，保持所有应急资源的可用状态。

3. 应急演练和训练

各应急机构应积极参加各类重大事故应急演练和训练工作，及时发现应急救援预案、工作程序和应急资源准备中的缺陷与不足，澄清相关机构和人员的职责，改善不同机构和人员之间的协调问题，检验应急人员对应急救援预案、程序的了解程度和操作技能，评估应急培训效果，分析应急培训需求，并促进公众、媒体对应急救援预案的理解，争取他们对重大事故应急工作的支持，使应急救援预案有机地融入城市公共安全保障工作之中，真正将应急救援预案的要求落到实处。

4. 应急救援预案的实践

各应急机构应在重大事故应急的实际工作中，积极运用应急救援预案，开展应急决策，指挥和控制相关机构和人员的应急行动，从实践中检验应急救援预案的实用性，检验各应急机构之间协调能力和应急人员的实际操作技能，发现应急救援预案、工作程序、应急资源准备中的缺陷和不足，以便修订、更新相关的应急救援预案和工作程序。

5. 应急救援预案的电子化

应急救援预案的电子化将使应急救援预案更易于管理和查询。在预案实施过程中，应考虑充分利用现代计算机及信息技术，实现应急救援预案的电子化；尤其是应急救援预案的支持附件包含了大量的信息和数据，是应急救援预案电子化的主体内容，在结合地理信息管理系统（GIS）应用的基础上，将为应急工作发挥重要的支持作用。

6. 事故回顾

应急救援预案管理部门应积极收集本城市或外埠有关危险化学品事故灾害应急的有关信息，积极开展事故回顾工作，评估应急过程的不足和缺陷，吸取经验和教训，为预案的修订和更新工作提供参考依据。

四、应急预案的修改和修订

为不断完善和改进应急救援预案并保持预案的时效性，应就下述情况对应急救援预案进行定期和不定期的修改或修订。如：

① 日常应急管理中发现预案的缺陷；
② 训练或演练过程中发现预案的缺陷；
③ 实际应急过程中发现预案的缺陷；
④ 组织机构发生变化；
⑤ 原材料、生产工艺的危险性发生变化；
⑥ 生产经营范围的变化；
⑦ 厂址、布局、消防设施等发生变化；
⑧ 人员及通信方式发生变化；
⑨ 有关法律法规标准发生变化；
⑩ 其他情况。

应规定组织预案修改、修订的负责部门和工作程序。预案修改时要经审核、批准后发布，并根据预案发放登记表，发放预案更改通知单复印件至各部门，以更新预案。

当预案更改的内容变化较大、累计修改处较多，或已达到预案修订期限，则应对预案进行重新修订。预案的修订过程应采取与预案编制相同的过程，包括从成立预案编制小组到预案的评审、批准和实施全过程。预案经修订重新发布后，应按原预案发放登记表，收回旧版本预案，发放新版本预案并进行登记。

复习思考题

一、选择题

1. 应急预案是整个应急管理体系的反映，它的内容包括：①事故发生过程中的应急响应和救援措施；②事故发生前的各种应急准备；③事故发生后的紧急恢复以及预案的管理与更新。以下哪一个描述是正确的？（　　）

A. 只包含①　　B. 包含①、②　　C. 包含①、③　　D. 包含①、②、③

2. 某化工厂发生重大火灾、爆炸事故，死亡 15 人并摧毁了上亿元的设备。接到事故报告后，厂领导组织采取了如下行动。请问哪种行动是不应当采取的？（　　）

A. 将临近易燃物移走，防止事故扩大，并保护现场

B. 对轻伤者实施急救，将死伤者送进医院

C. 及时、如实向当地负有安全生产监督管理职责的部门报告事故情况

D. 组织事故调查，并处理责任人

3. 应急救援中疏散的组织和疏散路线的确定应考虑（　　）。

①疏散人群的数量；②所需要的时间和可利用的时间；③风向、地形等条件；④老弱病残等特殊人群问题。

A. ①、②　　B. ①、②、④　　C. ②、③、④　　D. ①、②、③、④

4. （　　）是城市的整体预案，从总体上阐述城市的应急方针、政策、应急组织结构及相应的职责，应急行动的总体思路等。

A. 城市预案　　B. 综合预案　　C. 专项预案　　D. 现场预案

5. （　　）是针对某种具体的、特定类型的紧急情况，例如危险物质泄漏、火灾、某一自然灾害等的应急而制定的。

A. 城市预案　　B. 综合预案　　C. 专项预案　　D. 现场预案

6. （　　）的最终目的是要明确应急的对象（存在哪些可能的重大事故）、事故的性质及其影响范围、后果严重程度等，为应急准备、应急响应和减灾措施提供决策和依据。

A. 资源分析　　B. 程序分析　　C. 脆弱性分析　　D. 危险分析

7. 准确了解事故的（　　）等初始信息是决定启动应急救援的关键。

A. 发生时间　　B. 发生地点　　C. 发生原因　　D. 性质和规模

8. （　　）是应急指挥、协调和与外界联系的重要保障。

A. 监测　　B. 通信　　C. 疏散　　D. 恢复

9. （　　）是减少人员伤亡扩大的关键，也是最彻底的应急响应。

A. 人群疏散　　B. 抢救伤员　　C. 控制危险源　　D. 应急预案

10. （　　）是应急救援工作的核心内容之一，其目的是为尽快地控制事故的发展，防止事故的蔓延和进一步扩大，从而最终控制住事故，并积极营救事故现场的受害人员。

A. 人群疏散　　B. 伤员治疗　　C. 警戒与治安　　D. 消防和抢险

11. 危险化学品单位应当制定本单位事故应急救援预案，配备应急救援人员和必要的应急救援器材和设备，并（　　）。

A. 实施监督　　B. 制定安全责任制　　C. 定期组织演练　　D. 进行培训

12. 既是应急救援工作的指导文件，同时又具有法规权威性的是（　　）。

A. 应急响应　　B. 应急策划　　C. 应急预案　　D. 方针与原则

二、简答题

1. 危险化学品事故应急救援预案的编制步骤是什么？

2. 编制应急救援预案时，企业需要收集、调查的资料有哪些？

3. 危险源辨识应明确的内容有哪些？

4. 应急救援有哪些专业队？

5. 现场处置预案中应包括哪些注意事项？

6. 在什么情况下，应急救援预案应进行修订与更新？
7. 编制应急救援预案时，应注意哪些问题？
8. 按重大危险源所处的场所或设备、设施，危险化学品重大危险源分为哪几大类？
9. 企业、政府应急救援预案的衔接要做好哪几方面的工作？
10. 区域性应急救援体系建设所面临的问题有哪些？
11. 应急救援预案的评审类别有哪些？
12. 拨打急救电话应该讲清的事项有哪些？

第四章　应急救援预案培训与演练

学习目标

本章内容是关于预案的培训与演练，通过本章的学习，应明确应急救援培训的意义，掌握应急救援培训的程序及内容。熟悉应急救援演练的目的及类型，能对预案的演练进行策划，并按策划组织实施演练，熟悉预案演练评估程序及内容，并能根据预案演练评估对预案进行修正与完善以提高预案的质量。

第一节　应急救援培训

高层应急预案又叫计划，基层应急预案又叫操作程序。叫计划是因为原则性强，主要是规定各部门的应急工作职能和哪些工作需要进行配合；叫程序是因为工作很具体，发生事故后每个人干什么，怎么干。所有这些都需要进行全面的培训，让所有的人都掌握，才能叫预案。制定应急预案的过程是一个培训的过程，是一个提高所有人员应急意识、应急知识和应急能力的过程。企业要制定统一的培训规划，编写培训教材，根据不同的岗位要求建立多元化的培训课程体系。一是提高领导干部的应急管理意识，提高应急指挥水平。二是针对从事应急管理的专业干部，根据预案要求制定操作规程和岗位规范，组织开展岗前培训，提高应急处置能力。三是提高职工的安全意识，了解掌握本企业、本岗位的安全生产情况和可能发生的意外，提高职工的应急反应、自救互救以及避险能力。

一、基本应急培训

基本应急培训是指对参与应急行动所有相关人员进行的最低程度的应急培训，要求应急人员了解和掌握如何识别危险、如何采取必要的应急措施、如何启动紧急警报系统、如何安全疏散人群等基本操作，尤其是火灾应急培训以及危险物质事故应急的培训，因为火灾和危险品事故是常见的事故类型。因此，培训中要加强与灭火操作有关的训练，强调危险物质事故的不同应急水平和注意事项等内容。

1. 报警

① 使应急人员了解并掌握如何利用身边的工具最快最有效地报警，比如使用移动电话(手机)、固定电话、寻呼机、无线电、网络或其他方式报警。

② 使应急人员熟悉发布紧急情况通告的方法，如使用警笛、警钟、电话或广播等。

③ 当事故发生后，为及时疏散事故现场的所有人员，危险化学品单位应急队员应掌握如何在现场贴发警示标志。

2. 疏散

为避免事故中不必要的人员伤亡，应培训足够的应急队员在事故现场安全、有序地疏散被困人员或周围人员。对人员疏散的培训主要在应急演练中进行，通过演练还可以测试应急人员的疏散能力。

3. 火灾应急培训

如上所述，由于火灾的易发性和多发性，对火灾应急的培训显得尤为重要。要求危险化学品单位应急队员必须掌握必要的灭火技术以便在着火初期迅速灭火，降低或减小导致灾难性事故的危险，掌握灭火装置的识别、使用、保养、维修等基本技术。由于灭火主要是危险化学品单位消防应急队员的职责，因此，火灾应急培训主要也是针对消防应急队员开展的。

4. 不同水平应急者培训

针对危险品事故应急，应明确不同层次应急人员的培训要求。通过培训，使应急者掌握必要的知识和技能以识别危险、评价事故危险性、采取正确措施，以降低事故对人员、财产、环境的危害等。

具体培训中，通常将应急者分为五种水平，每一种水平都有相应的培训要求。

(1) 初级意识水平应急者　该水平应急者通常是处于能首先发现事故险情并及时报警的岗位上的人员，例如保安、门卫、巡查人员等。对他们的要求包括：

① 确认危险物质并能识别危险物质的泄漏迹象；

② 了解所涉及到的危险物质泄漏的潜在后果；

③ 了解应急者自身的作用和责任；

④ 能确认必需的应急资源；

⑤ 如果需要疏散，则应限制未经授权人员进入事故现场；

⑥ 熟悉事故现场安全区域的划分；

⑦ 了解基本的事故控制技术。

(2) 初级操作水平应急者　该水平应急者主要参与预防危险物质泄漏的操作，以及发生泄漏后的事故应急，其作用是有效阻止危险物质的泄漏，降低泄漏事故可能造成的影响。对他们的培训要求包括：

① 掌握危险物质的辨识和危险程度分级方法；

② 掌握基本的危险和风险评价技术；

③ 学会正确选择和使用危险化学品事故应急救援装备；

④ 了解危险物质的基本术语以及特性；

⑤ 掌握危险物质泄漏的基本控制操作；

⑥ 掌握基本的危险物质清除程序；

⑦ 熟悉应急预案的内容。

(3) 危险物质专业水平应急者　该水平应急者的培训应根据有关指南要求来执行，达到或符合指南要求以后才能参与危险物质的事故应急。对其培训要求除了掌握上述应急者的知识和技能以外，还包括：

① 保证事故现场的人员安全，防止不必要伤亡的发生；

② 执行应急行动计划；

③ 识别、确认、证实危险物质；

④ 了解应急救援系统各岗位的功能和作用；

⑤ 了解危险化学品事故应急救援装备的选择和使用；

⑥ 掌握危险的识别和风险的评价技术；

⑦ 了解先进的危险物质控制技术；

⑧ 执行事故现场清除程序；

⑨ 了解基本的化学、生物、放射学的术语和其表示形式。

(4) 危险物质专家水平应急者　具有危险物质专家水平的应急者通常与危险物质专业人

员一起对紧急情况做出应急处置，并向危险物质专业人员提供技术支持。因此要求该类专家所具有的关于危险物质的知识和信息必须比危险物质专业人员更广博、更精深。因此，危险物质专家必须接受足够的专业培训，以使其具有相当高的应急水平和能力：

① 接受危险物质专业水平应急者的所有培训要求；

② 理解并参与应急救援系统的各岗位职责的分配；

③ 掌握风险评价技术；

④ 掌握危险物质的有效控制操作；

⑤ 参加一般清除程序的制定与执行；

⑥ 参加特别清除程序的制定与执行；

⑦ 参加应急行动结束程序的执行；

⑧ 掌握化学、生物、毒理学的术语与表示形式。

(5) 应急指挥级水平应急者　该水平应急者主要负责的是对事故现场的控制并执行现场应急行动，协调应急危险化学品单位应急队员之间的活动和通信联系。该水平的应急者都具有相当丰富的事故应急和现场管理的经验，由于他们责任的重大，要求他们参加的培训应更为全面和严格，以提高应急指挥者的素质，保证事故应急的顺利完成。通常，该类应急者应该具备下列能力：

① 协调与指导所有的应急活动；

② 负责执行一个综合性的应急救援预案；

③ 对现场内外应急资源的合理调用；

④ 提供管理和技术监督，协调后勤支持；

⑤ 协调信息发布和政府官员参与的应急工作；

⑥ 负责向国家、省市、当地政府主管部门递交事故报告；

⑦ 负责提供事故和应急工作总结。

不同水平应急者的培训要与危险品公路运输应急救援系统相结合，以使危险化学品单位应急人员接受充分的培训，从而保证应急救援人员的素质。

二、应急救援训练

应急救援训练是指通过一定的方式获得或提高应急救援技能；是进行全面应急演练的基础工作。经常性地开展应急救援训练或演练应成为救援队伍的一项重要的日常性工作。

1. 应急训练指导思想

应急救援训练的指导思想应以加强基础、突出重点、边练边战、逐步提高为原则。针对突发性化学事故与应急救援工作的特点，从化学危险物品的特征及现有装备的实际出发，严格训练，严格要求，不断提高队伍的救援能力和综合素质。

2. 应急训练的基本任务

应急训练的基本任务是锻炼和提高队伍在突发事故情况下的快速抢险堵源、及时营救伤员、正确指导和帮助群众防护或撤离、有效消除危害后果、开展现场急救和伤员转送等应急救援技能和应急反应综合素质，有效降低事故危害，减少事故损失。

3. 应急训练的基本内容

应急训练的基本内容主要包括基础训练、专业训练、战术训练和自选课目训练四类。

(1) 基础训练　基础训练是救援队伍的基本训练内容之一，是确保完成各种救援任务的前提基础。基础训练主要指队列训练、体能训练、防护装备和通信设备的使用训练等内容。训练的目的是使救援人员具备良好的战斗意志和作风，熟练掌握各危险化学品事故应急救援个体防护装备的穿戴、通信设备的使用等。

（2）专业训练　专业技术关系到救援队伍的实战水平，是顺利执行救援任务的关键，也是训练的重要内容。主要包括专业常识、堵源技术、抢运和清消，以及现场急救等技术。通过训练使救援队伍具备一定的救援专业技术，有效地发挥救援作用。

（3）战术训练　战术训练是救援队伍综合训练的重要内容和各项专业技术的综合运用，提高救援队伍实战能力的必要措施。战术训练可分为班（组）战术训练和分队战术训练。通过训练，使各级指挥员和救援人员具备良好的组织指挥能力和实际应变能力。

（4）自选课目训练　自选课目训练可根据各自的实际情况，选择开展如防化、气象、侦检技术、综合演练等项目的训练，进一步提高救援队伍的救援水平。

在开展课目训练时，专职性救援队伍应以社会性救援需要为目标确定训练课目；而单位的兼职救援队应以本单位救援需要，兼顾社会救援的需要确定训练课目。

4. 应急训练的方法和时间

救援队伍的训练可采取自训与互训相结合；岗位训练与脱产训练相结合；分散训练与集中训练相结合的方法。在时间安排上应有明确的要求和规定。为保证训练有术，在训练前应制定训练计划，训练中应组织考核、验收和评比。

第二节　应急救援预案演练目的与分类

一、应急演练目的

应急演练是应急管理工作的重要环节，对于提高应急管理工作具有十分重要的作用。检验预案，发现薄弱环节，不断地完善预案，要靠应急演练；锻炼队伍，积累实战经验，提高应急处置能力，要靠应急演练；磨合机制，实现统一指挥，高效运转，要靠应急演练；搞科普宣教，让更多的人了解、关心、支持应急管理工作，也要靠应急演练。各地区、各有关部门和各生产经营单位必须高度重视应急演练工作。

演练的目的在于验证预案的可行性、符合实际情况程度，主要包括以下几方面的内容。

① 通过演练可以检查专业队应付可能发生的各种紧急情况的适应性及他们之间相互支援及协调程度。

② 通过演练可以检验应急救援指挥部的应急能力。这里包括组织指挥、专业队救援能力和人民群众对应急响应能力。

③ 通过演练可以证实应急救援预案是可行的，从而增强承担应急救援任务的信心，对每个成员来说，是一次全面的应急救援练习，通过练习提高技术及业务能力。

④ 通过演练可以发现预案中存在的问题，为修正预案提供实际资料。尤其是通过演练后的讲评、总结，可以暴露预案中未曾考虑到的问题和找出改正的建议，是提高预案质量的重要步骤。

应急预案的演练是检验、评价和保持应急能力的一个重要手段。其重要作用突出体现在：可在事故真正发生前暴露预案和程序的缺陷，发现应急资源的不足（包括人力和设备等），改善各应急部门、机构、人员之间的协调，增强公众应对突发重大事故救援的信心和应急意识，提高应急人员的熟练程度和技术水平，进一步明确各自的岗位与职责，提高各级预案之间的协调性，提高整体应急反应能力。

二、演练的类型

可采用不同规模的应急演练方法对应急预案的完整性和周密性进行评估，如组织指挥演练、桌面演练、功能演练和全面演练等。

1. 组织指挥演练

主要检验指挥部门与各救援部门之间的指挥通信联络体系，保证组织指挥的畅通，一般在室内进行。

2. 桌面演练

桌面演练是指由应急组织的代表或关键岗位人员参加的，按照应急预案及其标准工作程序，讨论紧急情况时应采取行动的演练活动。桌面演练的特点是对演练情景进行口头演练，一般是在会议室内举行。其主要目的是锻炼参演人员解决问题的能力，以及解决应急组织相互协作和职责划分的问题。

桌面演练一般仅限于有限的应急响应和内部协调活动，应急人员主要来自本地应急组织，事后一般采取口头评论形式收集参演人员的建议，并提交一份简短的书面报告，总结演练活动和提出有关改进应急响应工作的建议。桌面演练方法成本较低，主要为功能演练和全面演练作准备。

3. 功能演练

功能演练是指针对某项应急响应功能或其中某些应急响应行动举行的演练活动，主要目的是针对应急响应功能，检验应急人员以及应急体系的策划和响应能力。例如，指挥和控制功能的演练，其目的是检测、评价多个政府部门在紧急状态下实现集权式的运行和响应能力，演练地点主要集中在若干个应急指挥中心或现场指挥部，并开展有限的现场活动，调用有限的外部资源。

功能演练比桌面演练规模要大，需动员更多的应急人员和机构，因而协调工作的难度也随着更多组织的参与而加大。演练完成后，除采取口头评论形式外，还应向地方提交有关演练活动的书面汇报，提出改进建议。主要分为单项演练、多项演练两类。

（1）单项演练　单项演练是针对完成应急救援任务中的某一单科项目而设置的演练，如应急反应能力的演练、救援通信联络的演练、工程抢险项目的演练、现场救护演练、侦检演练等。单项演练属于局部性的演练，也是综合性演练的基础。

（2）多项演练　多项演练是指两个或两个以上的单项组合演练，其目的是将各单项救援科目有机结合，增加项目间的协调性和配合性。通常多项演练要在单项演练完成后进行。

4. 全面演练

全面演练指针对应急预案中全部或大部分应急响应功能，检验、评价应急组织应急运行能力的演练活动。全面演练一般要求持续几个小时，采取交互式方式进行，演练过程要求尽量真实，调用更多的应急人员和资源，并开展人员、设备及其他资源的实战性演练，以检验相互协调的应急响应能力。与功能演练类似，演练完成后，除采取口头评论、书面汇报外，还应提交正式的书面报告。

应急演练的组织者或策划者在确定采取哪种类型的演练方法时，应考虑以下因素。

① 应急预案和响应程序制定工作的进展情况。

② 本辖区面临风险的性质和大小。

③ 本辖区现有应急响应能力。

④ 应急演练成本及资金筹措状况。

⑤ 有关政府部门对应急演练工作的态度。

⑥ 应急组织投入的资源状况。

⑦ 国家及地方政府部门颁布的有关应急演练的规定。

无论选择何种演练方法，应急演练方案必须与辖区重大事故应急管理的需求和资源条件相适应。

应急演练是由许多机构和组织共同参与的一系列行为和活动，其组织与实施是一项非常复杂的任务，建立应急演练策划小组（或领导小组）是成功组织开展应急演练工作的关键。策划小组应由多种专业人员组成，包括来自消防、公安、医疗急救、应急管理、市政、学校、气象部门的人员，以及新闻媒体、企业、交通运输单位的代表等；必要时，军队、核事故应急组织或机构也可派出人员参加策划小组。为确保演练的成功，参演人员不得参加策划小组，更不能参与演练方案的设计。综合性应急演练的过程可划分为演练准备、演练实施和演练总结3个阶段，各阶段的基本任务如图4-1所示。

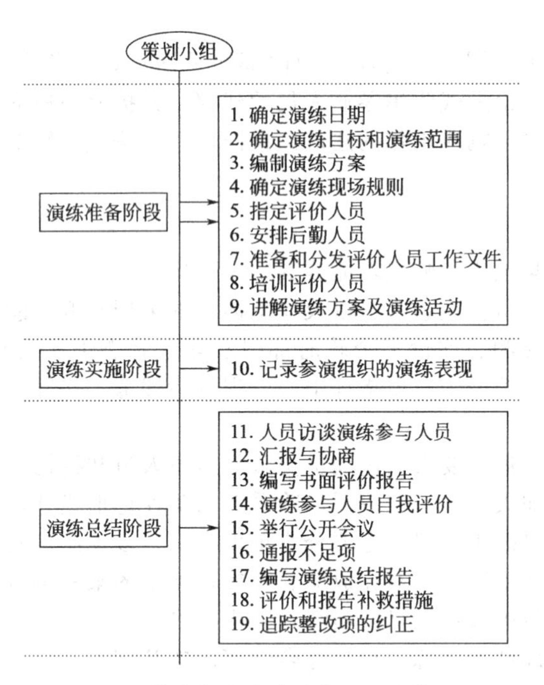

图4-1 综合性应急演练实施的基本过程

第三节 应急救援预案演练策划

演练的成功、失败与否，策划好演练的预案是关键，而策划演练预案的首要前提是明确演练目的。

一、演练策划的准备

演练前应注重对危险化学品单位应急队员的日常培训工作，使应急队员熟悉应急预案、牢记应急实施细则，在平时牢固树立事故就是命令的观念，明确各自在危险化学品事故来临后的岗位职责。同时，还应重视演练前人力资源和物质资源等应急基础资源条件的就绪状态，他们是应急演练方案中发挥作用的媒介和载体，是实施应急演练的基础。应急资源的就绪直接关系到应急演练方案的实施，关系到应急工作的成效，因此，必须予以高度重视。演练任务下达后，应尽快组织成立演练策划小组，围绕如何实现演练目标制定演练科目、确定演练地点、拟定演练情景、编制演练流程、最后形成一套完整的演练方案。演练策划者还应将每一位参演人员应该了解到的内容编写成演练人员手册发放到参演人员手中。演练策划者在演练方案制定后还应该考虑到安排相应的演练控制人员、评价人员在相应的环节和岗位上进行监督控制。策划者应拟定演练的导演控制信息发布方式，例如，可以由指定号码的手机以语音或短信的形式发布或以书面的形式通知。演练中还应安排相应人员担任演练中的秘书工作，做演练时的简报编制、新闻稿撰写和重要决策决定的记录等。

1. 演练科目的策划

危险化学品事故发生后要进行事故情况监测、事故控制、抢救伤员和消除后果等各项应急工作，这决定了危险化学品单位的演练科目可以是单项的专业演练，也可以是多项的综合演练。可进行单项演练的科目有以下几种。

（1）现场网络通信能力的演练　危险化学品事故发生后对事故现场信息的及时掌握能力影响着危险化学品事故应急工作的方方面面，因此，危险化学品单位的网络通信能力演练是危险化学品单位应急演练必不可少的科目之一。现场网络通信能力的演练应以危险化学品事故后原有通信网络瘫痪为背景加以演练，着重演练利用现有设备搭建现场指挥部小型局域网的能力、现场指挥部与后方指挥中心的图文数据信息交换能力、现场指挥部与后方指挥中心及现场各小组间的语音通信能力。演练力求网络搭建速度快、通信质量高、设备运行稳定。

（2）现场设备使用的演练　危险化学品事故现场将用到各种专业设备，如侦检装备、个体防护装备、输转装备、堵漏装备、洗消装备、排烟装备、矿山救援技术装备、救灾通信联络装备、消防装备和各类救生装备的使用，还有许多现场常用设备，如帐篷、户外炊具、罗盘、对讲机、便携电脑、便携传真、数码相机、便携发电机组等设备。这些设备的使用技巧是每一个危险化学品单位应急队员应该掌握的，通过演练使危险化学品单位应急队员能够熟练掌握相关设备的使用，同时也是对设备可靠性的检验。在演练过程中尽可能将到达现场后需要调试的设备能够进入工作状态的时间量化，并可将这些数据记录下来。在演练中应设定应急救援所需的重型设备协调的项目。

（3）现场工作软件使用的演练　现场工作软件包括现场图文传输系统、危险化学品事故灾害现场评估系统、危险化学品事故调查系统等专门软件系统。还包括其他常用应用软件。现场工作软件不仅仅局限在现场使用的软件，还包括在室内应急指挥中心使用的各种软件，包括危险化学品事故灾害快速评估系统、视频会议系统、预案管理系统等都可列在软件使用演练之列。

（4）个人防护、灭火、泄漏控制和现场急救应急演练　针对危险化学品事故发生后可能出现的火灾爆炸、泄漏及人员中毒、窒息可能带来的伤亡等开展专项的演练，这对提高危险化学品单位应急队员的应急技能是十分必要的。

2. 演练场所的选择

（1）室内桌面推演　桌面演练是指由应急组织的代表或关键岗位人员参加的，按照应急预案及其标准工作程序，讨论紧急情况时应采取行动的演练活动。桌面演练的特点是对演练情景进行场景模拟演练，一般是在会议室内举行。其主要目的是锻炼参演人员解决问题的能力，以及解决应急组织相互协作和职责划分的问题。桌面演练可预先设定好相应角色，如指挥长、指挥部成员、记者、视察领导等，按照危险化学品事故发生后的应急流程，开展相应指挥、协调、沟通等工作。可模拟各种困难情况的发生，如通信中断、谣言四起、记者盘问等，锻炼参演人员的突发事件处置能力。桌面演练方法成本较低，一般仅限于有限的应急响应和内部协调活动，事后一般采取书面形式收集参演人员的建议，并提交一份简短的书面报告，总结演练活动和提出有关改进应急响应工作的建议。

（2）户外实地演练　户外实地演练顾名思义就是将演练场所设在户外，在模拟的危险化学品事故的区域进行实地演练。可考验现场指挥部和各工作小组之间的配合能力，同时也可对工作队的户外应急装备、应急软件等进行检验。户外演练不仅要考虑到天气、场地地形、运输能力等问题，还要考虑对周边居民的影响，避免产生危险化学品事故谣传和恐慌。演练中要比室内演练多考虑到安全因素，要做好路线的规划、集合地的确定、行程时间的控制等工作，避免出现各小组配合不一致等影响演练进程的问题。

（3）室内-户外互动演练　室内-户外互动演练中的“室内”指危险化学品应急指挥部所处的应急指挥中心，“户外”指危险化学品单位所在的危险化学品事故模拟现场。室内-户外互动演练能够检验和锻炼应急指挥中心对现场指挥部及现场各小组之间的互动能力。主要保障指挥中心、现场指挥部和现场各小组之间的通信稳定，确保语音指令、电子数据、图像等信号的有效传递。

3. 演练情景的设计

演练方案中应先明确演练的流程，然后进行演练情景设计。危险化学品单位的演练情景是指对危险化学品事故现场工作按其推进过程进行叙述性说明，情景设计就是针对相应事态发展，设计出相应的情景事件，包括重大事件和次级事件。

（1）演练情景设计中包含的内容。

① 情景说明书。用以描述事故情景，向演练人员提供演练的初始条件（即假想危险化学品事故发生的时间、地点、危险化学品事故概况）。

② 模拟情景事件清单。是指演练过程中需引入情景事件，如：通信瘫痪、记者来访、新闻发布等。演练情景描述的作用在于为演练人员的演练活动提供初始条件并说明与模拟危险化学品事故情形相关的情况。演练情景可通过情景说明书加以描述。

（2）情景设计时，策划组应注意的事项

① 应注意演练前对演练具体开始时间的保密工作，以体现危险化学品事故演练的突发性。

② 编写演练方案或设计演练情景时，应首先考虑演练参与人员的安全。

③ 负责编写演练方案或设计演练情景的人员，必须熟悉演练地点及周围各种有关情况。

④ 设计演练情景时应尽可能结合实际情况，情景事件时间尺度与真实事故时间尺度一致。

⑤ 设计演练情景时应慎重考虑社会影响的问题，避免引起群众不必要的恐慌。

⑥ 设计演练情景时应对演练顺利进行所需的支持条件加以说明。

（3）一个较为完备的演练方案中还应当包括的相关材料

① 演练流程。用以交待演练内容的安排顺序。

② 评价说明。主要是对演练目标、评价准则、评价工具及资料、评价程序、评价策略、评价组组成，以及评价人员在演练准备、实施和总结阶段的职责和任务的详细说明。

③ 演练人员手册。是指向演练人员提供的有关演练具体信息、程序的说明文件。包括参演人员通讯录。演练人员手册中所包含的信息均是演练人员应当了解的信息，但不包括应对其保密的信息，如情景事件等。

4. 演练的参与人员

应急演练的参与人员包括参演人员、控制人员、模拟人员、评价人员和观摩人员。这5类人员在演练过程中都有着重要的作用，并且在演练过程中都应佩戴能表明其身份的识别符。

二、策划方案的实施

实施演练要先易后难，逐步积累经验。在危险化学品单位应急队员对应急演练流程和技术还陌生的最初阶段，应选择技术操作要求简单、指挥过程不太复杂的科目作为演练目标，由浅到深、先易后难地开展危险化学品单位应急演练工作，让参与演练人员熟悉和了解应急处理流程，明确各自在应急工作中的职责，逐步建立起一套实用性强的应急处理流程，为下一步应急演练工作的深入开展积累经验。当各项演练工作步入正轨后，就必须将应急演练的重点放在检验应急物资的可用性和锻炼技术人员的应急处理能力这两项工作上。只有遵循由浅到深、先易后难的方式来组织和开展危险化学品单位的应急演练工作，才能达到提高应急处置能力的最终目标。策划者在演练中扮演着多重角色，作为策划者的作用主要是在演练前编写演练方案，宣布演练开始、结束和解决演练过程中的矛盾；作为控制人员的作用主要是向演练人员传递控制消息，提醒演练人员终止具有负面影响或超出演示范围的行动，提醒演练人员采取必要行动以正确展示所有演练目标，终止演练人员不安全的行为，延迟或终止演练。具体策划流程如图 4-2 所示。

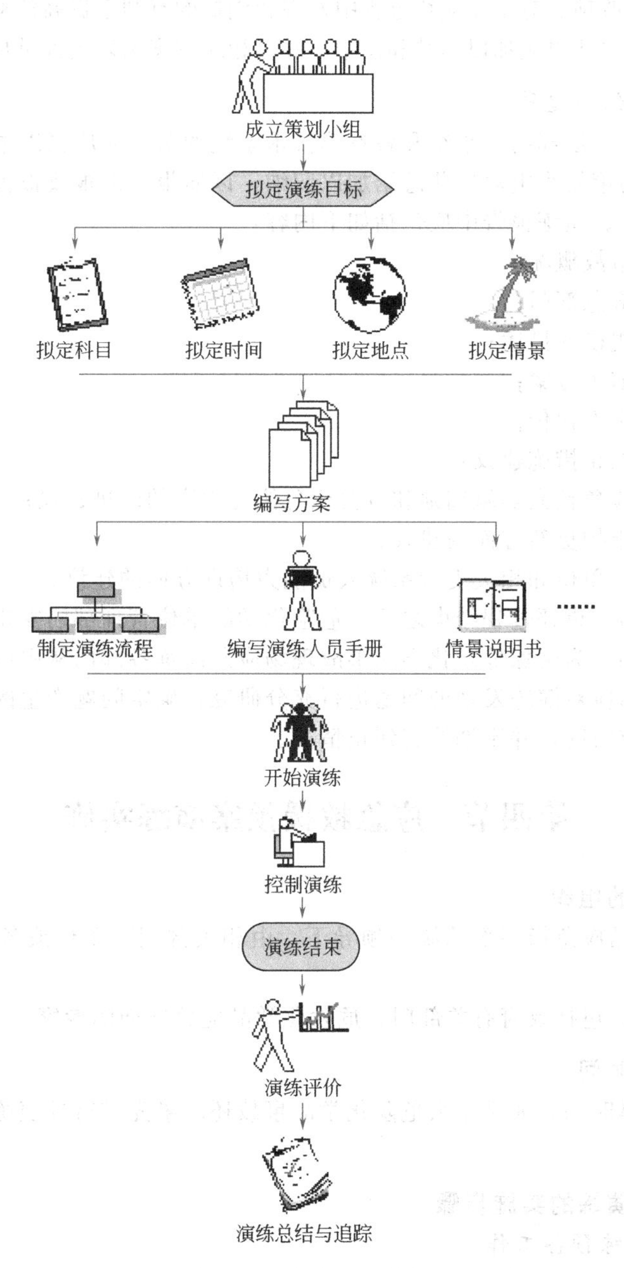

图 4-2　危险化学品单位演练策划任务流程图

三、演练策划的评价、总结与追踪

1. 演练评价

观察和记录演练活动、比较演练人员表现与演练目标要求是否一致，并提出演练得失的过程就是演练评价的主要内容。演练评价的目的是为了确定演练是否达到演练目标要求，检验危险化学品事故应急指挥人员及应急响应人员完成任务的能力。演练评价人员的作用主要是观察演练进程，记录演练人员采取的每一项关键行动及其实施时间，访谈演练人员，要求参演应急组织提供文字材料，评价参演的危险化学品事故现场各应急系统和演练人员的表现并反馈演练发现的问题和不足。要全面、正确地评价危险化学品单位的演练效果，必须在演练的关键地点和各参演系统的关键岗位上，安排相应的评价人员。在演练结束后分别列出不足项、需改进项和整改项。对于在演练过程中发现和创造的有利于提高危险化学品事故现场工作效率的工作方式和方法也应加以归纳和总结，并对相应有突出表现人员加以鼓励和表扬。

2. 应急演练总结与追踪

演练结束后，各参演部门、小组和各参演技术系统的负责人应当以书面形式提交一份演练总结，并由演练的策划小组对这些总结加以归纳，以简报、汇报或报告的形式向危险化学品单位管理部门递交。演练报告中应包括如下内容：

① 危险化学品事故概况；

② 参与演练的应急部门；

③ 演练目的和规模的描述；

④ 演练情景与演练方案；

⑤ 演练情况的全面评价；

⑥ 演练发现与纠正措施建议；

⑦ 对现场工作应急预案实施细则和有关应急执行程序的改进建议；

⑧ 对应急设备维护更新方面的建议；

⑨ 对危险化学品单位和相关支持系统人员能力培训方面的建议。

追踪是演练总结与讲评过程结束之后，危险化学品单位管理部门安排人员督促相关单位解决问题的持续活动。为确保危险化学品事故现场应急演练各部门从中取得最大收获，危险化学品单位管理部门应对演练发现的问题进行充分研究，确定问题产生的根源，提出纠正方法、纠正措施及完成时间，并定期检查纠正情况。

第四节　应急救援预案演练实施

一、应急演练的组织

① 在危险化学品应急指挥部的统一领导下，由相关部门、单位或各应急专业小组分工负责实施应急演练。

② 邀请观摩团，包括政府有关部门、危险化学品应急方面的专家。

二、明确演练时间

明确演练的具体时间，如系重大危险化学品事故还应事先进行预演练，预演练的程序与正式演练一致。

三、应急预案演练的实施步骤

1. 应急预案演练预备工作

（1）召开应急预案演练预备工作会议　在应急演练实施以前，应召开应急演练预备会议，主要内容包括：

① 由应急指挥人员通报进行危险化学品应急演练的目的意义、标准要求及有关部门的工作任务等情况；

② 座谈应急预案演练方案实施的有关问题；

③ 明确演练工作分工，以书面形式明确应急演练总指挥与副总指挥及各专业小组负责人的职责与通信联系。

（2）各专业小组职责

① 综合联络组。组织制定应急处理和抢险救灾方案，报指挥部审定后送应急抢险小组组织实施；负责应急抢险救灾工作情况与信息的收集、汇总形成书面材料向指挥部负责人报告，并同时向上级主管部门报告；掌握现场抢险救灾工作进度，及时预测事故发展变化趋势，并研究对策；负责联络应急抢险组、交通治安管理组、灾险情调查监测组、医疗卫生组、后勤物资保障组、灾后重建组工作。

② 交通治安管理组。迅速组建交通治安管理队伍；维护灾害现场社会治安秩序和交通秩序；负责灾区治安和刑事案件的侦破工作；对地质灾害区现场实施戒严封锁；组织灾区现场治安巡逻保护；负责疏散受事故区域内无关人员，协助应急抢险组转移事故域人员及财产；完成应急指挥部交办的其他工作。

③ 应急抢险组。迅速组织武警消防部队、民兵预备役人员、义务消防队等赶赴事故区域现场组织抢险救灾，负责组织、指导遇险人员开展自救和互救工作；负责统一调集、指挥现场施救队伍，实施现场抢险救灾；负责实施抢险救灾工作的安全措施，抢救遇险人员和转移灾害现场的国家财产；完成应急指挥部交办的其他工作。

④ 事故调查监测组。组织专家开展现场调查，查明事故形成的条件、引发因素、影响范围和人员财产损失情况，确定事故等级；设立专业监测网点，对事故点现状稳定性进行监测和评估；对可能造成环境污染事故等次生后果的，提出能够阻止或延缓再次发生灾害的措施；提供事故发生地详细准确的气象预报；提出人员财产的撤离、转移最佳路线和事故区域居民临时安置地点的意见；完成应急指挥部交办的其他工作。

⑤ 医疗卫生组。迅速组建、调集现场医疗救治队伍；负责联系、指定、安排救治医院，组织指挥现场受伤人员接受紧急救治和转送医院救治，减少人员伤亡；负责调集、安排医疗装备和救护车辆；负责向上级医疗机构求援；认真搞好事故区域的卫生防疫工作，确保将事故可能对健康造成的影响降低到最低限度。

⑥ 后勤物资保障组。负责抢险救灾经费及时足额到位；负责事故区域的临时安置工作；负责应急物资的调运、储存和发放；为灾民提供维持基本生活必需品和抢险救灾人员的生活保障；确保抢险救灾指挥通信联络的优先畅通。

（3）应急预案演练工作准备

① 综合联络组全面负责各项准备工作的协调与筹划。

② 交通治安管理组应熟悉事故现场的危险性及危险区内的相关情况，制定交通管制及灾区安全保卫的措施，解决有关问题，准备封锁公路、道路通行的禁牌及禁止进入危险区的警示标志。

③ 事故调查监测组应熟悉事故的相关情况，设立监测标志、监测仪器的安置地点和监测记录等。

④ 应急抢险组、后勤保障组应熟悉地理环境及事故情况，悉记群众撤离避让路线、居民临时安置地点及卫生抢救所的临时设置地点的有关情况，做好应急抢险及物资储备调运及有关设备装备与调运工作。

⑤ 医疗卫生组熟悉居民临时安置地的有关情况，准备救护车及相关救护医疗装备等，确保抢险救灾或演练应急之用。

⑥ 事故现场组织应急抢险小分队，小分队由熟悉事故区域的技术人员、操作工和维修工人组成，事先做好培训。

⑦ 做好紧急撤离居民的疏导工作，确定相关典型项目的演练。

(4) 应急预案演练预演工作　根据需要组织预演练，统一协调有关工作，明确有关部门、单位及有关人员的工作任务、标准及要求，制定、完善、公布有关演练的方案、措施、办法等，进行广泛深入的宣传和训导，提高广大群众的防灾避灾意识，确保各类应急人员落实及演练各种措施。

2. 演练工作程序

(1) 演练工作预备

① 布置演练工作（时间进程安排）；

② 观摩现场定点定位。

(2) 演练工作程序安排

① 全体演练单位及观摩贵宾集中到指定区域待命。

② 报警。发生化学品应急事故，向应急指挥部报告。

③ 应急指挥部下达启动《××化学品××事故应急预案》的指令。

a. 交通治安管理组。进行交通管制，设置警戒区域，除应急抢险人员和车辆外，其他人员和车辆不得进入该危险区域，对灾区实施治安巡逻，保证灾区安全。

b. 应急抢险组。使用音响设备放警报信息或鸣锣紧急通知危险区域的居民按原定路线有序安全转移，组织应急小分队火速赶往灾区，按照原定的编制序列目标任务快速赶到事故区域实施抢救，迅速组织事故区域人员和物资快速有序安全撤离到各安置点。

c. 事故调查监测组。继续跟踪监测事故情况，有情况及时报告。

d. 医疗卫生组。组织医疗卫生紧急抢救队伍进入事故区域，进行伤、病员的抢救及转移工作。

e. 后勤物资保障组。负责转移到各临时安置点的灾民安置工作，认真做好各安置点灾民的宣传思想巩固工作，解决好灾民的吃、穿、住等问题，确保救灾抢险指挥的通信与联络的畅通。

④ 做好撤离、应急抢险、交通治安、后勤保障、医疗卫生和事故调查监测等应急演练的各项记录。

⑤ 由应急总指挥宣布演练结束。

四、演练基本要求和内容

1. 基本要求

化学事故应急救援预案是一项复杂的系统工程，为了使演练得到预期的效果，演练的计划必须细致周密，要把各级应急救援力量和应该配备的装备组成统一的整体。

2. 演练的基本内容

演练的基本内容是根据演练的任务要求和规模而定，一般应考虑如下几个方面的内容：

① 工厂生产系统运行情况；

② 厂内应急情景；

③ 厂内应急抢险；

④ 急救与医疗；

⑤ 厂内洗消；

⑥ 空气污染监测与化验；

⑦ 事故区清点人数及人员控制；

⑧ 防护指导，包括专业人员的危险化学品事故应急救援防护及居民对毒气的防护；

⑨ 通信及报警讯号联络；

⑩ 各种标志布设及由于危害区域的变化布设点的变更；

⑪ 交通控制及交通道口的管理；

⑫ 治安工作；

⑬ 政治宣传工作；

⑭ 居民及无关人员的撤离以及有关撤离工作的演练内容；

⑮ 防护区的洗消污水处理及上、下水源受污染情况调查；

⑯ 事故后的善后工作，包括防护区居民房屋内空气、器具的消毒；

⑰ 当时当地的气象情况及地形、地理情况及对化学事故危害程度的影响；

⑱ 向上级报告情况及向友邻单位通报情况；

⑲ 各专业队讲评要点；

⑳ 演练资料汇总需要的表格。

以上这些内容仅是一般情况，还应该根据演练的任务增减上述内容。

3. 人员组成

(1) 参演人员　参演人员是指在应急组织中承担具体任务，并在演练过程中尽可能对演练情景或模拟事件做出真实情景下可能采取的响应行动的人员，相当于通常所说的演员。参演人员所承担的具体任务主要包括：

① 救助伤员或被困人员；

② 保护财产或公众健康；

③ 获取并管理各类应急资源；

④ 与其他应急人员协同处理重大事故或紧急事件。

(2) 控制人员　控制人员是指根据演练情景，控制演练时间进度的人员。控制人员根据演练方案及演练计划的要求，引导参演人员按响应程序行动，并不断给出情况或消息，供参演的指挥人员进行判断、提出对策。其主要任务包括：

① 确保规定的演练项目得到充分的演练，以利于评价工作的开展；

② 确保演练活动的任务量和挑战性；

③ 确保演练的进度；

④ 解答参演人员的疑问，解决演练过程中出现的问题；

⑤ 保障演练过程的安全。

(3) 模拟人员　模拟人员是指演练过程中扮演、代替某些应急组织和服务部门，或模拟紧急事件、事态发展的人员。其主要任务包括：

① 扮演、替代正常情况或响应实际紧急事件时应与应急指挥中心、现场应急指挥所相互作用的机构或服务部门，由于各方面的原因，这些机构或服务部门并不参与此次演练；

② 模拟事故的发生过程，如释放烟雾、模拟气象条件、模拟泄漏等；

③ 模拟受害或受影响人员。

(4) 评价人员　评价人员是指负责观察演练进展情况并予以记录的人员。其主要任务包括：

① 观察参演人员的应急行动，并记录观察结果；

② 在不干扰参演人员工作的情况下，协助控制人员确保演练按计划进行。

(5) 观摩人员 观摩人员是指来自有关部门、外部机构以及旁观演练过程的观众。

4. 情景设计

(1) 情景设计和内容 情景设计是根据演练的目的而定的，即把欲达到的目的分列成演练的课目转换成演练方式，通过演练逐步进行检查、考核来完成的。因此，如何将这些欲待检查的项目有机地融入模拟事故中去是情景设置的第一步。为使情景设置逼真而又可分项检查，在设置时要考虑下列几方面问题。

① 演练的序列要强调时间性，演练顺序符合逻辑性。

② 有关情况的数据设置符合实际情况，演练时要求测得的数据要从实战出发。

③ 演练用的讯号、标志和指令要统一，使每个演练者都能立即明白迅速执行。

④ 待检查项目和考核内容标准清楚，容易评分和评价。

⑤ 演练模拟条件要有一定的广度，以便于各应急救援专业分队有他各自的灵活性。

(2) 事故描述 事故的发生有其自身潜在的不安全因素，在某种条件下由某一事物触发而形成，或者更严重的是由此形成连锁影响而造成更大、更严重的事故或复合，对此要进行简要的描述。描述的详细程度使演练参加者可以根据此描述执行化学事故应急救援任务和相应的防护行动；考核组人员可以根据描述，对演练进行评价。如果考核人员需要就个别情节对演练者进行进一步考核，而这个情节对整个演练又无影响的情况，则这个情节可以不必写入总体描述之中，可由考核者提供单独的事故细节描述发给有关演练者。

一般事故的描述应有下列内容。

① 发生事故的部件和失常情况。

② 泄漏范围。

③ 侦毒、监测演练和标志危害、影响范围。

④ 消毒及洗消处理。

⑤ 急救、救护演练。

⑥ 通信、报警演练（设置不同情况、正常情况、通信失灵情况）。

⑦ 交通控制演练。

⑧ 治安保卫工作。

⑨ 防护教育和宣传工作。

⑩ 事故控制、善后工作。

厂内演练还应有抢险和修复演练（或消防演练），综合演练还要有掩蔽、撤离等演练内容。

(3) 时间安排 演练时间安排基本应按真实事故条件下进行，但在特殊情况下，也不排除对时间尺度的压缩和延伸，可根据演练的需要安排合适的时间。演练日程安排后一般要事先通知有关单位和参加演练的个人，以利于做好充分的准备，单项课目的训练为能更好地反映真实情况，也可以事先不通知。

(4) 演练条件选择 演练条件最好选择比较不利的条件，如在夜间进行课目训练，选择能够说明问题的气象条件进行演练，和选择高温、低温等较严峻的自然环境下进行演练等。但在准备不够充分或演练人员素质较低的情况下，为了检验预案的可行性、提高演练人员的技术水平，也可选择条件较好的环境进行演练。

5. 演练时的安全保证

演练要在绝对安全的条件下进行，如模拟剂的施放，洗消用水的排放，交通控制的安全，防护措施的安全，消防、抢险演练的安全保障都必须认真、细致地考虑，演练时要在其影响范围内告知该地区的居民，以免引起不必要的惊慌，要求居民做到的事项要各家各户地通知到每个人。

上述各项内容在演练人员手册中要有体现。

五、演练结果的评价

应急演练结束后应对演练的效果做出评价，并提交演练报告，详细说明演练过程中发现的问题。按照对应急救援工作及时有效性的影响程度，对演练过程中发现的问题分别加以改进和完善。

第五节 应急救援预案演练评估与改进

应急救援预案演练的目的是验证预案的可行性，通过演练发现预案中存在的问题，为修正预案提供实际资料。尤其是通过演练后的讲评、总结，可以暴露预案中未曾考虑到的问题和找出改正的建议，以提高应急救援预案的质量。

一、应急预案演练评估

1. 评估的主要目的

① 辨识应急预案和程序中的缺陷；

② 辨识培训和人员需要；

③ 确定设备和资源的充分性；

④ 确定培训、训练、演练是否达到预期目标。

确定评估内容的第一步是审查培训、训练、演练的专项目标。评估每项目标的标准应该在培训、训练、演练计划制定过程中考虑。如果它不能测定或评估，就不应考虑作为目标。

训练和演练的评估可分为三个阶段：评估人审查；参加者汇报；训练和演练改正。

评估者和上级主管人员在一定位置观察和记录参加者的反应，通过观察比较参加者在训练和演练中的行动和预期行动。许多应急预案的缺陷可通过参加者自己对照训练和演练立即辨识出来，因为评估人不能发现训练或演练中出现的每个问题。如果参加训练或演练的人数规模较小，总结时，每个参加者都要进行口头汇报，依次被提问，提出意见。如果人数规模很大，则可要求书面意见。评估会议中要使参加者反映对应急预案和应急行动的评估意见。

2. 评估报告

评估报告是提出纠正措施和纠正行动的重要依据，应该由训练或演练的指挥者负责准备。评估报告应经所有参加训练或演练的部门及人员充分讨论后形成，并交企业领导或上级主管机构。评估报告应包括：

① 训练或演练总结，包括目的、目标和场景的评论；

② 对重大偏差、缺陷的总结；

③ 建议和纠正措施；

④ 完成这些纠正措施的日程安排。

应急管理者负责检查措施进展，完善应急预案和程序，改进未来的训练和演练，一旦完成所有纠正措施，应向企业经理报告。

演练后的讲评是对每个演练者的再次学习和全面提高的好机会，要求每个演练者都要参加演练后的讲评。对组织指挥者来说，通过讲评可以发现事故应急救援预案中的问题，并可以从中找到改进的措施，把预案提高到一个新的水平。因此，演练后的讲评和总结是演练必不可少的组成部分，时间安排上往往要长于演练时间。讲评、总结的内容要整理成资料存档，并报上级。对于每个救援专业队来说，通过讲评要写出书面报告呈送上级部门，报告内容包括：

① 通过演练发现的主要问题；
② 对演练准备情况的评价；
③ 对预案有关程序、内容的建议和改进意见；
④ 对训练、应急装备方面的改进意见；
⑤ 演练的最佳顺序和时间建议；
⑥ 对演练情况设置的意见；
⑦ 对演练指挥机关的意见等。

应急救援演练指挥部根据每个救援专业队的报告汇集写成综合报告。

事故应急救援预案是要通过实践考验，证实该预案切实可行后才能实施。因此在演练评价和总结以后，要根据评价、总结的意见，进行进一步的验证，确实需要修正的预案内容应在最短时间内修正完毕，并报上级批准。

二、应急救援预案改进

1. 演练改进

这项改进的不同在于它的目的不是改进应急预案和应急行动，而是要改进演练管理本身。演练改进单应该在训练或演练完成之后立刻发给所有参加人员并配有说明，主要内容至少包括以下几方面：

① 个人是否知道演练的目的和目标？
② 演练是否达到了目的和目标？
③ 场景叙述是否明白？
④ 演练场景是否真实？
⑤ 演练进程是快还是慢？
⑥ 评判整体演练（1～10 分，10 分为最高）；
⑦ 与以前演练相比（1～10 分，10 分为最高）；
⑧ 这次演练是否有效地模拟了应急环境和测试了个人的应急能力？
⑨ 写出任何问题及对将来演练的建议。

2. 应急救援预案改进

应急预案通过评估后对发现的问题分为不足项、整改项和改进项。

（1）不足项　不足项是指评估过程中观察或识别出的应急准备的缺陷，可能导致在紧急事件发生时，不能确保应急组织或应急救援体系有能力采取合理应对措施，保护公众的安全与健康。不足项应在规定的时间内予以纠正。评估过程中发现的问题确定为不足项时，策划小组负责人应对该不足项进行详细说明，并给出应采取的纠正措施和完成时限。最有可能导致不足项的应急预案编制要素包括：职责分配、应急资源、警报、通报方法和程序、通信、事态评估、公众教育与公共信息、保护措施、应急人员安全和紧急医疗服务等。

（2）整改项　整改项是指评估过程中观察或识别出的单独不可能在应急救援中对公众的安全与健康造成不良影响的应急准备缺陷。整改项应在演练前予以纠正。两种情况下整改项可列为不足项，一是某个应急组织中存在两个以上整改项，共同作用可影响保护公众安全与健康能力的；二是某个应急组织在多次演练过程中，反复出现前次演练发现的整改问题项的。

（3）改进项 改进项是指应急准备过程中应予以改善的问题。改进项不同于不足项和整改项，它不会对人员的生命安全、健康产生严重的影响，视情况予以改进，不必一定要求予以纠正。

3. 应急救援预案改进的验证

应急预案不足项、整改项包括改进项的相关存在问题通过采取相关的措施、配备必要的资源和完善相关的程序等方式实施完成后应对其充分性、有效性和持续适用性进行验证，以确保应急预案评估达到预期效果。

应急预案的评估与改进不是一劳永逸的事，随着经济的发展、科技的进步和社会环境的变化，应急预案所面临的形势与环境也在不断地发生变化，因此要不断地对应急预案进行评估和改进，这样才能保证应急预案持续适用性，更好地发挥其在预防化学品事故、降低化学品事故影响方面的效用。

复习思考题

一、选择题

1. 功能演练是指（ ）。

A. 针对应急救援预案中某项应急响应功能或其中某些应急响应行动举行

B. 实战性演练

C. 调用很多的应急人员和资源

D. 演练完成后，除采取口头评论外，还应提交正式的书面报告

2. 以下对整改项说法正确的是（ ）。

A. 不会对人员的生命安全与健康产生严重的影响

B. 在下次演练前予以纠正

C. 策划小组负责人应对其进行详细说明

D. 两个以上整改项也不会构成不足项

3. 熟练掌握个人防护装备和通信装备的使用，属于应急训练的（ ）。

A. 基础培训与训练　　B. 专业训练　　C. 战术训练　　D. 其他训练

4. 建立应急演练策划小组（或领导小组）是成功组织开展应急演练工作的关键，为了确保演练的成功，（ ）人不得参与策划小组，更不能参与演练方案的设计。

A. 参演人员　　B. 模拟人员　　C. 评价人员　　D. 观摩人员

5. 针对应急预案中全部或大部分应急响应功能，检验、评价应急组织应急运行能力的演练活动称为（ ）。

A. 桌面演练　　B. 功能演练　　C. 全面演练　　D. 应急演练

6. 应急演练的基本任务是：检验、评价和（ ）应急能力。

A. 保护　　B. 论证　　C. 协调　　D. 保持

7. 应急预案演练的主要参与人员包括以下哪些人员？（ ）

①参演人员　　②控制人员　　③模拟人员　　④评价人员　　⑤观摩人员

A. ①、②、③、④、⑤　　B. ①、②、③　　C. ③、④、⑤　　D. ②、③、④

8. 城市应急预案编制时，危险分析结束应进行（ ）。

A. 获取相关资料　　B. 确定应急人员　　C. 应急准备和能力评估　　D. 预案的报批

9.（ ）是指由应急组织的代表或关键岗位人员参加的，按照应急预案及其标准工作程序讨论紧急情况时应采取行动的演练活动。

A. 应急演练　　B. 桌面演练　　C. 功能演练　　D. 全面演练

10.（ ）是指以应急组织中承担具体任务，并演练过程中尽可能对演练情景或模拟事件做出真实

情景下可能采取的响应行动的人员，相当于通常所说的演员。

A. 模拟人员　　B. 控制人员　　C. 评价人员　　D. 参演人员

11.（　　）人员是指根据演练情景，控制演练时间进度的人员。

A. 参演　　B. 控制　　C. 评价　　D. 观摩

12. 负责观察演练进展情况并予以记录的人员是（　　）人员。

A. 记录　　B. 控制　　C. 评价　　D. 观摩

13.（　　）是指演练过程中观察或识别出的应急准备缺陷，可能导致在紧急事件发生时，不能确保应急组织或应急救援体系有能力采取合理应对措施，保护公众的安全与健康。

A. 满足项　　B. 不足项　　C. 整改项　　D. 改正项

二、简答题

1. 如何进行应急培训策划？
2. 应急演练的目的有哪些？
3. 如何进行应急演练策划？
4. 演练报告中应包含哪些内容？
5. 应急救援预案演练评估报告应包括哪些内容？
6. 应急救援预案演练的基本内容有哪些？
7. 进行演练情景设计时应注意哪些事项？

第五章　危险化学品事故应急救援关键环节

学习目标

本章从危险源辨识与分析、危险性评估与应急响应分级、应急救援通信与信息及应急救援装备种类及配备等方面阐述了应急救援关键环节。通过本章的学习，应掌握危险化学品事故应急救援预案编制必备知识：危险源辨识与分析的相关知识，危险性评估的内容及应急响应分级的有关知识，应急救援通信与信息的处理，应急救援装备的种类与配备等。

第一节　危险源辨识与分析

一、危险源的概念

危险源是指一个系统中具有潜在能量和物质释放危险的、在一定的触发因素作用下可转化为事故的部位、区域、场所、空间、岗位、设备及其位置。也就是说，危险源是能量、危险物质集中的核心，是能量传出来或爆发的地方。危险源存在于确定的系统中，不同的系统范围，危险源的区域也不同。例如，从全国范围来说，对于危险行业（如石油、化工等）具体的一个企业（如炼油厂），就是一个危险源。而从一个企业系统来说，可能是某个车间、仓库是危险源，一个车间系统中可能某台设备是危险源。因此，危险源辨识应按系统的不同层次来进行。

危险源是可能导致事故发生的潜在的不安全因素。实际上，生产过程中的危险源，即不安全因素种类繁多、非常复杂，它们在导致事故发生、造成人员伤害和财产损失方面所起的作用很不相同，相应地，控制它们的原则、方法也不相同。根据危险源在事故发生、发展中的作用，把危险源划分为两大类，即第一类危险源和第二类危险源。

1. 第一类危险源

把系统中存在的、可能发生意外释放的能量或危险物质称作第一类危险源。一般地，能量被解释为物体做功的本领。做功的本领是无形的，只有在做功时才显现出来。因此，实际工作中往往把产生能量的能量源或拥有能量的能量载体看作第一类危险源来处理。例如有毒有害的危险化学品、强烈放热反应的化工装置、充满爆炸性气体的空间等。

第一类危险源危险性的大小主要取决于以下几方面情况：①能量或危险物质的量；②能量或危险物质的意外释放的强度；③能量的种类和危险物质的危险性质；④意外释放的能量或危险物质的影响范围。

2. 第二类危险源

正常情况下，生产过程中的能量或危险物质受到约束或限制，不会发生意外释放，即不会发生事故。但是一旦这些约束或限制能量或危险物质的措施受到破坏或失效（故障），则将发生事故。导致能量或危险物质约束或限制措施破坏或失效的各种因素称作第二类危险源。通常包括人、物、环境等方面的问题。

第二类危险源往往是一些围绕第一类危险源随机发生的现象，它们出现的情况决定事故发生的可能性。第二类危险源出现的越频繁，发生事故的可能性越大。

一起伤亡事故的发生往往是两类危险源共同作用的结果。第一类危险源是伤亡事故发生的能量主体，决定事故后果的严重程度。第二类危险源是第一类危险源造成事故的必要条件，决定事故发生的可能性。

3. 危险源与事故发生的关联性

危险源由三个要素构成：潜在危险性、存在条件和触发因素。

危险源的潜在危险性是指一旦触发事故，可能带来的危害程度或损失大小，或者说危险源可能释放的能量强度或危险物质量的大小。

危险源的存在条件是指危险源所处的物理、化学状态和约束条件状态，例如，物质的压力、温度、化学稳定性，盛装容器的坚固性，周围环境障碍物等情况。

触发因素虽然不属于危险源的固有属性，但它是危险源转化为事故的外因，而且每一类型的危险源都有相应的敏感触发因素。如易燃、易爆物质，热能是其敏感的触发因素；又如压力容器，压力升高是其敏感触发因素。因此一定的危险源总是与相应的触发因素相关联。在触发因素的作用下，危险源转化为危险状态，继而转化为事故。

对危险化学品重大危险源分析主要从能量储存的安全条件和影响能量储存的不安全因素出发进行，这类不安全因素包括：物理因素、化学因素和人的不安全行为等。

二、危险源辨识

1. 辨识范围

从以下方面对危险化学品危险源进行辨识。

（1）工作环境　包括周围环境、工程地质、地形、自然灾害、气象条件、资源交通、抢险救灾支持条件等。

（2）平面布局　功能分区（生产、管理、辅助生产、生活区）；高温、有害物质、噪声、辐射、易燃、易爆、危险品设施布置；建筑物、构筑物布置；风向、安全距离、卫生防护距离等。

（3）运输路线　施工便道、各施工作业区、作业面、作业点的贯通道路以及与外界联系的交通路线等。

（4）施工工序　物质特性（毒性、腐蚀性、燃爆性），温度、压力、速度、作业及控制条件，事故及失控状态。

（5）生产设备　高温、低温、腐蚀、高压、振动、关键部位的备用设备、控制、操作、检修和故障、失误时的紧急异常情况；机械设备的运动部件和工件、操作条件、检修作业、误运转和误操作；电气设备的断电、触电、火灾、爆炸，静电、雷电；建（构）筑物：结构、防火、防爆、朝向、采光、运输通道、开门、生产卫生设施。

（6）特殊装置、设备　锅炉房、危险品库房等。

（7）有害作业部位　粉尘、毒物、噪声、振动、辐射、高温、低温等。

2. 危险源辨识方法

（1）直观经验法　该方法适用于有可供参考先例，有以往经验可以借鉴的危险源辨识过程，不能应用在没有可供参考先例的新系统中。

① 对照、经验法。对照有关标准、法规、检查表或依靠分析人员的观察分析能力，借助于经验和判断能力直观地辨识危险源、评价危险性的方法。

该方法优缺点如下。

优点：简便、易行；

缺点：受知识、经验、资料限制，易遗漏（如建筑行业的安全检查表）。

这类方法有物质及作业环境危险源辨识法、事故和职业危害和直接原因辨识法、事故辨识法等。

② 类比方法。利用相同或相似系统或作业条件的经验和职业安全卫生的统计资料类推辨识危险源、评价危险性的方法。

（2）系统安全分析方法　即应用系统安全工程评价方法的部分方法进行危险源辨识、评价危险性，系统安全分析方法常用于复杂系统，没有事故经验的新开发系统。

通常的方法有：事件树法（ETA）、事故树法（FTA）和危险性预先分析法（PHA）等。

3. *危险化学品重大危险源的辨识*

（1）重大危险源　是指能导致重大事故发生的危险源。危险化学品重大事故特指为重大火灾、爆炸、毒物泄漏事故，重大事故包括以下几种。

① 由易燃易爆物质引起的事故

a. 产生强烈辐射和浓烟的重大火灾；

b. 威胁到危险物质，可能使其发生火灾、爆炸或毒物泄漏的火灾；

c. 产生冲击波、飞散碎片和强烈辐射的爆炸。

② 由有毒物质引起的事故

a. 有毒物质缓慢或间歇性地泄漏；

b. 由于火灾或容器损坏引起的毒物逸散；

c. 设备损坏造成毒物在短时间内急剧地泄漏；

d. 大型储存容器破坏、化学反应失控、安全装置失效等引起的有毒物大量泄漏。

由上述重大事故分类可以看出，导致危险化学品重大事故发生的最根本的危险源是存在导致火灾、爆炸、中毒事故发生的危险有害物质。

（2）重大危险源的辨识　现行国家标准《重大危险源辨识》（GB 18218—2000）第 3.5 条对重大危险源如下定义："长期或临时生产、加工、搬运、使用或储存危险物质，且危险物质的数量等于或超过临界量的单元。"单元是指一个（套）生产装置、设备或场所，或同属一个工厂的且边缘距离小于 500m 的几个（套）生产装置、设施或场所。因此重大危险源的辨识界定必须依据物质的危险特性及其数量来确定，《重大危险源辨识》将重大危险源分为生产场所重大危险源和储存区重大危险源两种，与危险化学品有关的重大危险源的辨识范围如下。

① 储罐区（储罐）　储罐区（储罐）重大危险源是指储存表 5-1 中所列类别的危险物品，且储存量达到或超过其临界量的储罐区或单个储罐。

表 5-1　储罐区（储罐）临界量

类　别	物质特性	临界量	典型物质举例
易燃液体	闪点＜28℃	20t	汽油、丙烯、石脑油等
	28℃≤闪点＜60℃	100t	煤油、松节油、丁醚等
可燃气体	爆炸下限＜10%	10t	乙炔、氢、液化石油气等
	爆炸下限≥10%	20t	氨气等
毒性物质①	剧毒品	1kg	氰化钠（溶液）、碳酰氯等
	有毒品	100kg	三氟化砷、丙烯醛等
	有害品	20t	苯酚、苯肼等

① 毒性物质分级见表 5-2。

储存量超过其临界量包括以下两种情况：

a. 储罐区（储罐）内有一种危险物品的储存量达到或超过其对应的临界量；

b. 储罐区内储存多种危险物品且每一种物品的储存量均未达到或超过其对应临界量，但满足下面的公式：

$$q_1/Q_1+q_2/Q_2+\cdots+q_n/Q_n\geqslant 1$$

式中 $q_1,q_2,\cdots,q_n$——每一种危险物品的实际储存量；

$Q_1,Q_2,\cdots,Q_n$——对应危险物品的临界量。

表 5-2 毒性物质分级（GB 15258—1999）

分　级	经口半数致死量 LD_{50} /(mg/kg)	经皮接触 24h 半数致死量 LD_{50} /(mg/kg)	吸入 1h 半数致死浓度 LC_{50} /(mg/L)
剧毒品	$LD_{50}\leqslant 5$	$LD_{50}\leqslant 40$	$LC_{50}\leqslant 0.5$
有毒品	$5<LD_{50}\leqslant 50$	$40<LD_{50}\leqslant 200$	$0.5<LC_{50}\leqslant 2$
有害品	(固体)$50<LD_{50}\leqslant 500$ (液体)$50<LD_{50}\leqslant 2000$	$200<LD_{50}\leqslant 1000$	$2<LC_{50}\leqslant 10$

② 库区（库）。库区（库）重大危险源是指储存表 5-3 中所列类别的危险物品，且储存量达到或超过其临界量的库区或单个库房。

储存量超过其临界量包括以下两种情况：

a. 库区（库）内有一种危险物品的储存量达到或超过其对应的临界量；

b. 库区（库）内储存多种危险物品且每一种物品的储存量均未达到或超过其对应临界量，但满足下面的公式：

$$q_1/Q_1+q_2/Q_2+\cdots+q_n/Q_n\geqslant 1$$

式中 $q_1,q_2,\cdots,q_n$——每一种危险物品的实际储存量。

$Q_1,Q_2,\cdots,Q_n$——对应危险物品的临界量。

表 5-3 库区（库）临界量

类　别	物质特性	临界量	典型物质举例
民用爆破器材	起爆器材①	1t	雷管、导爆管等
	工业炸药	50t	铵梯炸药、乳化炸药等
	爆炸危险原材料	250t	硝酸铵等
烟火剂、烟花爆竹		5t	黑火药、烟火药、爆竹、烟花等
易燃液体	闪点<28℃	20t	汽油、丙烯、石脑油等
	28℃≤闪点<60℃	100t	煤油、松节油、丁醚等
可燃气体	爆炸下限<10%	10t	乙炔、氢、液化石油气等
	爆炸下限≥10%	20t	氨气等
毒性物质	剧毒品	1kg	氰化钾、亚乙基亚胺、碳酰氯等
	有毒品	100kg	三氟化砷、丙烯醛等
	有害品	20t	苯酚、苯肼等

① 起爆器材的药量应按其产品中各类装填药的总量计算。

③ 生产场所。生产场所重大危险源是指生产、使用表 5-4 中所列类别的危险物质量达到或超过临界量的设施或场所。

包括以下两种情况：

a. 单元内现有的任一种危险物品的量达到或超过其对应的临界量；

b. 单元内有多种危险物品且每一种物品的储存量均未达到或超过其对应临界量，但满足下面的公式：

$$q_1/Q_1+q_2/Q_2+\cdots+q_n/Q_n\geqslant 1$$

式中 $q_1, q_2, \cdots, q_n$——每一种危险物品的实际储存量；

$Q_1, Q_2, \cdots, Q_n$——对应危险物品的临界量。

④ 压力管道。符合下列条件之一的压力管道。

a. 长输管道

(a) 输送有毒、可燃、易爆气体，且设计压力大于 1.6 MPa 的管道；

(b) 输送有毒、可燃、易爆液体介质，输送距离大于等于 200 km 且管道公称直径≥300 mm 的管道。

表 5-4 生产场所临界量

类别	物质特性	临界量	典型物质举例
民用爆破器材	起爆器材①	0.1t	雷管、导爆管等
	工业炸药	5t	铵梯炸药、乳化炸药等
	爆炸危险原材料	25t	硝酸铵等
烟火剂、烟花爆竹		0.5t	黑火药、烟火药、爆竹、烟花等
易燃液体	闪点<28℃	2t	汽油、丙烯、石脑油等
	28℃≤闪点<60℃	10t	煤油、松节油、丁醚等
可燃气体	爆炸下限<10%	1t	乙炔、氢、液化石油气等
	爆炸下限≥10%	2t	氨气等
毒性物质	剧毒品	100g	氰化钾、亚乙基亚胺、碳酰氯等
	有毒品	10kg	三氟化砷、丙烯醛等
	有害品	2t	苯酚、苯肼等

① 起爆器材的药量应按其产品中各类装填药的总量计算。

b. 公用管道。中压和高压燃气管道，且公称直径≥200 mm。

c. 工业管道

(a) 输送 GB 5044 中，毒性程度为极度、高度危害气体和液化气体介质，且公称直径≥100mm 的管道；

(b) 输送 GB 5044 中极度、高度危害液体介质，GB 50160 及 GBJ 16 中规定的火灾危险性为甲、乙类可燃气体，或甲类可燃液体介质，且公称直径≥100mm，设计压力≥4 MPa 的管道；

(c) 输送其他可燃、有毒流体介质，且公称直径≥100mm，设计压力≥4MPa，设计温度≥400℃的管道。

⑤ 锅炉。符合下列条件之一的锅炉。

a. 蒸汽锅炉。额定蒸汽压力大于 2.5MPa，且额定蒸发量大于等于 10 t/h。

b. 热水锅炉。额定出水温度大于等于 120℃，且额定功率大于等于 14 MW。

⑥ 压力容器。属下列条件之一的压力容器：

a. 介质毒性程度为极度、高度或中度危害的三类压力容器；

b. 易燃介质，最高工作压力≥0.1MPa，且 $pV\geqslant 100$ MPa·m^3 的压力容器（群）。

三、脆弱性分析

对危险化学品危险源进行脆弱性分析主要的目的是一旦发生危险化学品事故，哪些地方容易受到破坏或损害。脆弱性分析结果应提供下列信息：

① 受事故或灾害影响严重的区域，以及该区域的影响因素（如地形、交通、风向等）；

② 预计位于脆弱带中的人口数量和类型（如居民、职员、敏感人群、医院、学校、疗养院、托儿所等）；

③ 可能遭受的财产破坏，包括基础设施（如水、食物、电、医疗等）和运输线路；

④ 可能的环境影响。

下面利用脆弱性分析表，通过数值系统详细说明紧急情况的可能性、评估事故的影响和所需要的资源。分值越低越好，具体方法见表 5-5。

表 5-5 脆弱性分析表

危险源	紧急类型	可能性	人的影响	财产影响	营业影响	内部资源	外部资源	合　计

1. 潜在紧急情况分析

脆弱性分析表的第二列是面临的所有可能的紧急情况，通常应考虑下列因素。

（1）历史情况　在单位及其他兄弟单位，本社区以往发生过的紧急情况，包括火灾、危险物质泄漏、极端天气、交通事故、地震、飓风、龙卷风、恐怖活动、公共设施失灵等。

（2）地理因素　单位所处地理条件所产生的影响有哪些？请注意：邻近洪水区域，地震断裂带和大坝，邻近危险化学品的生产、储存、使用和运输企业，邻近重大交通干线和机场，邻近核电厂等。

（3）技术问题　如果某工艺或系统出现故障会产生什么样的后果？可能包括：火灾、爆炸和危险品事故，安全系统失灵，通信系统失灵，计算机系统失灵，电力故障，加热和冷却系统失灵，应急通知系统失灵等。

（4）人的因素　如果员工出错会导致什么样的后果？是否开展了员工安全培训？他们是否知道在紧急情况下应该采取什么措施？人的因素可能是因为下列原因造成的：培训不足，工作没有连续性，粗心大意，错误操作，物质滥用，疲劳等。

（5）物理因素　哪些紧急情况可能是因为设施和建筑物造成的？能否提高物理设施的安全性？考虑设施建设的物理条件，危险工艺和副产品，易燃品的储存，设备的布置，照明，紧急通道与出口，避难场所邻近区域等。

（6）管制因素　对哪些紧急情况或危害有管制措施？彻底分析紧急情况，考虑如下情况的后果：出入禁区，电力损失，通信线缆中断，主要天然气管道断裂，水害，烟害，结构受损，空气或水污染，爆炸，建筑物倒塌，人员被卡，化学品泄漏等。

在可能性一列，表明了各类紧急情况发生的可能性。这是一个主观性指标，但是非常实用。可能性大小用打分法表示（1～5 分），1 表示可能性最低、而 5 表示可能性最高。

2. 评价对人身、财产和生产经营的潜在影响

分析各类紧急情况对人身的潜在影响——受伤或死亡。根据脆弱性分析表，在对人身的影响一列打分。等级从 1 到 5，1 表示最低，而 5 表示最高。

考虑对财产的破坏和损失时，同样在财产一列按 1 到 5 打分。可以考虑置换财产成本、临时置换成本、修复成本等。

分析紧急情况造成的潜在市场损失时，在营业影响栏填入适当的数值。1 表示最低影

响、5表示最高影响。评价影响包括：经营中断、职工缺勤、客户损失、公司违约、政府罚款、法律纠纷、核心物资供应的中断、产品分配的中断等。

3. 评价内部和外部资源

评价针对各类紧急情况的响应资源与能力的准备情况。为内部与外部资源分别打分，分值越低表明效果越好。为此，应考虑每一潜在紧急情况从发生、发展到结束所需要的资源。对每一紧急情况应询问如下问题：

① 所需要的资源与能力是否配备齐全？

② 外部资源能否在需要时及时到位？

③ 是否还有其他可以优先利用的资源？

如果答案是肯定的，可以继续下一步骤工作。如果答案是否定的，提出整改方案。例如：制定额外的应急程序、开展额外的培训、获取额外的资源、制定互助协议、签订特殊合同或协议。

4. 综合分析

各紧急情况的总分值越低越好。即使是主观打分，比较各紧急情况的分值也会有助于应急策划和确定资源利用的优先顺序，使应急工作的目标进一步明确。

第二节　危险性评估与应急响应分级

一、风险评价

风险评价是根据脆弱性分析的结果，评估事故或灾害发生时，造成破坏（或伤害）的可能性，以及可能导致的实际破坏（或伤害）程度。通常可能会选择对最坏的情况进行分析。

重大危险源风险评价是控制和管理重大危险源的关键措施之一，主要包括4个步骤。

(1) 资料收集　明确评价的对象和范围，收集国内外相关法规和标准，了解同类设备、设施或工艺的生产和事故情况，评价对象的地理、气象条件及社会环境状况等。

(2) 危险源辨识与分析　根据所评价的设备、设施或场所的地理、气象条件、工程建设方案、工艺流程、装置布置、主要设备和仪表、原材料、中间体、产品的理化性质等，辨识和分析可能发生的事故类型、事故发生的原因和机制。

(3) 风险评价　在危险源辨识和分析的基础上，对重大危险源划分评价单元；根据评价目的和评价对象的复杂程度选择具体的一种或多种评价方法；对事故发生的可能性和严重程度进行定性或定量评价；在此基础上对重大危险源进行危险分级，以确定管理的重点。

(4) 提出降低或控制重大危险源危险性的安全措施　根据评价和分级结果，高于标准值的重大危险源必须采取特殊的工程技术或组织管理措施，降低或控制其危险。

目前，用于生产过程或设施的危险源辨识与风险评价方法已达到几十种，常用的有：故障类型与影响分析（FMEA）、危险性与可操作性研究（HAZOP）、事故树分析（FTA）、事件树分析（ETA）等。企业可根据各自实际情况、事故类型，选用合适的危险源辨识和风险评价方法。

以下给出几种危险化学品危险源风险评价方法。

1. 道化学公司火灾爆炸指数法

(1) 火灾爆炸指数法的发展　美国的道化学公司（Dow Chemical Co.）开发的火灾爆炸指数法是一种在世界范围内有广泛影响的危险物质加工处理危险性评价方法。截止到1994年已经出版七版。

(2) 道化学火灾爆炸指数法评价程序　火灾爆炸指数法共包括 13 个评价步骤，见图 5-1。

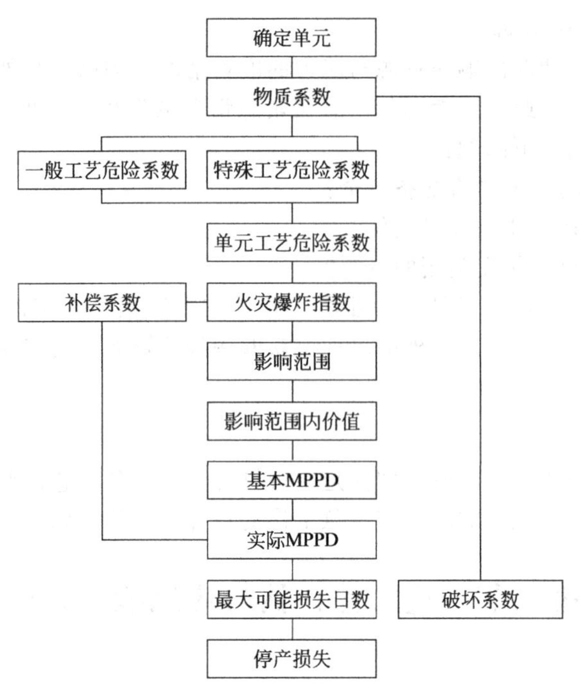

图 5-1　火灾爆炸指数法评价程序

① 确定单元。根据储存、加工处理物质的潜在化学能，危险物质的数量(>2268kg)，资金密度，工作温度和压力，过去发生事故情况等确定评价单元。

② 确定物质系数 MF。物质系数反映物质燃烧或化学反应发生火灾、爆炸释放能量的强度，取决于物质燃烧性和化学活泼性。

③ 一般工艺危险性 F_1。根据吸热反应，放热反应，储存和输送，封闭单元，通道，泄漏液体与排放情况选择一般工艺危险性系数。

④ 特殊工艺危险性 F_2。根据物质毒性，负压作业，燃烧范围内或燃烧界限附近作业，粉尘爆炸，压力释放，低温作业，危险物质的量，腐蚀，轴封和接头泄漏，明火加热设备，油换热系统，回转设备等情况选择特殊工艺危险性系数。

⑤ 计算单元工艺危险系数。

$$F_3 = F_1 F_2 \tag{5-1}$$

⑥ 计算火灾爆炸指数。

$$\mathrm{F\&EI} = \mathrm{MF} F_3 \tag{5-2}$$

⑦ 计算火灾爆炸影响范围。

$$R = 0.26\mathrm{F\&EI}(\mathrm{m}) \tag{5-3}$$

⑧ 计算火灾爆炸影响范围内财产价值。

⑨ 确定破坏系数。反映能量释放造成破坏的程度的指标，取值 0.01～1.0。

⑩ 计算基本最大预计损失基本 MPPD。

$$\text{基本最大预计损失} = \text{再投资金额} \times \text{破坏系数} \tag{5-4}$$

$$\text{再投资金额} = \text{原价格} \times 0.82 \times \text{物价指数} \tag{5-5}$$

⑪ 计算实际最大预计损失实际 MPPD。

$$实际最大预计损失=基本 MPPD\times 补偿系数 \tag{5-6}$$

⑫ 选择安全措施补偿系数。

所有的生产装置都要采取一定的安全措施，它不仅能预防事故的发生，也能降低事故发生频率及后果。基于此，根据所采取的安全措施对单元的危险性给以修正。安全措施补偿系数（C）区分为 3 种，考虑工艺控制、隔离、防火三方面的安全措施。

——工艺控制补偿系数（C_1）：应急电源；冷却；爆炸控制；紧急停车；计算机控制；惰性气体；操作规程；化学反应评价；其他工艺危险性分析。

——物质隔离补偿系数（C_2）：远距离控制阀；泄漏液体排放系统；应急泄放；连锁。

——防火措施补偿系数（C_3）：泄漏检测；钢结构；地下或双层储罐；消防供水；特殊消防系统；喷淋系统；水幕；泡沫；手提灭火器；电缆防护。

每种安全措施补偿系数中包含有若干项，根据采取的安全措施确定补偿系数后，将各补偿系数相乘即得到工艺控制补偿系数 C_1（或物质隔离补偿系数 C_2、防火措施补偿系数 C_3）。C_1、C_2、C_3 相乘即得到总的安全措施补偿系数 C。

⑬ 计算停产 BI。估计最大可能损失生产日数 MPDO 后计算停产损失。

2. 化工生产危险性评价方法

根据化工企业进行危险性评价的经验，可采取如下的危险性评价方法。图 5-2 为评价程序框图。

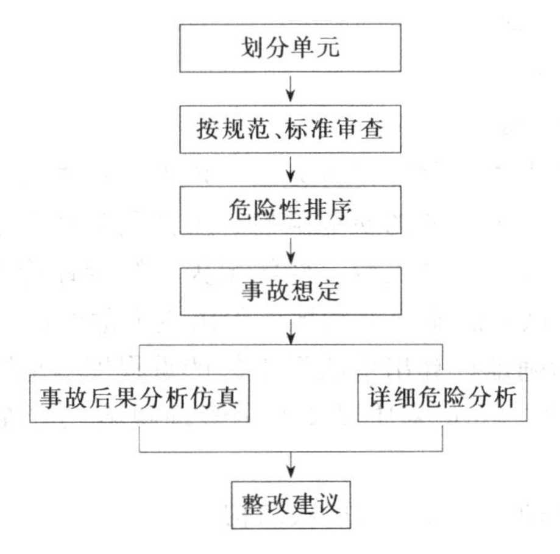

图 5-2　危险性评价程序

① 划分评价单元。

② 按有关的规范、标准审查。

③ 单元危险性排序。利用火灾爆炸指数法分别计算各单元火灾爆炸指数后排序。

④ 事故设想。参考该单元或类似工艺单元事故经验设想可能发生的事故。

⑤ 事故后果仿真。针对重大事故危险源进行计算机后果仿真，判断事故的影响范围，估计后果严重度，为应急对策提供依据。

⑥ 详细危险性分析。利用故障树或事件树分析、危险性和可操作性研究进行详细的危险性分析。找出可能导致事故的各种原因，让管理者和操作者掌握预防事故知识和技能，为采取对策提供依据。

⑦ 整改建议。汇总评价结果，让管理者了解各单元的相对危险性，确定管理重点，针对危险源控制的薄弱环节提出整改建议。

3. 国内化工生产危险性评价典型方法

(1) 化工企业安全评价　由辽宁省劳动局和辽宁省石油化学工业局开发的评价方法，它用企业危险指数和企业安全系数评价企业的危险性。

企业危险指数：
$$D=\sum_{i=1}^{n} D_i/n \tag{5-7}$$

式中　D——单元危险性指数，取决于燃烧爆炸危险性、毒性危险性、机械伤害危险性；

n——占总数20%的危险指数较高的单元数。

企业安全系数：
$$C=S/D\times 100 \tag{5-8}$$

式中　S——企业安全指数，取决于单元安全指数、综合管理安全系数。

企业危险等级：

$D\geqslant 600$　　危险1级；

$600>D\geqslant 450$　　危险2级；

$450>D\geqslant 250$　　危险3级；

$250>D\geqslant 50$　　危险4级；

$D<50$　　危险5级。

企业安全等级：

$C\geqslant 95$　　安全1级；

$95>C\geqslant 80$　　安全2级；

$80>C\geqslant 65$　　安全3级；

$65>C\geqslant 50$　　安全4级；

$C<50$　　安全5级。

(2) 易燃、易爆、有毒重大危险源评价方法　该方法在大量重大火灾、爆炸、毒物泄漏中毒事故资料的统计分析基础上，从物质危险性、工艺危险性入手，分析重大事故发生的可能性大小以及事故的影响范围、伤亡人数、经济损失，综合评价重大危险源的危险性，提出应采取的预防、控制措施。该方法能较准确地评价出重大危险源内危险物质、工艺过程的危险程度、危险性等级，较精确地计算出事故后果的严重程度（危险区域范围、人员伤亡和经济损失），提出控制工艺设备、人员素质以及安全管理缺陷三方面的107个指标组成的评价指标集。

该方法评价模型具有如图5-3所示的层次结构。

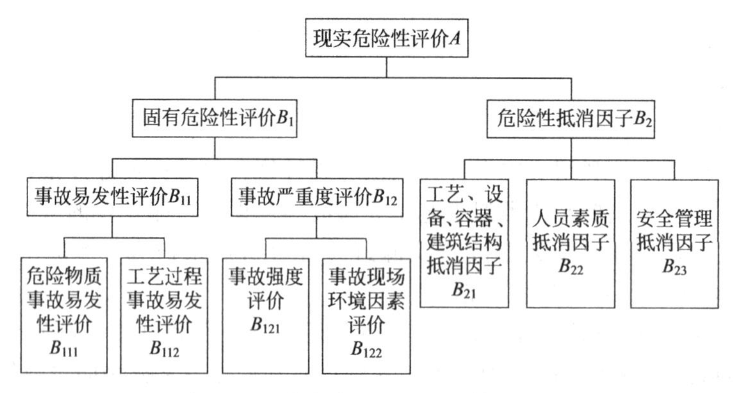

图5-3　重大危险源评价指标体系框图

4. 概率危险性评价

(1) 概述　概率危险性评价是以某种伤亡事故或财产损失事故的发生概率为基础进行的

系统危险性评价。它主要采用定量的安全系统分析方法中的事件树分析、事故树分析等方法，计算系统事故发生的概率，然后与规定的安全目标相比较，评价系统的危险性。

由于概率危险性评价耗费人力、物力和时间，它最适合以下几种系统的危险性评价：

① 一次事故也不许发生的系统，如洲际导弹、核电站等；

② 其安全性受到世人关注的系统，如宇宙航行、海洋开发工程等；

③ 一旦发生事故会造成多人伤亡或严重环境污染的系统，如民航飞机、矿山、海洋石油平台、石油化工和化工装置等。

概率危险性评价程序如图 5-4 所示。整个评价过程包括系统内危险源的辨识、估算事故发生概率、推算事故结果、计算危险度以及与设定的安全目标值相比较等一系列的工作。

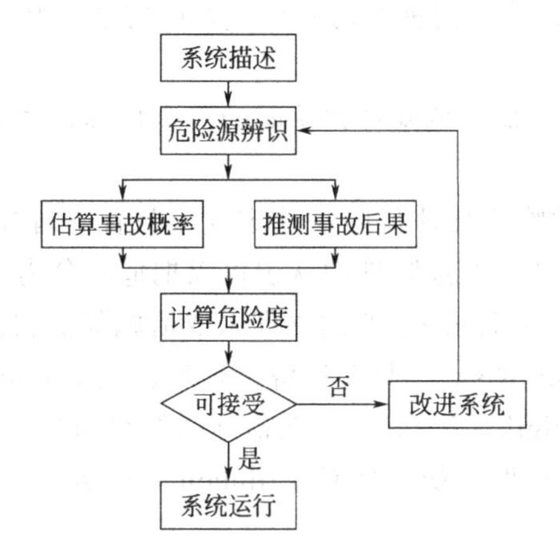

图 5-4　概率危险性评价程序

在概率危险性评价中，广泛应用事件树分析和事故树分析方法等定量的安全系统分析方法辨识危险源，计算系统事故发生的概率；应用后果分析方法推测重大危险源导致事故的后果严重程度。

狭义的概率危险性评价包括计算危险度和设定安全目标两项主要工作。前者在于定量地描述系统的危险性，后者在于确定可接受的危险水平。

(2) 量化危险性　概率危险性评价往往以危险度为指标来描述系统的危险程度。一般地，把危险度定义为事故发生概率与事故严重度的乘积：

$$D=PC \tag{5-9}$$

式中　P——给定时间间隔内事故发生的概率；

C——事故后果严重度，如经济损失金额、反映人员伤害严重程度的歇工日数或伤亡人数。

应该注意，对于相同的危险度数值，可能有许多种事故发生概率与事故后果严重度的组合。如某企业每年发生死亡 1 人的事故 10 起和每年发生死亡 10 人的事故 1 起，按上式计算两者的危险度相同，但是人们更重视后者。有时为了强调事故后果严重度的社会心理影响，按下式定义危险度：

$$D=PC^k \quad (k>1) \tag{5-10}$$

系统事故可能带来不同形式和不同严重度的后果，并且各种形式后果及其不同严重度相应地有不同的发生概率。在这种情况下，由累积概率分布函数或危险曲线来描述危险性更符合实际，更容易比较。

设在给定的时间间隔内，严重度在 x_i 和 $x_i+\mathrm{d}x_i$ 之间的第 i 类后果的事故发生概率为 $R(x_i)$，则其严重度不超过 x_i 的第 i 类后果的事故发生累积概率为：

$$D(\leqslant x_i)=\int_0^{x_i}R(x_i)\mathrm{d}x_i \tag{5-11}$$

各种严重度的第 i 类后果的事故发生累积概率为：

$$D_i=\int_0^{\infty}R(x_i)\mathrm{d}x_i \tag{5-12}$$

如果事故可能带来 n 类结果，则各种严重度的所有种类后果事故发生累积概率为：

$$D=\sum_{i=1}^{n}\alpha_i\int_0^{\infty}R(x_i)\mathrm{d}x_i \tag{5-13}$$

式中 α_i——累计因子，用以将不同种类的后果（人员伤亡、财产损失、环境污染）折算成统一指标。

（3）确定安全目标　确定概率危险性评价时的安全目标是件非常困难的工作，迄今应用的确定安全目标的方法有如下三种。

① 根据可接受的个人危险或集体危险来确定安全目标。首先划定可接受的危险和不可接受的危险之间的界限。按社会对危险性的认识可以把危险分为三类。

a. 过度的危险（Excessive Risk）。必须立即采取措施降低它。

b. 正常的危险（Average Risk）。只要经济上合理、技术上可行，采取措施降低它。

c. 可接受的危险（Negligible Risk）。采取措施降低它相当于浪费金钱。

奥特韦（H. J. Otway）和厄德曼（R. C. Erdmann）研究核电站的社会允许个人死亡危险时，得到如下结论：

年死亡概率 10^{-3}——不可接受的危险；

年死亡概率 10^{-4}——公众将要求投资控制和减少的危险；

年死亡概率 10^{-5}——公众认识到危险，告诫人们注意；

年死亡概率 10^{-6}——不会威胁普通人的危险；

年死亡概率 10^{-7}——高度可接受的危险。

② 根据经济性确定安全目标。系统安全的目标是使系统在规定的功能、成本、时间范围内危险性最小。因此，在系统的危险性和经济性之间有个协调、优化的问题。该方法把个人或企业承担的危险与获得的利益相比较，考虑每项活动的得失，优化财力分配，使系统的危险性“合理得小”。

当把危险性用个人或企业从事某项有危险的活动获得的效益表现时，该方法称作“危险-效益”法；当降低危险性的工作的成本用期望的效益表现时，该方法称作“成本-效益”法。

当评价一项用以减少事故发生概率或减轻事故后果严重度的安全措施时，可按下式计算成本-效益率：

$$B=M/(D-D') \tag{5-14}$$

式中 M——安全措施的成本；

D——采取措施前的危险度；

D'——采取措施后的危险度。

该成本-效益率表示为一个单位危险度所花费的资金数。例如，在考虑增设减少核设施的放射性后果的安全防护系统时，它等于为降低 1 人体伦琴（1 伦琴 $=2.58\times10^{-4}$ C/kg，下同）辐射量所花费的钱。美国安全机构建议，当增设核放射性防护系统时，成本-效益率为 1000 美元/人体伦琴可以考虑。

另一种经济性考虑是在现有安全状况下再多拯救一个人的生命要花费多少钱，相当于在现有安全状况下再多挽救一个人的生命的边际成本。这涉及生命价值问题，确定人的生命价值是一项非常困难的工作。在许多领域中由官方来决定花多少钱去拯救人的生命；在不同的活动领域，挽救一个人的生命花费的金钱有很大差别。

③ 根据事故统计确定安全目标。这是一种得到广泛应用的确定安全目标的方法。当有以往的事故统计资料时，参考这些统计资料，再考虑目标的技术、经济合理可行，就可以确定安全目标。例如，我国确定安全目标时，以本地区、本行业前三年或前五年的事故统计平均值为基准，然后参照国家和上级要求及其他地区、行业的情况确定。据《国家级企业安全生产控制指标》规定的死亡率，化工生产企业≤0.1‰，钢铁生产企业≤0.09‰，林业采伐运输 0.15‰～0.30‰，石油化工企业≤0.07‰，石油天然气油田、勘探企业≤0.13‰，统配煤矿 2.8 人/百万吨，地方国营煤矿 6.5 人/百万吨。

④ 确定安全目标实例。英国帝国化学工业公司（ICI）的克莱兹（Kletz）提出以死亡事故率（FAFR）为指标确定安全目标，死亡事故率 FAFR 为 10^{-8}h 内的平均死亡人数，它相当于 1000 人每年工作 2500h，工作 40 年的期间内的事故死亡人数。

1970 年英国化学工业的 FAFR 为 4，于是规定大多数操作者承受的个人死亡危险不能超过 2。如果设计建设的或现有的工厂危险性高于该安全目标，必须采取措施去除或降低。该公司争取的安全目标是 FAFR 为 1。假设每座工厂包含 5 种主要化学危险源，则分别计算的单项危险不许超过总 FAFR 的 10%，即每个职工承受的危险 FAFR 为 0.4。

在弗利克斯保罗事故后，英国重大危险源咨询委员会建议一次死亡 30 人的灾难性事故发生概率不应超过每 10000 年一次。

5. 作业条件危险性评价法（*LEC* 法）

作业条件危险性评法用与系统风险有关的三种因素之积来评价操作人员伤亡风险大小，这三种因素是：L（事故发生的可能性）、E（人员暴露于危险环境中的频繁程度）和 C（一旦发生事故可能造成的后果）。

$$D=LEC \tag{5-15}$$

式中　L——发生事故的可能性大小（表 5-6）；

E——人体暴露在这种危险职业健康安全中的频繁程度（表 5-7）；

C——一旦发生事故会造成的后果（表 5-8）；

D——危险性（表 5-9）。

表 5-6　发生事故的可能性（*L*）

分　数　值	事故发生的可能性
10	完全可以预料
6	相当可能
3	可能，但不经常
1	可能性小，完全意外
0.5	很不可能，可以设想
0.2	极不可能
0.1	实际不可能

表 5-7 人体暴露在这种危险职业健康安全中的频繁程度（E）

分数值	暴露于危险职业健康安全的频繁程度
10	连续暴露
6	每天工作时间内暴露
3	每周一次或偶然暴露
2	每月一次暴露
1	每年几次暴露
0.5	非常罕见暴露

表 5-8 发生事故产生的后果的判别标准（C）

分数值	发生事故产生的后果
100	10 人以上死亡/直接经济损失(100～300)万元
50	3～9 人死亡/直接经济损失(30～100)万元
15	1～2 人死亡/直接经济损失(10～30)万元
7	伤残/经济损失(1～10)万元
3	重伤/经济损失 1 万元以下
1	轻伤(损失 1～105 工日的失能伤害)

表 5-9 危险性分值

级别	D 值	危险程度
Ⅴ	＞320	极其危险,不能连续作业,制定应急预案
Ⅳ	160～320	高度危险,要立即整改,制定应急预案
Ⅲ	70～160	显著危险,需整改
Ⅱ	20～70	一般危险,需注意
Ⅰ	＜20	稍有危险,可以接受

二、应急能力评估

依据危险源辨识与评价的结果，对已有的应急资源和应急能力进行评估，明确应急救援的需求和不足。

应急资源和能力将直接影响应急行动的有效性。因此，在制定应急预案时，应当在评价与潜在危险相适应的应急资源和能力的基础上，选择最现实、最有效的应急策略。

应急资源与能力评估应包括如下内容：

① 企业内部的应急力量的组成、各自的应急能力及分布情况；

② 各种重要应急设施（备）、物资的准备、布置情况；

③ 当地政府救援机构或相邻企业可用的应急资源，如地方应急管理办公室、消防部门、危险物资响应机构、应急医疗服务机构、医院、公安部门、社区服务组织、公用设施管理部门、合同方、应急设备供应单位、保险机构等。

应急资源包括应急人员、应急设施（备）、装备和物资等，主要有：

① 企业消防力量；

② 城市专、兼职消防力量；

③ 医疗救护机构分布及救护能力；

④ 个体防护设备；

⑤ 人力资源；

⑥ 通信联络及警报设备；

⑦ 监测和检测设备；

⑧ 泄漏控制设备；

⑨ 保安和进出管制设备；

⑩ 应急救援所需的重型设备；

⑪ 现场急救机构和所需的应急装备。

应急能力包括人员的技术、经验和接受的培训等。

三、应急响应分级

根据危险化学品事故的可控性、严重程度和影响范围等因素，分Ⅰ级、Ⅱ级、Ⅲ级、Ⅳ级、Ⅴ级五个级别进行应急响应。

Ⅰ级响应。由国务院或省政府应急救援委员会决定启动或终止Ⅰ级响应。主要是应对出现跨市、大范围扩散态势的危险化学品事故，需由国务院或省政府组织、协调各类危险化学品事故应急指挥机构和省直有关部门、相关市共同处置的事件；危险化学品事故后果已经或可能导致人员特别重大伤亡、严重影响正常社会秩序和经济秩序。

Ⅱ级响应。由省危险化学品事故指挥机构或市危险化学品事故领导小组决定启动或终止Ⅱ级响应。主要应对在本市范围内发生的呈扩散态势、超出区政府应急能力，需市政府组织处理或省直有关部门协助处置的危险化学品事故；危险化学品事故后果已经或可能导致人员重大伤亡的、严重影响正常社会秩序和经济秩序。

Ⅲ级响应。由市各类危险化学品事故指挥机构决定启动或终止Ⅲ级响应。主要应对需由市人民政府设立现场指挥部来统一应急救援，处理发生在本市范围内，虽没扩散态势，但超出区政府应急能力的危险化学品事故；危险化学品事故已经或可能导致人员有较大伤亡的、严重影响正常社会秩序和经济秩序。

Ⅳ级响应。由区（县）政府决定启动或终止Ⅳ级响应。主要是应对发生在各区（县）的危险化学品事故，事故对人身安全、经济建设和社会秩序造成一定影响，区（县）政府可以处置的事件。

Ⅴ级响应。由危险化学品从业单位决定启动或终止Ⅴ级响应。事故的有害影响局限在一个单位（如某个工厂、火车站、仓库、农场、煤气或石油管道加压站/终端站等）的界区之内，并且可被现场的操作者遏制和控制在该区域内。这类事故可能需要投入整个单位的力量来控制，但其影响预期不会扩大到社区（公共区）。

企业一旦发生事故，就应即刻实施应急程序，如需上级援助，应同时报告当地县（市）或社区政府事故应急主管部门，根据预测的事故影响程度和范围，需投入的应急人力、物力和财力逐级启动事故应急预案。在任何情况下都要对事故的发展和控制进行连续不断的监测，并将信息传送到社区级指挥中心。社区级事故应急指挥中心根据事故严重程度将核实后的信息逐级报送上级应急机构。社区级事故应急指挥中心可以向科研单位、地（市）或全国专家、数据库和实验室就事故所涉及的危险物质的性能、事故控制措施等方面征求专家意见。

企业或社区级事故应急指挥中心应不断向上级机构报告事故控制的进展情况、所做出的决定与采取的行动。后者对此进行审查、批准或提出替代对策。将事故应急处理移交上一级指挥中心的决定应由社区级指挥中心和上级政府机构共同决定。做出这种决定（升级）的依据是事故的规模、社区及企业能够提供的应急资源及事故发生的地点是否使社区范围外的地方处于风险之中。

政府主管部门应建立适合的报警系统，且有一个标准程序，将事故发生、发展信息传递给相应级别的应急指挥中心，根据对事故状况的评价，启动相应级别的应急预案。

重大事故应急预案由企业（现场）应急预案和场外政府的应急预案组成。现场应急预案由企业负责，场外应急预案由各级政府主管部门负责。现场应急预案和场外应急预案应分别制定，但应协调一致。

例如：我国根据突发公共事件的可控性、严重程度和影响范围等因素把突发公共事件等级分为如下四级。

Ⅰ级响应。由国务院或省政府突发公共事件委员会决定启动或终止Ⅰ级响应。主要是应对出现跨市、大范围扩散态势的公共突发事件，需由国务院或省政府组织、协调各类突发公共事件指挥机构和省直有关部门、相关市共同处置的事件；突发公共事件后果已经或可能导致人员特别重大伤亡、严重影响正常社会秩序和经济秩序。

Ⅱ级响应。由省突发公共事件指挥机构或市突发公共事件领导小组决定启动或终止Ⅱ级响应。主要应对在本市范围内发生的呈扩散态势、超出区政府应急能力、需市政府组织处理或省直有关部门协助处置等突发公共事件；突发公共事件后果已经或可能导致人员重大伤亡的、严重影响正常社会秩序和经济秩序。

Ⅲ级响应。由市各类突发公共事件指挥机构决定启动或终止Ⅲ级响应。主要应对需由市人民政府设立现场指挥部来统一应急救援，处理发生在本市范围内、虽没扩散态势、但超出区政府应急能力的突发公共事件；突发公共事件已经或可能导致人员有较大伤亡的、严重影响正常社会秩序和经济秩序。

Ⅳ级响应。由区政府决定启动或终止Ⅳ级响应。主要是应对发生在各区的对人身安全、经济建设和社会秩序造成一定影响，区政府可以处置的事件。

第三节 应急救援通信与信息

一、应急救援通信

加强应急通信保障体系的建立对危险化学品事故应急救援尤为重要，运用现代的先进的各种通信手段，确保在危险化学品突发事件（灾害）的应急救援工作中，通信迅速、准确和稳定，因此必须建立一套设备先进、技术科学、手段多样、人员精良的应急通信保障体系。

1. 应急通信保障原则

应急通信保障要坚持以下原则。

(1) 快速反应　危险化学品突发事件（灾害）的发生是不可预见的，应急救援工作就要求我们时刻准备出警，接到报警指令后就得立即出警实施救援，应急救援通信联络也就得跟得上，作出快速反应，充分利用先进的通信装备，保证应急救援工作的通信联络。这就要求必须提高通信联络的紧急应变能力。

(2) 稳定可靠　在应急救援工作中通信联络必须做到稳定可靠，必须在通信手段上采取一些必要的防护措施来适应各种危险化学品突发事件（灾害）发生场地的不同环境、不同地点地理情况。

(3) 手段多样　应急救援通信联络应采取灵活多样的通信手段，无线电通信、有线电通信、卫星通信、微波通信、视频通信并用，确保应急救援工作中的通信联络畅通无阻。

2. 应急通信联络组织

建立完备的应急通信联络组织，确保接警迅速畅通、传递及时和准确无误，下级与上级联系得上，上级与下级沟通得到，各部门能相互协调。

(1) 应急警报通信组织 设立接警电话，处理警报以保障上报下传通信指挥联络。

(2) 应急指挥通信组织

① 采取无线电通信、有线电通信相结合的方式。在应急救援工作的不同阶段有主有次，充分发挥无线电通信、有线电通信各自不同的特点和优势，确保危险化学品事故应急救援指挥部与上下级之间及各部门之间的通信联络。

在部分社会通信网络盲区的地区应考虑建立数字电台确保应急救援指挥的需要。

② 建立微波远程视频传输系统。开设微波视频音像传输通信网络，将危险化学品突发事件（灾害）现场情况传送到应急救援指挥部及上级指挥机关，有必要的情况下告知相邻县（区），将危险化学品事故应急救援指挥部的各种指示命令传送给现场指挥部，使之能够准确无误地落实上级危险化学品事故应急救援指挥部的各项指示及命令，更好地实施救援。

视频传输通信可与广电部门协商用广电部门已建立的视频传输系统。

③ 通信指挥车。在危险化学品企业较为集中且构成重大危险源较多的地级市需装备1～2台通信车或通信指挥车。通信指挥车内所配备的通信设备必须是现代先进的通信装备，通信手段基本齐全，必要时能够替代基本指挥通信枢纽，成为移动的通信指挥枢纽。包括有线转接功能、数传功能的电台；配备有交流发电机、直流电瓶、便携式手提电脑及打印机、电声警报器、远程视频传输系统（含有摄像系统、天线系统等）、超短波无线电对讲系统、GPS卫星定位系统及公众网移动电话等通信装备。以保证通信指挥车在事件现场的各种通信联络及与危险化学品事故应急救援指挥部的通信联络。

二、应急救援信息报告程序

为确保应急救援信息数据平台有效运作，必须建立规范的应急救援信息报告程序。应急救援信息报告基本程序如下。

(1) 事故报告 一旦发生危险化学品事故，发现人应立即报告。

(2) 现场处置 现场领导和值班调度长应立即查明情况，并根据事故性质和大小，决定应采取的应急救援措施。

一般事故，应以自救为主，由车间、工段立即采取相应措施控制和处理，并向应急救援办公室报告处理结果。

如系运输途中发生化学泄漏事故，驾驶、押运人员应沉着果断，尽可能快速将车辆驶离人口稠密区。按“预案”疏散居民人群，报警和开展抢救工作，尽最大努力减少人员伤亡。

(3) 应急救援 发生重大危险化学品事故，应直接向总指挥部报告，由总指挥部确定应急级别，发出应急警报，进入紧急状态。各相关人员立即到达指定位置，按“预案”开展抢险救援工作。

(4) 事故预警 根据预测分析结果，对可能发生和可以预警的危险化学品事故进行预警。预警级别依据危险化学品事故可能造成的危害程度、紧急程度和发展势态，一般划分为四级。

Ⅰ级（特别严重）、Ⅱ级（严重）、Ⅲ级（较重）和Ⅳ级（一般），依次用红色、橙色、黄色和蓝色表示。

Ⅰ级（红色）：预计将要发生特别重大（Ⅰ级）危险化学品事故，事件会随时发生，事态正在不断蔓延。

Ⅱ级（橙色）：预计将要发生重大（Ⅱ级）以上危险化学品事故，事件会即将发生，事态正在逐步扩大。

Ⅲ级（黄色）：预计将要发生较大（Ⅲ级）以上危险化学品事故，事件会即将发生，事态有扩大的趋势。

Ⅳ级（蓝色）：预计将要发生一般（Ⅳ级）以上危险化学品事故，事件即将临近，事态可能会扩大。

区（县）人民政府要及时、准确地向市人民政府报告特别重大、重大、较大、一般等危险化学品事故的有关情况，由市人民政府根据危险化学品事故的危害性和紧急程度，发布、调整和解除较重或一般预警信息。

城市人民政府在发布事故预警信息的同时要通过应急值守管理子系统将事故的情况逐级上报。

三、应急救援动态信息收集与处理

1. 信息监测与报告

① 建立信息监测制度，规范信息的获取、报送、分析、发布格式和程序，要严格按照相关程序及时上报突发事件信息。对于事件本身比较敏感或发生在敏感地区、敏感时间，或可能演化为较大以上危险化学品事故的信息，必须严格按照相关程序立即报各级应急指挥部，下级应急指挥部也应严格按照相关程序立即将此类信息上报上级应急指挥部。

② 各相关机构和部门应根据各自职责分工，及时收集、分析、汇总本地区、本部门或本系统各类影响公共安全的信息，并负责收集、整理和研究发生在国内外、本行政区和本单位可能造成重大影响的重大危险化学品事故信息，按照早发现、早报告、早处置的原则，预测可能发生的情况，及时上报各级应急指挥部。

③ 各部门上报涉及各类危险化学品事故信息的内容应包括：时间、地点、信息来源、事件的性质、危害程度、等级、事件发展趋势、已采取的措施等，并及时续报事件处置进展情况。

④ 各级应急指挥部负责组织危险化学品事故信息的汇总、分析和处理。

⑤ 各类危险化学品事故发生后，各单位和所在地区要立即上报，详细信息最迟不得晚于事件发生后1h。

⑥ 对于涉密的重要信息，负责收集数据的部门应遵守相关的管理规定，做好信息的保密工作。

⑦ 对于各类危险化学品事故，以及可能导致其发生的各种隐患，任何单位和个人都有义务向所在城市应急指挥部和各专项应急指挥部报告，并有权对相关部门的工作过失和不当处置行为进行举报。

2. 信息共享和处理

① 建立应急信息共享机制，由各专项应急指挥部、各行政地区、各部门和各单位提供必要的基础数据。

② 危险化学品事故中伤亡、失踪、被困人员中如包括港澳台人员或外国人，或者事件可能影响到境外，需要向香港、澳门、台湾地区有关机构或有关国家、国际组织进行通报时，政府各有关部门密切配合，报请相关外事部门批准，启动相关处置预案。

③ 需要国际社会的援助时，政府各有关部门要积极联系，并按照新闻发布的有关规定，由指定机构向国际社会发出呼吁。

3. 信息发布和新闻报道

危险化学品事故的信息发布和新闻报道工作应按照党中央、国务院和各行政区域的具体规定，由应急指挥部会同宣传部门对发布和报道工作进行管理与协调，统一安排，报道危险化学品事故信息，正确引导舆论导向。

四、应急救援信息数据平台

危险化学品事故社会危害性大，如果处置不当，将会产生严重后果，运用计算机技术、网络技术和通信技术、GIS、GPS等高技术手段及时采集、分析和处理重大危险源应急救援信息，整合各级安全生产应急资源，构建一个各级安全生产应急救援指挥机构、应急救援基地和相关部门互联互通的通信信息基础平台，对指挥事故应急救援工作十分重要。

目前国家充分利用即将建设的国家安全生产信息系统的主要应用系统，通过开发形成满足安全生产应急救援协调指挥和应急管理需要的综合应用系统——国家应急救援信息数据平台系统。安全生产应急管理与协调指挥机构应急平台的综合应用系统应包括的子系统及其功能如下。

(1) 应急值守管理子系统　实现生产安全事故的信息接收、屏幕显示、跟踪反馈、专家视频会商、图像传输控制、电子地图GIS管理和情况综合等应急值守业务管理。利用本地区、本部门监测网络，掌握重大危险源空间分布和运行状况信息，进行动态监测，分析风险隐患，对可能发生的特别重大事故进行预测预警。

通过应急平台在事发3h内向国家安全生产应急救援指挥中心报送特别重大、重大生产安全事故信息及事故现场音视频信息。市（地）级应急值守管理子系统要增加辅助接警功能，与当地公安、消防、交警、急救形成的统一接警平台相连接，处理生产安全事故应急救援接报信息。

(2) 应急救援决策支持子系统　生产安全事故发生后，通过汇总分析相关地区和部门的预测结果，结合事故进展情况，对事故影响范围、影响方式、持续时间和危害程度等进行综合研判。在应急救援决策和行动中，能够针对当前灾情，采集相应的资源数据、地理信息、历史处置方案，通过调用专家知识库，对信息综合集成、分析、处理、评估，研究制定相应技术方案和措施，对救援过程中遇到的技术难题提出解决方案，实现应急救援的科学性和准确性。

(3) 应急救援预案管理子系统　遵循分级管理、属地为主的原则。根据有关应急预案，利用生产安全事故的研判结果，通过应急平台对有关法律法规、政策、安全规程规范、救援技术要求以及处理类似事故的案例等进行智能检索和分析，并咨询专家意见，提供应对生产安全事故的措施和应急救援方案。根据应急救援过程不同阶段处置效果的反馈，在应急平台上实现对应急救援方案的动态调整和优化。

(4) 应急救援资源和调度子系统　在建立集通信、信息、指挥和调度于一体的应急资源和资产数据库的基础上，实施对专业队伍、救援专家、储备物资、救援装备、通信保障和医疗救护等应急资源的动态管理。在突发重大事件时，应急指挥人员通过应急平台，迅速调集救援资源进行有效的救援，为应急指挥调度提供保障。与此同时，自动记录事故的救援过程，根据有关评价指标，对救援过程和能力进行综合评估。

(5) 应急救援培训与演练子系统　事故模拟和应急预案模拟演练；合理组织应急资源的调派（包括人力和设备等）；协调各应急部门、机构、人员之间的关系；提高公众应急意识，增强公众应对突发重大事故救援的信心；提高救援人员的救援能力；明确救援人员各自的岗位和职责；提高各预案之间的协调性和整体应急反应能力。

(6) 应急救援统计与分析子系统　实现快速完成复杂的报表设计和报表格式的调整。对数据库中的数据可任意查询、统计分析，如叠加汇总、选择汇总、分类汇总、多维分析、多年（月）数据对比分析、统计图展示等，可以将各种分析结果打印输出，也可将分析结果发布到互联网上，为各级应急救援单位的管理者提供决策依据。

(7) 应急救援队伍资质评估子系统　准确判断本区域（或领域）内某一救援队伍的应急

救援能力，了解某一区域内某专业救援队伍的应急救援能力，为应急救援协调指挥、应急救援预案管理、应急救援培训演练以及应急救援资源调度提供准确、可靠依据。

（8）基础数据库和专用数据库　要按照条块结合、属地为主的原则，充分利用国家安全生产信息系统即将建成的基础数据库，建设满足应急救援和管理要求的安全生产综合共用基础数据库和安全生产应急救援指挥应用系统的专用数据库，收集存储和管理管辖范围内与安全生产应急救援有关的信息和静态、动态数据，可供国家安全生产应急救援指挥中心应急平台和其他相关应急平台远程运用，数据库建设要遵循组织合理、结构清晰、冗余度低、便于操作、易于维护、安全可靠、扩充性好的原则，并建立数据库系统实时更新以及各地区和各有关部门安全生产应急管理与协调指挥机构应急平台间的数据共享机制。

数据库种类包括：

① 安全生产事故接报信息、预测预警信息、监测监控信息以及应急指挥过程信息等内容的应急信息数据库；

② 各类应急救援预案的预案数据库；存储应急资源信息（包括指挥机构及救援队伍的人员、设施、装备、物资以及专家等）、危险源、人口、自然资源等内容的应急资源和资产数据库；

③ 数字地图、遥感影像、主要路网管网、避难场所分布图和救援资源分布图等内容的地理信息数据库；

④ 各类事故趋势预测与影响后果分析模型、衍生与次生灾害预警模型和人群疏散避难策略模型等内容的决策支持模型库；

⑤ 有关法律法规、应对各类安全生产事故的专业知识和技术规范、专家经验等内容的知识管理数据库；

⑥ 国内外特别是本地区或本行业有重大影响的、安全生产事故典型案例的事故救援案例数据库；

⑦ 应急救援人员或队伍评估情况的应急资质评估数据库；

⑧ 各类事故的应急救援演练情况和演练方案等信息的演练方案数据库；

⑨ 对各级各类应急救援数据统计分析信息的统计分析数据库。

第四节　危险化学品事故应急救援装备配备与使用

危险化学品事故应急救援装备包括以下几大类：侦检装备；个体防护设备；输转装备；堵漏装备；洗消装备；排烟装备；救灾通信联络设备；消防装备；应急救援所需的重型设备；救生装备及其他。

下面简单介绍几种主要的救援装备。

一、侦检装备

侦检装备主要是指通过人工或自动的检测方式，对火场或救援现场所有灭火数据或其他情况，如气体成分、放射性射线强度、火源、剩磁等进行测定的仪器和用具。主要有以下几种。

① 热成像仪，主要用于在黑暗、浓烟条件下观测火源及火势蔓延方向，寻找被困人员，监测异常高温及余火，观测消防队员进入现场情况。

② 可燃气体和毒性气体检测器，主要用于检测现场空气中的磷化氢、硫化氢、氯化氢和氯气等。

③ 智能型水质分析仪，主要用于对地表水、地下水、各种废水、饮用水及处理过的小

颗粒化学物质进行定性分析。

④ 有毒气体探测仪，主要用于有毒气体探测，可以同时检测四类气体，即可燃气（甲烷、煤气、丙烷、丁烷等31种）、毒气（一氧化碳、硫化氢、氯化氢等）、氧气和有机挥发性气体。

⑤ 核放射性侦检仪，用于测量周围放射性剂量当量。

⑥ 核放射探测仪，用于快速准确地寻找并确定α或β射线污染源的位置。

⑦ 生命探测仪，用于建筑物倒塌现场的生命找寻救援。

⑧ 综合电子气象仪，用于检测风向、温度、湿度、气压、风速等参数。

⑨ 漏电探测仪，用于确定泄漏电源的具体位置。

二、个体防护装备

使用防护服的目的有三个：保护应急人员在营救操作时免受伤害；在危险条件下应急人员能进行恢复工作；逃生。不同的危险环境救援使用的个体防护装备应各有不同要求。、

1. 个体防护装备分级

在应急反应作业中，进入各控制区人员的防护装备需要分级。

(1) A级个体防护　A级个体防护适用于热区——危险排除。防护对象包括：接触高蒸气压和可经皮肤吸收的气体、液体；可致癌和高毒性化学物；极有可能发生高浓度液体泼溅、接触、浸润和蒸气暴露的情况；接触未知化学物（纯品或混合物）；有害物浓度达到IDLH浓度（立即威胁生命和健康的浓度）；缺氧。A级个体防护装备包括：

呼吸防护——全面罩正压空气呼吸器；

防护服——全封闭气密化学防护服，防各类化学液体、气体渗透；

防护手套——抗化学物；

防护靴——抗化学物；

头部防护——安全帽。

(2) B级个体防护　防护对象包括：种类确知的气态有毒化学物质，可经皮肤吸收；达到IDLH浓度；缺氧。B级个体防护装备包括：

呼吸防护——全面罩正压空气呼吸器；

防护服——头罩式化学防护服，非气密性，防化学液体渗透；

防护手套——抗化学物；

防护靴——抗化学物；

头部防护——安全帽。

(3) C级个体防护　防护对象包括：非皮肤吸收气态有毒物，毒物种类和浓度已知；非IDLH浓度；不缺氧。C级个体及防护装备包括：

呼吸防护——空气过滤式呼吸防护用品，正压或负压系统，过滤元件适合特定的防护对象，防护水平适合毒物浓度水平；

防护服——隔离颗粒物、少量液体喷溅；

防护手套——抗化学物；

防护靴——抗化学物。

2. 防护服选择的注意事项

(1) 防护服的材料　危险化学品事故类型决定了防护服的材料，如消防人员使用的防护设备主要起到防止磨损与阻热作用，因此在选择防护服时应根据可能发生的事故类型选择防护服的材料，如有多种类型危险化学品事故，要考虑防护服材料的相容性。

（2）闪火的防护　防火服与防化服结合起来使用是避免在化学品应急行动中受到热伤害的一种方法。这种服装在防火材料上涂有反射性物质（通常为铝制的），但只能够提供对于闪火的瞬间防护，而不能在与火焰直接接触的地方使用。

（3）热防护　在一般灭火行动中，应急者可穿防火服，它能够提供对大多数火灾的防护。然而有时会出现应急者进入，并在高热环境下工作的情况。这种极限温度会超出防护服的极限，因此需要穿专用耐高温服。

（4）选择合理的防护标准　要选择合理的防护标准，首先要考虑应急人员实施行动的范围及条件：是单纯的灭火行动，还是针对危险物质的行动，抑或二者都有。

同时在选择防护服时还要考虑工作持续时间、保养、储存和检查、除污与处理等因素。

3. 眼面防护具

眼面防护具都具有防高速粒子冲击和撞击的功能。眼罩对少量液体性喷洒物具有隔离作用，另外，还有防各类有害光的眼护具，有些具有防结雾、防刮擦等附加功能。若需要隔绝致病微生物等有害物通过眼睛黏膜侵入，应在选择呼吸防护时选用全面罩。

4. 防护手套、鞋靴

和防护服类似，各类防护手套和鞋靴适用的化学物对象不同，另外，配备时还需要考虑现场环境中是否存在高温、尖锐物、电线或电源等因素，而且要具有一定的耐磨性能。

5. 呼吸防护用品

呼吸防护用品的使用环境分为两类。第一类是IDLH环境。IDLH环境会导致人立即死亡，或丧失逃生能力，或导致永久丧失健康的伤害。第二类是非IDLH环境。IDLH环境包括空气污染物种类和浓度未知的环境；缺氧或缺氧危险环境；有害物浓度达到IDLH浓度的环境。可以说应急反应中个体防护的A级和B级防护都是处理IDLH环境的，GB/T 18664规定，IDLH环境下应使用全面罩正压型，C级防护所对应的危害类别为非IDLH环境。

三、输转装备

输转装备多用于化学灾害事故现场的处置工作。

① 有毒物质密封桶，主要用于收集并转运有毒物体和污染严重的土壤。

② 多功能毒液抽吸泵，可迅速抽取各种液体，特别是黏稠、有毒液体，如柴油、机油、液体食品、废水、泥浆、化工危险液体、放射性废料等。

③ 手动隔膜抽吸泵，主要用于输转有毒液体，如油类、酸性液体等。

④ 液体吸附垫，主要用于快速有效地吸附酸、碱和其他腐蚀性液体。

四、堵漏装备

① 管道密封套，用于压力1.6MPa（16bar）的管道裂缝密封。

② 0.15MPa（1.5bar）泄漏密封枪，用于单人操作密封油罐车、液柜车或储罐的裂缝。

③ 内封式堵漏袋，用于当发生危险物质泄漏事故时，用于堵漏0.1MPa（1bar）反压的密封沟渠与排水管道。

④ 外封式堵漏袋，用于堵塞管道、容器、油罐车或油槽车、桶与储罐的直径为480mm以上的裂缝。

⑤ 捆绑式堵漏带，用于密封50～480mm直径管道及圆形容器的裂缝。

⑥ 堵漏密封胶，在化学或石油管道、阀门套管接头或管道系统连接处出现极少泄漏的情况下使用。

⑦ 罐体及阀门堵漏工具，用于氯气罐体上的安全阀和回转阀的堵漏。

⑧ 磁压堵漏系统，用于大直径储罐和管线的作业。

⑨ 注入式堵漏装备，用于法兰、管壁、阀芯等部位的泄漏；适用各种油品、液化气、可燃气体、酸、碱液体和各种化学品等介质。

⑩ 粘贴式堵漏装备，主要用于法兰垫、盘根、管壁、罐体、阀门等部位的点状、线状和蜂窝状泄漏。

五、洗消装备

① 空气加热机，主要用于洗消帐篷内供热或送风。

② 热水器，主要用于供给加热洗消帐篷内的用水。

③ 公众洗消帐篷，主要用于化学灾害救援中人员的洗消。

④ 战斗员个人洗消帐篷，主要用于战斗员洗消。

⑤ 高压清洗机，主要用于清洗各种机械、汽车、建筑物、工具上的有毒污渍。

六、排烟装备

① 水驱动排烟机，主要用于把新鲜空气吹进建筑物内，排出火场烟雾。适用于有进风口和出风口的火场建筑物。

② 机动排烟机，主要用于对火场内部浓烟区域进行排烟送风。

七、救灾通信联络装备

在考虑到原有通信系统破坏时，采用的应急通信联络工具和现场通信联络工具。

八、消防装备

1. 灭火器

(1) 分类　我国通常采用按照充装灭火剂的种类、灭火器重量、加压方式三种分类方法进行分类。

① 按充装灭火剂种类分

a. 清水灭火器：灭火剂为水和少量添加剂；

b. 酸碱灭火器：碳酸氢钠和硫酸铝；

c. 化学泡沫灭火器：碳酸氢钠和硫酸铝；

d. 轻水泡沫灭火器：氟碳表面活性剂和添加剂；

e. 二氧化碳灭火器：CO_2；

f. 干粉灭火器：碳酸氢钠或磷酸铵干粉灭火剂；

g. 卤代烷灭火器：卤代烷 1211、1301、2402。（注：公安部和国家环保局公通字[1994] 第 94 号文要求在非必要场所停止再配置卤代烷灭火器。）

② 按灭火器的重量分

a. 手提式灭火器；

b. 背负式灭火器；

c. 推车式灭火器。

③ 按加压方式分

a. 化学反应式：两种药剂混合，进行化学反应产生气体而加压。包括酸碱灭火器和化学泡沫灭火器。

b. 储气瓶式：气体储存在钢瓶内，当使用时，打开钢瓶使气体与灭火剂混合。包括清水灭火器、轻水泡沫灭火器和干粉灭火器。

c. 储压式：灭火器筒身内已充入气体，灭火剂与气体混装，经常处于加压状态，包括二氧化碳灭火器和卤代烷灭火器。

我国灭火器的型号是按照《消防产品型号编制方法》的规定编制的。它由类、组、特征代号及主要参数几部分组成。类、组、特征代号用大写汉语拼音字母表示；主要参数代表灭火器的充装量，用阿拉伯字母表示。其中第一个字母 M 代表灭火剂，第二个字母代表灭火剂类型（F 是干粉灭火剂、FL 是磷铵干粉、T 是二氧化碳灭火剂、Y 是卤代烷灭火剂、P 是泡沫、QP 是轻水泡沫灭火剂、SQ 是清水灭火剂），第三个字母代表移动方式，如 T 为推车式、Z 为舟车式或鸭嘴式、B 为背负式，后面的阿拉伯数字代表灭火剂重量或容积，一般单位为每千克或升，如 MF4 表示 4kg 干粉灭火器，数字 4 代表内装质量为 4kg 的灭火剂；MFT35 表示 35kg 推车式干粉灭火器。MTZ5 表示 5kg 鸭嘴式 CO_2 灭火器（T 代表 CO_2）。

（2）火灾种类与灭火器的选用

① 火灾种类的划分。火灾种类应根据物质及其燃烧特性划分为以下几类。

a. A 类火灾：指含碳固体可燃烧物，如木材、棉、毛、麻、纸张等燃烧的火灾；

b. B 类火灾：指甲、乙、丙类液体，如汽油、煤油、柴油、甲醇、乙醚、丙酮等燃烧的火灾；

c. C 类火灾：指可燃气体，如煤气、天然气、甲烷、丙烷、乙炔、氢气等燃烧的火灾；

d. D 类火灾：指可燃金属，如钾、钠、镁、钛、锆、锂、铝镁合金等燃烧的火灾；

e. 带电火灾：指带电物体燃烧的火灾。

② 灭火器类型选择时应符合的要求

a. 扑救 A 类火灾应选用水型、泡沫、磷酸铵盐干粉、卤代烷型灭火器；

b. 扑救 B 类火灾应选用干粉、泡沫、卤代烷、二氧化碳型灭火器，扑救极性溶剂 B 类火灾不得选用化学泡沫灭火器；

c. 扑救 C 类火灾应选用干粉、卤代烷、二氧化碳型灭火器；

d. 扑救带电火灾应选用卤代烷、二氧化碳、干粉型灭火器；

e. 扑救 A、B、C 类火灾和带电火灾应选用磷酸铵盐干粉、卤代烷型灭火器；

f. 扑救 D 类火灾就我国目前情况来说，还没有定型的灭火器产品，目前国外灭 D 类火灾的灭火器主要有粉状石墨灭火器和灭金属火灾专用干粉灭火器。在国内尚未定型生产灭火器和灭火剂的情况下可采用干砂或铸铁沫灭火。

2. 其他消防装备

消防装备除了灭火器外，还有许多必要的灭火设施，如消火栓，水泵结合器，水带，水枪、消防泵及消防车等。

（1）消火栓　消火栓分为室内消火栓和室外消火栓。

① 室外消火栓。室外消火栓是一种城市必备的消防装备，尤其在市区或河道较少的地区，更需要安装置备，确保消防需要，消火栓可直接用于扑救火灾，也可以用于消防车取水。室外消火栓安装在室外市政管网上，通常采用生活与消防共享系统，室外消火栓分为地上式和地下式。

② 室内消火栓。室内消火栓是指安装在建筑物内和轮船等内部的消防供水设备，一般用来扑救室内初起火灾，它由报警器、水箱、阀门、水带及水枪组成。其中室内消火栓有 SN65、SN50 两种型号。

（2）消防泵

① 手抬机动消防泵。手抬机动消防泵适用于工矿企业、农村和城市道路，道路狭窄、

消防车不能通过的地方。

② 机动体引泵。主要用来扑救一般物质的火灾。也可附加泡沫管枪及吸液管喷射空气泡沫液扑救油类、苯类等易燃液体的火灾。常用的是BQ75型牵引机动泵。

(3) 消防梯　消防梯是消防队队员扑救火灾时，登高灭火，救人或翻越障碍物的工具。目前普通使用的有单杠梯、挂钩梯、拉梯三种。

(4) 水龙带、水枪　水龙带是连接消防泵（或消火栓）和水枪等喷射装置的输水管线。

水枪是一种增加水流速度射程和改变水流形式的消防灭火工具。根据水枪喷射出的不同水流分为直流水枪、开花水枪、喷雾水枪、开花直流水枪等。

九、救生装备及其他

包括：自动苏生器、自救器等、缓降器、救生袋、救生网、救生气垫、救生软梯、救生滑杆、救生滑台、导向绳等救生装备。

十、应急救援所需的重型设备

重型设备在控制紧急情况时是非常有用的，它经常与大型公路或建筑物联系起来。在紧急情况下，可能用到的重型设备包括：反向铲；装载机；车载升降台；翻卸车；推土机；起重机；叉车；破拆机；开孔器；挖掘机；便携式发动机等。

企业不一定购置上述设备，但至少应明确，一旦需要，可以从哪些单位获得上述重型设备的支援。

复习思考题

一、选择题

1. 必须利用城市所有有关部门及一切资源的紧急情况，或者需要城市的各个部门同城市以外的机构联合起来处理各种紧急情况，通常政府要宣布进入紧急状态。该情况属于（　　）。

A. 一级紧急情况　　B. 二级紧急情况　　C. 三级紧急情况　　D. 四级紧急情况

2. 应急预案的编制中的危险分析不包括（　　）。

A. 危险辨识　　B. 灾害后果评价　　C. 脆弱性分析　　D. 风险分析

3. 用LEC法进行作业环境危险性评价时，所依据的因素是（　　）。

A. 污染面积和污染量　　B. 危险概率、后果严重性和暴露频率　　C. 事故损失和事故伤亡程度

4. （　　）是指长期地或临时地生产、加工、搬运、使用或储存危险物质，且危险物质的数量等于或超过临界量的单元。

A. 重大危险源　　B. 危险单元　　C. 危险地区　　D. 特大危险源

二、简答题

1. 什么是第一类危险源？
2. 什么是第二类危险源？
3. 危险源的构成要素有哪些？
4. 危险源辨识的方法有哪些？
5. 从哪些方面进行危险化学品重大危险源辨识？
6. 脆弱性分析结果应提供的信息有哪些？
7. 重大危险源风险评价的步骤有哪些？
8. 危险化学品事故应急救援装备有哪些？
9. 火灾种类根据物质及其燃烧特性可划分为哪几类？
10. 选择个体防护装备时应注意哪些事项？

第六章　危险化学品事故现场处置

学习目标

本章介绍危险化学品事故现场处置的主要任务、处置技术、程序、方法以及注意事项等。通过本章的学习，培养学生理论联系实际的能力，利用所掌握的基本技术与方法分析和解决实际危险化学品事故现场可能会遇到的问题。

通过本章的学习，要求学生掌握以下内容。

1. 正确理解危险化学品事故现场的侦检方法及侦检的实施过程、危险区域的确定方法，并能够根据事故现场的实际情况划分各个危险区域。

2. 掌握危险化学品事故现场人员的呼吸防护和皮肤防护技术和方法，并采取正确的安全防护等级。

3. 熟练掌握危险化学品泄漏事故的现场控制技术和泄漏物的现场处置技术，特别是对于较大的泄漏事故现场，要充分分析事故现场及其周围的危险状况，灵活采取控制或处置措施，将事故的损失控制在一定范围内。

4. 了解危险化学品火灾扑救前的准备工作，重点掌握危险化学品火灾的扑救对策及火灾扑救时的注意事项。

5. 了解危险化学品事故现场的洗消技术和方法，熟练掌握常见危险化学品洗消方法、所采用的洗消剂种类、所需的药剂量的确定及具体洗消过程的实施。

危险化学品在生产、储存、运输和使用过程中常常会发生泄漏、火灾或爆炸事故。危险化学品事故具有突发性、事故危险源扩散迅速、对现场人员危害严重、作用范围广等特点。因此，对危险化学品事故的现场处置必须做到迅速、准确和有效。正确的处置程序和方法对于控制事故现场、减少人员伤亡和财产损失是十分必要的。

危险化学品事故现场处置任务一般包括：及时控制危险源，防止事故进一步扩大；有效地实施现场救人脱险、紧急医疗救治和监护转送；指导现场群众采取各种措施进行自我防护，并向上风方向迅速离开危险区域或可能受到危害的区域；清除事故现场留下的有毒有害物质，防止对人或环境继续危害或污染。

第一节　现场侦检和危险区域的确定

侦检是危险化学品事故现场处置的首要环节，及时准确地查明事故现场的情况是有效处置危险化学品事故的前提条件。危险化学品事故现场侦检的目的是掌握危险化学物质的种类、浓度及其分布。危险化学品的侦检一般在情况不明又十分紧迫时，以定性查明危险物的品种为主，只有准确知道危险物是什么物质，才能有效地对危险化学品事故进行处置。在确定如何救援时，则要重视定量分析的结果，即确定危险化学物质的浓度及其分布，准确定量才能使采取的处置措施更可靠与完善。

一、现场侦检的方法

1. 感官检测法

感官检测法是最简易的监测方法，即根据各种危险化学品的物理性质，通过受过训练人员的嗅觉、视觉等感觉器官，如鼻、眼、口、皮肤等人体器官察觉危险化学品的颜色、气味、状态和刺激性，进而初步确定危险化学品种类的一种方法。对危险化学品事故的现场实施侦检时，进行必要的主观判断有利于克服侦检的盲目性和便于选用正确的侦检方法和器材。感官检测法有以下几种途径。

（1）根据盛装危险化学品容器的漆色和标识进行判断　盛装危险化学品的容器或气瓶一般要求涂有专门的漆色并写有物质名称字样及其字样颜色标识。常见的有毒危险气体气瓶的漆色和字样颜色如表 6-1 所示。

表 6-1　常见有毒危险气体气瓶漆色和字样

气瓶名称	气瓶漆色	字样(颜色)	化学式
氨	黄	液氨(黑)	NH_3
氯	草绿	液氯(白)	Cl_2
硫化氢	白	液化硫化氢(红)	H_2S
碳酰二氯(光气)	白	液化光气(黑)	$COCl_2$
氯化氢	灰	液化氯化氢(黑)	HCl
氟化氢	灰	液化氟化氢(黑)	HF
三氟化硼	灰	三氟化硼(黑)	BF_3
溴甲烷	灰	液化溴甲烷(黑)	CH_3Br

（2）根据危险化学品的物理性质进行判断　危险化学品的物理性质包括气味、颜色、沸点等。不同危险化学品的物理性质不同，在事故现场的表现也有所不同。比如：危险化学品中的有毒多具有特殊气味，在其泄漏扩散区域内都可能嗅到其气味，如氰化物具有杏仁味；二氧化硫具有特殊的刺鼻味；氯气为黄绿色有异臭味的强烈刺激性气体；氨气为无色有强烈臭味的刺激性气体，燃烧时火焰稍带绿色；硫化氢为无色有臭鸡蛋气味的气体，浓度达到 $1.5mg/m^3$ 时就可以用嗅觉辨出，浓度为 $3000mg/m^3$ 时由于嗅觉神经麻痹，反而嗅不出来。再如，沸点低、挥发性强的物质，如光气、氯化氰等泄漏后迅速汽化，在地面无明显的霜状物；而沸点低、蒸发潜热大的物质，如氢氰酸、液化石油气泄漏的地面上则有明显的白霜状物。

许多化学物质的形态、颜色相同，无法区别，所以单靠感官检测是不够的，并且对于剧毒物质也不能用感官方法检测，因此只能依靠危险化学品的物理性质对事故现场进行初步的判断。常见的某些危险化学品的可嗅浓度见表 6-2 所示。

表 6-2　某些危险化学品的可嗅浓度

种　　类	气　　味	可嗅浓度/(mg/m^3)
氨气	刺激性恶臭味	0.7
氯气	刺激味	0.06
芥子气	大蒜味	1.3
路易氏剂	天竺葵味	1.0
氢氰酸	苦杏仁味	1.0
光气	烂干草味	4.4
氯化氰	刺激味	2.5
沙林或梭曼	有微弱的水果香味或樟脑味	5.0

（3）根据人或动物中毒的症状进行判断　通过观察危险化学品引起人员和动物中毒或死亡症状，以及引起植物的花、叶颜色变化和枯萎的方法，初步判断危险化学品的种类。危险化学品的毒害作用不同，人或毒物的中毒症状有所差异。例如，中毒者呼吸有苦杏仁味、皮

肤黏膜鲜红、瞳孔散大，为全身中毒性毒物；中毒者开始有刺激感、咳嗽，经2～8h后咳嗽加重、吐红色泡痰，为光气；中毒者的眼睛和呼吸道的刺激强烈、流泪、打喷嚏、流鼻涕，为刺激性毒物等。

2. 动植物检测法

动物检测法是利用动物的嗅觉或敏感性来检测有毒有害化学物质，如狗的嗅觉特别灵敏，国外利用狗侦查毒品已很普遍。美军曾训练狗来侦检化学毒剂，使其嗅觉可检出六种化学毒剂，当狗闻到微量化学毒剂时即反映出不同的吠声，其检出最低浓度为0.5～1.0mg/L。还有一些鸟类对有毒有害气体特别敏感，如在农药厂的生产车间里养一种金丝鸟或雏鸡，当有微量化学物质泄漏时，动物立即有不安的表现，甚至挣扎死亡。

检测植物表皮的损伤也是一种简易的检测方法，现已逐渐被人们所重视。有些植物对某些有毒气体很敏感，如人能闻到二氧化硫气味的浓度为1～5mg/m^3，在感到明显刺激，如引起咳嗽、流泪等时，其浓度约为10～20mg/m^3，而有些敏感植物在0.3～0.5mg/m^3时，就在叶片上出现肉眼能见的伤斑。再如氢氟酸污染叶片后，其伤斑呈环带状，分布于叶片的尖端和边缘，并逐渐向内发展。利用植物这种特有的“症状”，可为事故现场危险化学品的检测提供旁证。

3. 便携式检测仪侦检法

根据危险化学品事故现场侦检的准确、快速、灵敏和简便的要求，现场使用的侦检仪器也应具备便携性、可靠性、选择性和灵敏性、测量范围宽和安全性等特点。

便携性即轻便、防震、防冲击、耐候性；可靠性即响应时间短、能迅速读出测量数据、测量数据稳定；选择性和灵敏性即抗干扰能力强，能识别所测物质；测量范围宽和安全性即仪器内部能防止各种不安全因素，如外在电压、火焰、热源所引起的电火花等。目前，比较常用的便携式检测仪有智能型水质分析仪和有毒气体检测仪等。

(1) 智能型水质分析仪　智能型水质分析仪主要用于定量分析水中氰化物、甲醛、硫酸盐、氟、苯酚、二甲苯酚、硝酸盐、磷、氯、铅等共计23种有毒有害物质。

工作原理：根据检测的水样，选用一种特殊催化剂并加入，使水样中被测的毒物发生化学变色反应，然后利用光谱分析仪的偏光原理进行分析和鉴定。

组成：仪器的主要组成部分包括光谱分析仪主机、特定元素催化剂、加热器和4种规格特殊试管。分析仪可同计算机连接，通过打印机打印出分析结果。

注意事项：在使用时置于平面，避免强光照射，远离热源，环境不得有烟尘。

(2) 有毒气体检测仪　有毒气体检测仪类型众多，有检测单一品种气体的检测仪，如一氧化碳检测仪、氨气检测仪等；也有同时检测多种气体的多功能气体检测仪，如奥德姆MX21智能型多种气体检测仪。

奥德姆MX21检测仪可同时检测四类气体的浓度，且根据设定的危险值进行报警。可检测的四类气体为可燃气（甲烷、煤气、丙烷、丁烷等31种）、毒气（一氧化碳、硫化氢、氯化氢等）、氧气和有机挥发性气体。

奥德姆MX21检测仪装有四个传感器，每个传感器对应地检测一类气体。其工作原理是：利用传感器将气体的浓度信号转变为相应的可测量的电信号，再将测得的电信号记录下来或以对应的浓度显示出来。因此，传感器的这种浓度－电信号的转换关系必须是线性的，或是具有其他的对应的定量关系。

该检测仪使用时应注意的事项如下。

① 使用前检查电源情况。检测仪器使用的电池有一定的时限，例如MX21气体检测仪，

若用 Ni-Cd 电池，可连续使用 10h；若用 Li 电池，可连续使用 3～5 年。当电池不足时，应及时更换，否则检测不准。

② 使用前检查传感器的寿命。传感器使用时间长后，检测的灵敏度下降明显，需要更换或校验，尤其是电化学传感器，因为电解液放置一定时间后会失效，其使用寿命一般 1～3 年。因此，要根据使用说明，检查传感器的使用寿命。

③ 在现场使用时，注意留有一定的响应时间。检测仪需要气体扩散或被抽吸到传感器入口，并进行相应的反应，这个过程虽然较快，但仍需要一定时间，例如 1s。因此，现场侦检时，移动速度不能太快，以致来不及检测出对应位置的气体浓度。

④ 在爆炸危险场所，禁止拆卸仪器。即使检测仪是防爆的，但在更换电池时、充电时、临时性修理时都可能破坏仪器的防爆性能。当必须拆卸时，必须离开爆炸危险场所到安全区进行。

4. 化学侦检法

利用化学品与化学试剂反应后，生成不同颜色、沉淀、荧光或产生电位变化进行侦检的方法称为化学侦检法。用于侦检的化学反应有亲核反应、亲电反应、氧化还原反应、催化反应、分解反应和配位反应等，利用化学侦检法的原理，可以制成各种侦检器材，例如侦检管和侦检纸。

(1) 侦检管　侦检管是一种检测化学品事故现场中可燃气体和毒性气体浓度的检测仪，由检测管（或检气管）和采样器两部分组成。侦检管按测定方法可分为比长型侦检管和比色型侦检管。在已知危险化学品种类的条件下，利用侦检管可在 1～2min 内，根据检测管颜色的变化确定是否存在被测物质，根据检测管色变的长度或程度测出被测物质的浓度。

① 检测管。检测管是一种充填显色指示粉的细玻璃管，管内的指示粉用吸附了化学试剂的载体制成，常用的载体有硅胶、素瓷粉、氧化铝、石英砂、玻璃粉等，所用的化学试剂称为检测剂或指示剂，其能与被测气体进行定量的化学反应，并能在反应前后产生颜色变化。检测管的制作要求是指示粉和被测物质在动态条件能迅速反应，并伴随明显的颜色变化，指示粉的变色柱长度或色度深浅和被测物质的浓度成正比，与其他分析方法相比，测定结果应一致。

比色型检测管的工作原理是当被测物质通过检测管时，检测剂和被测物质发生定量化学反应并变色，由于检测管直径是固定的，因此色变长度和被测物质的浓度呈正比线性关系。通过标准物质在不同浓度下标定的色变长度绘制标准曲线，然后根据检测管表面刻有的刻度，显示出指示粉的变色长度，从而直接读出被测物质的浓度。对于比色型检测管，其检测是根据变色的程度或深浅与被测物质浓度呈某种对应关系，制成标准比色板作为比对分析的参照测定被测物质的浓度。在实际使用时，要注意温度、湿度以及干扰物质的影响。

② 采样器。检测管和采样器是管式气体检测仪的两个不可分离的组成部分。采样器能为检测管提供定量准确、流速可控的气样，以保证检测方法良好的重复性。常用的采样器有如下几种。

注射器：100mL 医用玻璃注射器可与部分检测管配套使用。它具有刻度准确、易购置、便宜等优点，但现场使用不便、易破损等缺点。

采样筒：采样筒也称气筒式采样器，可手动操作，是检测管专用的采样器。它的一个冲程一般可采气样 100mL。当一个冲程气样不够用时，可多次往复取样。它具有操作简单、计量准确、便于携带、构造简单的特点，已被广泛应用。

手压气泵式采样器：手压气泵式采样器的气室由橡胶制成，泵内有弹簧及限位装置，在压缩气室放松后自动吸入气体，气泵内有单向阀，可供往复取气排气用，每冲程为 100mL。

采样管：采样管可用于现场采集有毒气样，送实验室进行分析。它的管内填充了能起吸附作用的多孔性物质，主要是硅胶和活性炭。

③ 常用的危险化学品侦检管。常用的危险化学品侦检管见表 6-3。

表 6-3 常见的危险化学品侦检管

检气管	颜色变化	所用试剂	类型
一氧化碳	黄→绿→蓝	硫酸钯、硫酸铵、硫酸、硅胶	比色型
二氧化碳	蓝→白	百里酚蓝、氢氧化钠、氧化铬	比长型
二氧化硫	棕黄→红	亚硝基铁氰化钠、氯化锌、乌洛托品、素陶瓷	比长型
硫化氢	白→褐	醋酸铅、氯化钡、素陶瓷	比长型
氯	黄→红	荧光素、溴化钾、碳酸钾、氢氧化钠、硅胶	比长型
氨	红→黄	百里酚蓝、硫酸、硅胶	比长型
氧化氮	白→绿	联邻甲苯胺、硫酸铜、硅胶	比长型
磷化氢	白→黑	硝酸银、硅胶	比长型
氰化氢	白→蓝绿	联邻甲苯胺、硫酸铜、硅胶	比长型
丙烯腈	白→蓝	联邻甲苯胺、硫酸铜、硅胶	比长型
苯	白→紫褐	发烟硫酸、多聚甲醛、硅胶	比长型

(2) 侦检纸　侦检纸是用化学试剂处理过的滤纸、合成纤维或其他合成材料压成的纸样薄片，是一种化学试纸。目前已有的侦检纸可对多种有害化学物质进行定性和半定量测定。其侦检原理是利用危险化学品与显色试剂的特征化学反应使侦检纸发生颜色变化，或化学品对染料的特征溶解作用使侦检纸出现色斑来确定化学品的种类。

侦检纸可分为蒸气侦检纸和液滴侦检纸。蒸气侦检纸用于侦检蒸气状和气溶胶状的物质，包括侦检氢氰酸、氯化氰、光气等的侦检纸；液滴侦检纸用于侦检地面、物体表面等处的液滴状物质，可侦检沙林、维埃克斯、梭曼和芥子气等毒剂。

侦检纸法的优点是携带和使用较为方便，可作为有害有毒化学品定性分析的辅助手段；缺点是干扰多、精度较低，侦检纸不宜久存、易失效。侦检纸检测气体时，其变色时间和着色强度与气体浓度有关，表 6-4 列出了常见的化学毒害气体侦检纸所用的显色剂及颜色变化。

表 6-4 常见的化学毒害气体侦检纸简明表

被测物	显色剂	颜色变化
一氧化碳	氯化钯	白→黑
二氧化硫	亚硝酰铁氰化钠＋硫酸锌	浅玫瑰色→砖红色
二氧化氮	邻甲联苯胺	白→黄
二氧化碳	碘酸钾＋淀粉	白→紫蓝
二氧化氯	邻甲联苯胺	白→黄
二硫化碳	哌啶＋硫酸铜	白→褐

二、现场侦检的实施

为了准确和迅速地测出现场危险化学品的浓度及其分布，侦检小组人员在做好个人安全防护工作的前提下，应掌握以下几点内容。

1. 选择采样和检测点

危险化学品事故发生后，泄漏的化学物质分布极不均匀，时空变化大，对周围环境、人员等环境要素的污染程度各不相同，因此，应急监测时采样和检测点的选择对于准确判断污染物的浓度分布、污染范围与程度等极为重要。

采样和检测点选择的基本要求是染毒浓度高、密度大、检测干扰小。在选择采样和检测点时应考虑以下因素：

① 事故的类型（泄漏、爆炸、火灾等）、严重程度与影响范围；

② 事故发生的地点（如是否为饮用水源地、水产养殖区等敏感水域）与人口分布情况（是否在市区等）；

③ 事故发生时的天气情况，尤其是风向、风速及其变化情况。

2. 现场侦检的实施方法

污染物进入周围环境后，随着稀释、扩散、降解和沉降等自然作用以及应急处理处置后，其浓度会逐渐降低。为了掌握事故发生后的污染程度、范围及变化趋势，需要实时进行连续的跟踪监测，原则上主要根据现场污染状况确定采样频率和次数。

各侦检小组至少应由 3 人组成，其中 2 人负责检测浓度，1 人随后记录和标志。其行进队形可根据现场地形特点，采用后三角（前 2 人后 1 人）形式向前推进。在较大的场地条件下，担任检测的 2 名队员，间隔应在 50m 以内，便于相互呼应。负责设置标志的队员（通常由组长担任）紧跟其后。

当危险化学品浓度超过最高允许浓度（或预定吸入反应区边界浓度）时，开始放置标志，由这些标志物构成的一线，即为吸入反应区边界。然后，继续推进，边前进边侦检，直至测得轻度区边界浓度时，再进行标志，为轻度危险区边界。依此类推，直至标出重度危险区边界。

用来划分和标出危险区域边界的标志物，应具有醒目、易于放置、便于携带等特点。对于城市建筑物林立、车辆人流繁杂环境，可用长 10m、宽 2cm 的有色塑料标志带和带有可拆卸底座的三角旗作标志物，根据当时的地形地物，灵活放置。对不同危险区边界标志物的颜色应有明确区分，例如重度区边界的标志物为红色；中度区边界的标志物为黄色；轻度区边界的标志物为白色。

由于现场测得的是化学危险源的瞬间浓度。随着气体或挥发性液体的扩散和大气气象条件的变化，化学品的浓度不断变化，因此在测得各危险区边界后应派 1～2 名侦检人员，监视危险区边界变化，随时根据变化情况重新标志，增大或减小现场的危险区域范围，并及时向上级报告。

三、现场危险区域的确定

根据事故现场侦检情况，考虑危险化学品对人体的伤害程度，一般将危险化学品事故现场危险区域分为重度区、中度区、轻度区和吸入反应区四个区域，各危险区域边界浓度应根据危险化学品对人体的急性毒性数据，适当考虑爆炸极限和防护器材等其他因素综合确定。常见危险化学品的危险区域及边界浓度见表 6-5 所示。

表 6-5　常见危险化学品的危险区域及边界浓度

名　称	车间最高允许浓度 /(mg/m^3)	轻度区边界浓度 /(mg/m^3)	中度区边界浓度 /(mg/m^3)	重度区边界浓度 /(mg/m^3)
一氧化碳	30	60	120	500
氯气	1	3～9	90	300
氨	30	80	300	1000
硫化氢	10	70	300	700
氰化氢	0.3	10	50	150
光气	0.5	4	30	100
二氧化硫	15	30	100	600
氯化氢	15	30～40	150	800
氯乙烯	30	1000	10000	50000
苯	40	200	3000	20000
二硫化碳	10	1000	3000	12000
甲醛	3	4～5	20	100
汽油	350	1000	4000	10000

1. 重度区及边界浓度

重度区为半致死区，由某种危险化学品对人体的 LCT_{50}（半致死剂量）确定，一般指化学品事故危险源到 LC_{50}（半致死浓度）等浓度曲线边界的区域范围，小则下风向几十米，大则上百米的范围。该区域危险化学品蒸气的体积分数高于 1%，地面可能有液体流淌，氧气含量较低。人员如无防护并未及时逃离，半数左右人员有严重的中毒症状，不经紧急救治，30min 内有生命危险，只有少数佩戴氧气面具或隔绝式面具，并穿着防毒衣的人员才能进入该区。

2. 中度区及边界浓度

中度区为半失能区，由某种危险化学品对人体的 ICT_{50}（半失能剂量）确定，一般指 LC_{50} 等浓度曲线到 IC_{50}（半失能浓度）等浓度曲线的区域范围。该区域中毒人员比较集中，多数都有不同程度的中毒，是应急救援队伍重点救人的主要区域。该区域人员有较严重的中毒症状，但经及时治疗，一般无生命危险；救援人员戴过滤式防毒面具，不穿防毒衣能活动 2～3h。

3. 轻度区及边界浓度

轻度区为中毒区，由某种危险化学品对人体的 PCT_{50}（半中毒剂量）确定，一般指 IC_{50} 等浓度曲线到 PC_{50}（半中毒浓度）等浓度曲线的区域范围。该区域人员有轻度中毒或吸入反应症状，脱离污染环境后经门诊治疗基本能自行康复。人员可利用简易防护器材进行防护，关键是根据毒物的种类选择防毒口罩浸渍的药物。

4. 吸入反应区及边界浓度

吸入反应区指 PC_{50} 等浓度曲线到稍高于车间最高允许浓度的区域范围。该区域内一部分人员有吸入反应症状或轻度刺激，在其中活动能耐受较长时间，一般在脱离染毒环境后 24h 内恢复正常，救援人员可对群众只作原则指导。

第二节　现场人员的安全防护技术

在危险化学品事故现场，救援人员常要直接面对高温、有毒、易燃易爆及腐蚀性的化学物质，或进入严重缺氧的环境，为防止这些危险因素对救援人员造成中毒、烧伤、低温伤等伤害，必须加强个人的安全防护，掌握相应的安全防护技术。

一、现场安全防护标准

不同类型的化学事故其危险程度不同。对于危险化学品的泄漏事故现场，要根据不同种类和浓度的化学毒物对人体无防护条件下的毒害性和确定的危险区域范围，并充分考虑到救援人员所处毒害环境的实际安全需要，来确定相应的安全防护等级和防护标准，具体如表 6-6 和表 6-7 所示；对于危险化学品的火灾爆炸事故现场，则要根据危险化学品着火后产生的热辐射强度和爆炸后形成的冲击波对人体的伤害程度来采取相应的安全防护措施。

通常用于化学事故应急救援的个人防护器材按用途可分成两大类：一类是呼吸器官和面部防护器材，通称呼吸防护器材；另一类是身体皮肤和四肢的防护器材，通称皮肤防护器材。根据化学事故危害的程度、救援任务的要求、现场环境及救援人员生理等因素确定的个人防护器材合理使用和组合的等级就称为安全防护等级。安全防护等级确定后，并不是一直不变的，在救援初期可能使用高等级的防护措施，但当泄漏的有毒化学品浓度降低时，可以降为低一级的防护。

表 6-6 现场安全防护等级

毒类 \ 危险区	重度危险区	中度危险区	轻度危险区
剧毒	一级	一级	二级
高毒	一级	一级	二级
中毒	一级	二级	二级
低毒	二级	三级	三级
微毒	二级	三级	三级

表 6-7 现场安全防护标准

级别	形式	皮肤防护		呼吸防护
		防化服	防护服	
一级	全身	内置式重型防化服	全棉防静电内外衣	正压式空气呼吸器或全防型滤毒罐
二级	全身	封闭式防化服	全棉防静电内外衣	正压式空气呼吸器或全防型滤毒罐
三级	呼吸	简易防化服	战斗服	简易滤毒罐、面罩或口罩、毛巾等防护器材

二、呼吸防护器材

在化学事故应急救援中，用于保护救援人员呼吸器官、眼睛和面部免受有毒有害化学品直接伤害的器材，通称为呼吸防护器材。

1. 呼吸防护器材的种类

呼吸防护器材按其使用环境（气源不同）、结构和防毒原理主要分为过滤式和隔绝式两种。过滤式呼吸器只能在不缺氧的劳动环境和低浓度毒污染下使用，一般不能用于罐、槽等密闭狭小容器中作业人员的防护。隔离式呼吸器能使戴用者的呼吸器官与污染环境隔离，由呼吸器自身供气或从清洁环境中引入空气维持人体的正常呼吸，可在缺氧、有毒、严重污染或情况不明的危险化学品事故处置现场使用，一般不受环境条件限制。

（1）过滤式呼吸器　过滤式呼吸器是靠过滤原理清除空气中有毒物的，亦称净化呼吸器。这类呼吸器材的气源是环境的大气，自身不带气瓶，它是利用吸入环境空气，经过过滤除毒得到干净的空气，提供给使用者，因此，仅当空气中含氧量不低于18%或有害气体浓度小于2%时方可使用。

① 原理和组成。过滤式呼吸器主要用于对有毒气体或蒸气进行过滤，一般由面罩、滤毒罐（盒）、导气管（直接式无导气管）、可调拉带等部件构成。其中，面罩和滤毒罐（盒）是关键部件，面罩用于面部，保护眼睛和呼吸器官，不与外部环境空气接触；滤毒罐内装有浸渍催化剂的颗粒活性炭，染毒空气通过过滤器时，罐内的吸附剂与毒气发生化学反应，产生物理和化学的吸附力，将毒气吸附在吸附剂上，使染毒空气净化，为人体提供干净空气。

② 使用注意事项

a. 环境空气中的氧含量低于18%时不能使用。因为过滤式呼吸器依赖环境空气作为气源，染毒空气经过滤毒后，不能提高其原有的氧气浓度。因此，在一些较封闭空间的火场或泄漏现场，如地下建筑、矿井、长距离隧道内不宜使用。

b. 滤毒罐的滤毒能力是有限度的。不同的滤毒罐具有不同的吸附剂，一种吸附剂一般仅能吸附一种或少数几种毒物，而对其他的毒物就没有吸附作用。因此，使用时要选用针对性的滤毒罐，保证良好的过滤效果。

c. 正常使用的滤毒罐，其具有的防护作用的时间是一定的。一般来说，滤毒罐的防护时间取决于吸附剂的吸附能力、空气的染毒浓度、空气的湿度和温度、使用者的呼吸频率等因素。当发现吸入的过滤空气有异味或呼吸有阻力时，应立即更换滤毒罐。

(2) 隔绝式呼吸器　隔绝式呼吸器使救援人员的呼吸器官与有毒空气隔绝，由器材本身供给人员呼吸用的空气和氧气，亦称供气式呼吸器。目前有自给式供气呼吸器和非自给式供气呼吸器两大类。自给式供气呼吸器能自身供给空气（氧气），在充满各种有毒气体和缺氧的条件下提供呼吸道保护。非自给式供气呼吸器是借助软管或管路连通无污染空气源向使用者提供洁净空气。根据所用气瓶和供气源种类的不同，又可分为氧气呼吸器和空气呼吸器。

① 自给式氧气呼吸器

a. 原理和组成。氧气呼吸器又称隔离再生供氧装置。一般为密闭循环式，主要部件有全面罩、压缩氧气钢瓶、清净罐、减压器、补给器、压力表、气囊、阀、导气管、壳体等。其中氧气瓶可提供纯度不低于97%的医用氧气；清净罐是用于从人体呼出的废气中清洁和分离出可用的氧气，并作为气源的一部分，与氧气瓶的纯氧一起，被送入全面罩。

其工作原理是周而复始地将人体呼出气中的二氧化碳脱除，定量补充氧气供人吸入。主要用于需长时间进行呼吸防护，又不易实施充气的场所，例如长隧道、地铁、地下建筑等艰难复杂、耗时的灭火救援工作的场所。

b. 特点。氧气呼吸器的气瓶体积小，重量轻，一般有1L瓶、2L瓶、3L瓶，气瓶工作压力可达20MPa；钢质气瓶的整机质量约7kg，铝合金气瓶或碳纤维气瓶更轻；气源使用时间长。如1 L瓶的储氧气量为200L，若正常工作中消耗氧气速度为1.5L/min，则1L瓶可供氧气时间为2h。

c. 使用注意事项。由于佩戴呼吸器的人员吸入的是高浓度氧气，所以，未受过训练者使用时，易出现呼吸不适应证，如出现气闷、头晕不适、恶心、甚至氧中毒症状等；其次，清净罐再生后的气体温度较高，会使人感到不适，因此，当罐内温度较高时，必须用配备的冰块进行冷却降温；特备注意的是氧气呼吸器不宜在高温环境下使用，一般要求环境温度不能超过60℃，因为氧气瓶是压力瓶，氧气又是助燃的，如果易燃或可燃气体泄漏都可能导致严重后果。

② 自给式正压空气呼吸器

a. 原理和组成。正压式空气呼吸器一般为开放式，主要部件有正压式全面罩、压缩空气钢瓶、减压阀、压力表、导气管等。其工作原理是压缩空气经减压后供人吸入，呼出气体经面罩呼吸阀排到空气中。

b. 特点。正压式空气呼吸器佩戴使用舒适，操作使用较简便。因为气源是正常新鲜的空气，人体能很快适应，使用安全性较氧气呼吸器好。

c. 使用注意事项。空气呼吸器气瓶体积较大，使用时间较短。空气瓶的体积规格有3L、4L、5L、6L、9L，其对应的储空气量分别为900L、1200L、1500L、1800L、2700L，充装最高压力是30MPa。其使用时间与容积、气瓶的工作压力和人体耗气速度有关。若以人体正常耗气速度为30L/min计，3L、4L、5L、6L、9L瓶的使用时间分别为30min、40min、50min、60min、90min。

③ 非自给式供气呼吸器。非自给式供气呼吸器是借助软管或管路连通无污染气源向使用者提供洁净空气，主要用于流动性小场所的呼吸防护。一般有蛇管面具和送气口罩两种，空气由空压机或鼓风机供给，用于固置蛇管的皮带可连接长绳，以便遇到意外时借助长绳进行援救。根据气源的不同，又可分为新鲜空气软管呼吸器和压缩空气管路呼吸器两类。其原理是通过机械动力和人的肺力从清洁环境中引入空气供人呼吸，也可以高压气瓶作为气源经过软管送入面罩供人呼吸。

2. 呼吸防护器材的选择原则

在熟悉和掌握各种防护器材的性能、结构及防护对象的情况下，应根据化学事故现场毒物的浓度、种类、现场环境及劳动强度等因素，合理选择不同防护种类和级别的滤毒罐，并且使用者应选择合适自己面型的面罩型号。一般情况下，呼吸防护器材应按有效、舒适和经济的原则选择，同时还应考虑以下几方面的因素。

(1) 选用何种类型的呼吸防护器材　在污染物质性质、浓度不明或确切的污染程度未查明的情况下必须使用隔绝式呼吸防护器材；在使用过滤式防护器材时要注意不同的毒物使用不同的滤料。

(2) 呼吸防护器材能否起作用　新的防护器材要有检验合格证，库存的是否在有效期内、用过的是否更换新的滤料等。

(3) 佩戴呼吸防护器材　一定要保证呼吸道防护用具的密封性，佩戴面具感到不舒服或时间过长时，要摘下防护器材或检查滤料是否要更换。

三、皮肤防护器材

在化学事故应急救援中，用于保护人体的体表皮肤免受毒气、强酸、强碱、高温等的侵害的特殊服装，通称为皮肤防护器材。皮肤防护器材主要包括防化服、防火服、防火防化服以及与之配套使用的其他头部和脚部防护器材等。

1. 防化服

防化服主要用于化学物质作业场所和应急处理现场人员的防护，从结构上分为全密闭式和非全封闭型两类。前者采用抗浸透性、抗腐蚀的材料制成，在污染较严重的场所使用；后者主要在轻、中度污染场所使用。

(1) 简易防化服　简易防化服又称短时轻度污染用防毒服，由拉伸性极强的高强度聚乙烯制成，具有防液体化学喷射及污染功能，适用于液态化学品溅射的防护。该服仅供一次性使用并与防化手套和防化胶靴联用。

(2) 封闭式防化服　封闭式防化服的材料为双层，内层为活性炭布，它是由普通棉布或阻燃布双面起绒，然后在单面粘涂活性炭，多孔性活性炭具有吸附毒气的性能，外层为聚四氟乙烯覆膜布，它具有很强的耐腐蚀和防毒性能。该防化服可与所有防毒面具配用，重量轻，防化学毒物的渗透性能良好，可以在救援人员进行现场侦检、救人和消除化学物质污染等任务时作为个人皮肤防护的需要。

(3) 内置式重型防化服　内置式重型防化服由头部设备、主体服、手套、靴子组成。头部设备配有空气呼吸器和内置式通话系统。头部由头盔保护，面罩可防止化学物品的喷射并可任意转动，不妨碍视野；主体服由高质量的弹性塑料涂层织物制成，其基料聚酰亚胺具有阻燃、隔热、防腐、防毒和耐老化的性能，在基料的内外两面共涂有三层橡胶涂层，该涂层织物可抗芳香烃、卤代烃、酸、植物油和动物油、液态和气态氯的渗透。该防化服由双层缝制，衣服的拉锁由氯丁橡胶黏合，完全密封。主体服背部的口袋中留有气门，用于排除多余气体，可保持防化服内的正压；手套由氯丁橡胶制成，有高弹性塑料的涂层。袖子的安装是通过一种自动安全的坚固装置完成的，可快速安装及拆卸，两只手套可互换；靴子由防扎、防腐蚀材料制成，具有较好的安全保护系数。该服能让使用者免受液态或气态危险化学品的侵袭，适用于高浓度危险化学品泄漏后进行堵漏作业使用。

2. 防火服

防火服主要用于危险化学品导致的火灾或爆炸事故现场灭火救援人员的防护，这些服装大多数都选用耐高温、不易燃、隔热、遮挡辐射热效率高的材料制成。常用的有防火隔热服、避火服。

（1）防火隔热服 防火隔热服由隔热头罩、上衣、下裤、手套、护脚等组成，分为夹衣、棉衣、单衣三种。主要由聚酯纤维作基料，外表为铝箔层，故也称为铝箔隔热服。铝箔隔热服的表面经轧花处理，具有漫反射性能，表面光泽银白，不但具有良好的反辐射热效果，而且可防水和耐寒。主要用于靠近或接近火源进行作业，如危险化学品泄漏后发生火灾现场的近火关阀，或进入火场侦察和救人等。其辐射反射率≥90%；阻燃时间≤5s，对人体造成二度烧伤的辐射热强度下可以照射 30s，织物表面温升≤4.5℃。

（2）避火服 避火服采用高硅氧玻璃纤维及表面阻燃处理技术制造，具有优越的抗火焰燃烧、抗热辐射渗透和整体抗热性能。其面料一般由三层构成，表层为反射辐射热层，中间层为耐燃的防热防蒸气层，内层为棉绒织物，具有柔软舒适吸汗的作用。主要用于短时间穿越火区，短时间进入火场侦察、救人、关阀、抢救贵重物资等。其防火温度可达 830℃，防辐射温度为 1100℃。在 13.6kW/m^2 的热辐射下 2min，服装内表面温升≤25℃；在 100℃模拟火场内，着装进入 30s，其表面温升≤13℃。

3. 防火防化服

防火防化服由上衣和裤子组成，采用内外两层材料制作而成。外层均匀喷涂有耐火材料或镀上铝保护层，能在短时间内抵御高温对人体的袭击。内层为防化材料，可以防止液态或气态的有毒有害化学品对人体的侵袭。主要是在执行同时伴有危险化学品泄漏和火灾事故救援时使用。

4. 手、脚部防护用品

在危险化学品事故现场救援人员主要使用耐腐蚀和耐高热的手套和鞋（靴）来保护手脚部免受化学物质的腐蚀、渗透和高温的威胁。常用的有耐酸碱手套、防火隔热手套和隔热胶靴等。

（1）防化手套和防化靴 防化手套和防化靴应具有良好的耐酸碱性能和抗渗透性能，主要用于有酸碱及其他腐蚀性液体或有腐蚀性液体飞溅的场所。

（2）防火隔热手套 采用高强度耐高温纤维织物制成，手背部位加铝膜覆面层以隔绝辐射热，里层采用不燃性合成纤维毡以防热传导，该手套可接触赤热燃烧物。

（3）隔热胶靴 隔热胶靴的筒部、脚部、底及后跟表面采用耐热橡胶，中层采用绝热海绵层或绝热石棉层，脚趾前部用金属护板加强，以防止掉落物落下而击伤，内表面使用棉针织物，表面涂耐热银色，为防止扎透，内层放置薄钢板。

5. 皮肤防护器材的选用与维护

在选用皮肤防护器材时，应根据事故现场存在的危险因素选择质量合格的、适宜的防护服种类。并注意以下几点。

① 必须清楚防护服装的防毒种类和有效防护时间。

② 要了解污染物质的性质和浓度，尤其要根据其毒性、腐蚀性、挥发性等性质选择防护服装的种类，否则起不到防护作用。

③ 防护服装是否能反复使用，但是能反复使用的防护服装在使用后一定要检查是否有破损，无破损，根据要求清洗干净以备下次使用。

第三节 危险化学品泄漏事故的现场处置

危险化学品具有易燃易爆性、强氧化性、毒害性和腐蚀性。一旦危险化学品在生产、经营、储存和使用过程中发生泄漏事故，会给国家和人民群众生命财产以及生态环境都造成极大的危害。

危险化学品泄漏事故是指盛装危险化学品的容器、管道或装置，在各种内外因素的作用下，其密闭性受到不同程度的破坏，导致危险化学品非正常地向外泄放、渗漏的现象。危险化学品泄漏事故区别于正常的跑冒滴漏现象，直接原因是在密闭体中形成了泄漏通道和泄漏体内外存在压力差。

一、危险化学品泄漏事故的形成过程

1. 设计方面存在缺陷

选址不当，将重要的化工设施建在地震断裂带、易滑坡地带、雷击区、大风带区等，一旦地形、气象发生变化，化工设施遭到破坏，就会发生危险化学品泄漏事故。

2. 设备方面存在问题

如盛装危险化学品的设备质量达不到有关技术标准的要求。表现在设备材料缺陷，如固有的裂缝、微孔、砂眼；加工焊接比较差，如焊接拼缝中存在气孔、夹渣或未焊透情况；化工装置区防爆炸、防火灾、防雷击等设施不齐全、不合理，维护管理不落实等；设备老化、带故障运行等造成阀体磨损、管道腐蚀而使危险化学品泄漏。

3. 安全管理薄弱，从业人员违章行为突出

某些企业在危险化学品的生产、储存和使用过程中安全管理薄弱，未制定完善的工艺操作规程，没有严格执行监督检查制度，从业人员擅自离岗、误操作或违章操作等导致危险化学品泄漏。

某些危险化学品运输企业的从业人员未经过严格系统的操作技能和防护知识的培训，由于超载、疲劳驾驶、运输路线选择不正确、发生交通事故或受到外部机械撞击等因素导致危险化学品泄漏。

4. 自然灾害

自然界的地震、海啸、台风、洪水、山体滑坡、泥石流、雷击以及太阳黑子周期性的爆发引起地球大气环流变化等自然灾害，都会对化工企业造成严重的影响和破坏，由此导致的停电、停水使化学反应失控而发生火灾、爆炸，导致危险化学品泄漏。

二、危险化学品泄漏的控制技术

控制危险化学品泄漏的技术是指通过控制危险化学品的泄放和渗漏，从根本上消除危险化学品的进一步扩散和流淌的措施和方法。

1. 关阀断料

管道发生泄漏，泄漏点处在阀门以后且阀门尚未损坏，可采取关闭输送物料管道阀门、断绝物料源的措施，制止泄漏。关闭管道阀门时，必须设开花或喷雾水枪掩护。

关阀断料，是指通过中断泄漏设备物料的供应，从而控制灾情的发展。如果泄漏部位上游有可以关闭的阀门，应首先关闭该阀门，泄漏自然会消除；如果反应容器、换热容器发生泄漏，应考虑关闭进料阀。通过关闭有关阀门、停止作业或通过采取改变工艺流程、物料走副线、局部停车、打循环、减负荷运行等方法控制泄漏源。

2. 堵漏封口

管道、阀门或容器壁发生泄漏，且泄漏点处在阀门以前或阀门损坏，不能关阀止漏时，可使用各种针对性的堵漏器具和方法实施封堵泄漏口，控制危险化学品的泄漏。进行堵漏操

作时，要以泄漏点为中心，在储罐或容器的四周设置水幕、喷雾水枪，或利用现场蒸汽管的蒸汽等雾状水对泄漏扩散的气体进行围堵、稀释降毒或驱散。常用的堵漏封口的方法有调整间隙消漏法、机械堵漏法、气垫堵漏法、胶堵密封法和磁压堵漏法等。

(1) 调整间隙消漏法　调整间隙消漏法常用的有关闭法、紧固法和调位法等。关闭法是对于关闭体不严导致管道内物料泄漏的情况采用的方法；紧固法是通过增加密封件的预紧力，如紧固法兰的螺丝，进一步压紧垫片、填料或阀门的密封面等实现消漏的目的；调位法是通过调整零部件间的相对位置，如调整法兰、机械密封等间隙和位置来控制或减少非破坏性的渗漏。

(2) 机械堵漏法　机械堵漏法是利用密封层的机械变形力强压堵漏的方法，主要有卡箍法、塞楔法和上罩法。

① 卡箍法。卡箍法是将密封垫压在管道的泄漏口处，再套上卡箍，上紧卡箍上的螺栓而达到止漏的方法。适用于中低压介质的堵漏。堵漏工具由卡箍、密封垫和紧固螺栓组成。密封垫的材料有橡胶、聚四氟乙烯、石墨等，卡箍材料有碳钢、不锈钢、铸铁等，应根据泄漏介质的具体情况选用卡箍材料和密封垫材料。

② 塞楔法。塞楔法是利用韧性大的金属、木质、塑料等材料制成的圆锥体楔或斜楔挤塞入泄漏孔、裂缝、洞而止漏的方法。适用于常压或低压设备本体小孔、裂缝的泄漏。塞楔的材料主要有木材、塑料、铝、铜、低碳钢、不锈钢等，塞楔的形式常用的有圆锥塞、圆柱塞、楔式塞等，应根据漏口形状和泄漏介质的性质来确定。

(3) 气垫堵漏法　气垫堵漏法是通过特殊处理的、具有良好可塑性的充气袋（筒）在带压气体作用下膨胀，直接封堵泄漏处，从而控制危险化学品泄漏的方法。适用于低压设备、容器、管道本体孔洞、裂缝、管道断口的泄漏，一般来说，泄漏的介质为液体，温度不超过85～95℃。根据充气垫和泄漏口的相对位置又分为气垫外堵法和气垫内堵法。

① 气垫外堵法。气垫外堵法是先将密封垫压在泄漏口处，再利用固定带将充气垫牢固地捆绑在泄漏的设备上，最后通过充气源如气瓶或脚踏气泵给气垫充气，气垫袋鼓起对密封垫产生的压力将泄漏口堵住。气垫袋的充气压力一般不超过0.6MPa。

② 气垫内堵法。气垫内堵法是将充气垫塞入泄漏口，然后充气使之鼓胀，而将漏口堵塞住。适用于堵塞地下的排水管道、断裂的管道断口等，要求泄漏介质的压力低于1.0MPa。

(4) 磁压堵漏法　磁压堵漏法是利用磁铁产生的磁力将泄漏处的密封垫或密封胶压紧而堵漏的方法。适用于泄漏处的表面平坦、设备内压不高，因砂眼、夹渣的漏孔泄漏的堵漏。如低碳钢或低合金钢材料的立式罐、卧式罐、球罐和异型罐等大型储罐所产生的孔、缝、线、面等的泄漏，也可用于一般管线和设备上的泄漏堵漏。

(5) 胶堵密封法　胶堵密封法分为胶黏法和强压注胶法。

① 胶黏法。胶黏法是利用强力粘接剂将漏口黏合而堵漏。根据泄漏介质压力大小，可采取先堵后补法和盖板引流法。先堵后补法是先利用固态的软性胶棒将漏口堵塞住，然后再用胶将其黏合、固化的方法，适用于常压小孔、裂缝的泄漏。盖板引流法是利用预先制成的钢质堵漏盖板，盖板上攻有直径5～10mm的螺纹孔作为引流孔，用强力磁铁将涂有粘接剂的盖板吸压在泄漏口的设备本体上，泄漏介质此时从引流孔流出，当粘接剂固化后，再用螺栓将引流孔拧上而堵漏，适用于带压介质的泄漏。

② 强压注胶法。强压注胶法是先在泄漏部位建造一个封闭的空腔或利用泄漏部位上原有的空腔，然后再利用专门的注胶工具，把耐高温又具有受压变形的密封剂注入到泄漏部位与夹具所形成的密封空腔内并使之充满，从而在泄漏部位形成密封层，在注胶压力远远大于

泄漏介质压力的条件下，泄漏被强迫止住，密封剂在短时间内迅速固化，形成一个坚硬的新的密封结构，达到重新密封的目的，将漏口堵住。适用于本体泄漏、连接面泄漏、关闭件泄漏等几乎所有的泄漏，适用温度为－200～800℃，适用压力为0～32MPa。

3. 倒罐

当采用上述堵漏方法不能制止储罐、容器或装置泄漏时，可采取疏导的方法通过输送设备和管道将泄漏装置内部的液体倒入其他容器、储罐中，以控制泄漏量和配合其他处置措施的实施。常用的倒罐方法有压缩机倒罐、烃泵倒罐、压缩气体倒罐和压差倒罐四种。

（1）压缩机倒罐　压缩机倒罐就是首先将事故装置和安全装置的液相管连通，然后将事故装置的气相管接到压缩机出口管路上，安全装置的气相管接到压缩机入口管路上，用压缩机来抽吸安全装置的气相压力，经压缩后注入事故装置，这样在装置压力差的作用下将泄漏的液体由事故装置倒入安全装置（图6-1）。

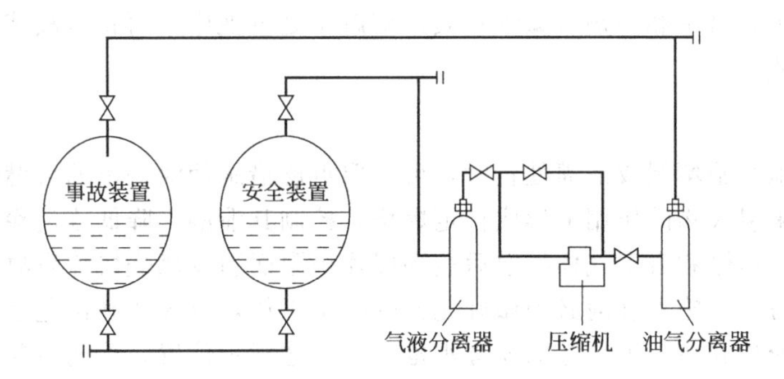

图6-1　压缩机倒罐工艺流程

注意：采用压缩机进行倒罐作业，事故装置和安全装置之间的压差应保持在0.2～0.3MPa范围内，为加快倒罐作业速度，可同时开启两台压缩机；应密切注意控制事故装置的压力和液位的变化情况，不宜使事故装置的压力过低，一般应保持在147～196kPa范围内，以免空气进入，在装置内形成爆炸性混合气体；在开机前，应用惰性气体对压缩机汽缸及管路中的空气进行置换。

（2）烃泵倒罐　烃泵倒罐是将事故装置和安全装置的气相管相互接通，事故装置的出液管接在烃泵的入口，安全装置的进液管接入烃泵的出口，然后开启烃泵，将液体由安全装置倒入安全装置（图6-2）。

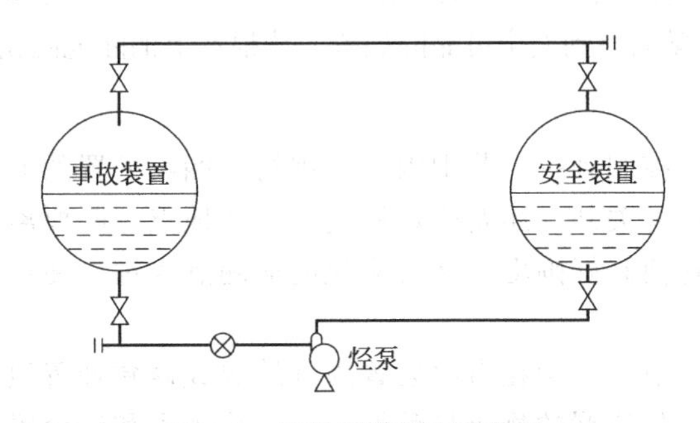

图6-2　烃泵倒罐的工艺流程

注意事项：该法工艺流程简单，操作方便，能耗小，但是当事故装置内的压力过低时，应和压缩机联用，以提高事故装置内的气相压力，保证烃泵入口管路上有足够的静压头，避免发生气阻和抽空。

（3）压缩气体倒罐　压缩气体倒罐是将甲烷、氮气、二氧化碳等压缩气体或其他与储罐内液体混合后不会引起爆炸的不凝、不溶的高压惰性气体送入准备倒罐的事故装置中，使其与安全装置间产生一定的压差，从而将事故装置内的液体导入安全装置中。该法工艺流程简单，操作方便，但是值得注意的是，压缩气瓶的压力在导入事故装置前应减压，且进入装置的压缩气体压力应低于装置的设计压力。

（4）压差倒罐　压差倒罐就是将事故装置和安全装置的气、液相管相连通，利用两装置的位置高低之差产生的静压差将事故装置中液体倒入安全装置中。该法工艺流程简单，操作方便，但是倒罐速度慢，很容易达到两罐压力平衡，倒罐不完全。

4. 转移

当储罐、容器、管道内的液体大量外泄，堵漏方法不奏效又来不及倒罐时，可将事故装置转移到安全地点处置。首先应在事故点周围的安全区域修建围堤或处置池，然后将事故装置及内部的液体导入围堤或处置池内，再根据泄漏液体的性质采用相应的处置方法。如泄漏的物质呈酸性，可先将中和药剂（碱性物质）溶解于处置池中，再将事故装置移入，进而中和泄漏的酸性物质。

5. 点燃

当无法有效地实施堵漏或倒灌处置时，可采取点燃措施使泄漏出的可燃性气体或挥发性的可燃液体在外来引火物的作用下形成稳定燃烧，控制其泄漏，降低或消除泄漏毒气的毒害程度和范围，避免易燃和有毒气体扩散后达到爆炸极限而引发燃烧爆炸事故。

（1）点燃准备　实施点燃前必须做好充分的准备工作，首先要确认危险区域内人员已经撤离，其次担任掩护和冷却等任务的喷雾水枪手要到达指定位置，检测泄漏周边地区已无高浓度混合可燃气体后，使用安全的点火工具操作。

（2）点燃方法　当事故装置顶部泄漏，无法实施堵漏和倒灌，而装置顶部泄漏的可燃气体范围和浓度有限时，处置人员可在上风方向穿避火服，根据现场情况在事故装置的顶部或架设排空管线，使用点火棒如长杆或电打火器等方法点燃。

当泄漏的事故装置内可燃化学品已燃烧时，处置人员可在实施冷却控制、保证安全的前提下从排污管接出引流管，向安全区域排放点燃，点燃时，操作人员处于安全区域的上风向，在做好个人安全防护的前提下，通过铺设导火索或抛射火种（信号枪、火把）等方法点燃。

三、危险化学品泄漏的处置技术

危险化学品泄漏的处置技术是指对事故现场泄漏的危险化学品及时采取覆盖、固化、收容、输转等措施，使泄漏的化学品得到安全可靠的处置，从根本上消除危险化学品对环境的危害。

1. 筑堤

筑堤是将液体泄漏物控制到一定范围内，再进行泄漏物处置的前提。筑堤拦截处置泄漏物除与泄漏物本身的特性有关外，还要确定修筑围堤的地点，既要离泄漏点足够远，保证有足够的时间在泄漏物到达前修好围堤，又要避免离泄漏点太远，使污染区域扩大，带来更大的损失。

对于无法移动装置的泄漏，则在事故装置周围筑堤或修建处置池，并根据泄漏液体的性质采用相应的处置方法。如泄漏的物质呈酸性，一般采用中和法处置。即先在处置池中放入大量的水，然后加入中和药剂（碱性物质），边加入边搅拌，使其迅速溶解，并混合均匀，防止药剂溶解放出大量的热使处置池内温度上升，造成危险品更大量地外泄。

2. 收集

对于大量液体的泄漏，可选择隔膜泵将泄漏出的物料抽入容器内或槽车内再进行其他处置；对于少量液体的泄漏，可选择合适的吸附剂采用吸附法处理，常用的吸附剂有活性炭、沙子、黏土和木屑等。

3. 覆盖

为降低挥发性的液体化学品在大气中的蒸发速度，可将泡沫覆盖在泄漏物表面形成覆盖层，或将冷冻剂散布于整个泄漏物表面固定泄漏物，从而减少了泄漏物的挥发，降低其对大气的危害和防止可燃性泄漏物发生燃烧。

通常泡沫覆盖只适用于陆地泄漏物，并要根据泄漏物的特性选择合适的泡沫，一般要每隔 30～60min 覆盖一次泡沫，以便有效地抑制泄漏物的挥发。另外，泡沫覆盖必须和其他的收容措施如筑堤、挖沟槽等配合使用。

常用的冷冻剂有二氧化碳、液氮和冰，要根据冷冻剂对泄漏物的冷却效果、事故现场的环境因素和冷冻对后续采取的其他处理措施的影响等因素综合选用冷冻剂。

4. 固化

通过加入能与泄漏物发生化学反应的固化剂或稳定剂使泄漏物转化成稳定形式，以便于处理、运输和处置。有的泄漏物变成稳定形式后，由原来的有害变成了无害，可原地堆放不需进一步处理；有的泄漏物变成稳定形式后仍然有害，必须运至废物处理场所进一步处理或在专用废弃场所掩埋。常用的固化剂有水泥、凝胶、石灰，要根据泄漏物的性质和事故现场的实际情况综合选择。

第四节 危险化学品火灾控制与扑救

危险化学品具有不同程度的燃烧、爆炸、毒害和腐蚀等危险特性，容易发生火灾、爆炸等事故，不同的化学品以及在不同情况下发生火灾时，其扑救方法差异很大。若处置不当，不仅不能有效扑灭火灾，反而会使灾情进一步扩大。此外，由于化学品本身及其燃烧产物大多具有较强的毒害性和腐蚀性，极易造成人员中毒、灼伤。因此，扑救危险化学品火灾是一项极其重要又非常危险的工作。

一、危险化学品火灾扑救准备工作

针对危险化学品火灾的火势发展蔓延快和燃烧面积大的特点以及危险化学品火灾的特殊性，灭火救援的准备工作要做得尽量完备，以减少灭火救援行动中突发事故的发生。

1. 火情侦察

危险化学品火灾发生后，一般由消防部队或其他专业的处置队伍进行扑救，处置人员到达火灾现场后首先要查明以下情况。

① 火场上有无爆炸危险。若已发生爆炸，则需查明由于爆炸而造成的人员伤亡情况、建筑物破坏程度、有无再次爆炸的可能。

② 燃烧物品的理化性质、燃烧特性、现场物品的数量、存放形式等情况。

③ 火场周围的地理环境情况，有无防护土围堤、周边水源位置等。

④ 扑救火灾适用灭火剂的类型。

2. 确定扑救对策

(1) 正确选用灭火剂　扑救危险化学品火灾必须根据燃烧物品性质，正确选用灭火剂，防止因灭火剂使用不当而扩大火情，甚至引起爆炸。

① 大多数易燃、可燃液体火灾都能用泡沫扑救，其中水溶性的有机溶剂火灾应用抗溶

性泡沫扑救。

② 可燃气体火灾应用二氧化碳、干粉、卤代烷等灭火剂扑救。

③ 有毒气体、酸、碱液火灾可用雾状或开花水流扑救，酸液火灾用碱性水流，碱液火灾用酸性水流扑救更为有效。

④ 轻金属物质火灾不能用水扑救，也不能用二氧化碳、1211 等灭火剂扑救，一般采用专用的轻金属灭火剂（如 7150 灭火剂）进行扑救，也可用干粉和干沙土等覆盖窒息灭火。

（2）确定现场处置方案　危险化学品火灾的实际发生状况往往与先期制定的灭火救援预案有一定的出入，使按预案进行灭火救援工作受到限制，给现场处置工作造成一定的困难，会影响灭火救援行动的迅速性。所以尽快确定好现场处置方案是准备工作中的当务之急。

① 在火灾实际情况与预案相似的情况下，可按预案立即投入行动，偏差内容可边行动，边修订，这样可大大节约时间。

② 当火灾实际情况与方案差别较大时，可根据侦察情况，针对偏差内容的重点部分迅速进行修订，然后立即投入行动。

③ 一旦火灾实际情况与预案内容相去甚远，则火场指挥人员应根据侦察情况，针对关键环节，尽快做出切实可行的现场处置方案，然后按行动方案实施救援。

④ 如果对火灾现场的一般情况都不明了时，则侦察时要认真，特别应注重安全方面的侦察，火场指挥人员根据情况，确定出现场处置方案（这种方案主要应以注重安全为要）。

3. 安全防护准备

安全防护准备是危险化学品火灾灭火救援工作的必要条件。安全防护准备不充分，势必会影响参战人员的战斗力，影响灭火救援工作的顺利进行。安全防护准备主要包括防护器材准备、检测仪器的准备和请求医疗救护支援三个方面的内容。

（1）防护器材准备　在进行危险化学品火灾的扑救任务时，火灾现场情况复杂，毒气可能很高，由于燃烧、爆炸致使同时存在高温、缺氧、断电、烟雾大而能见度低等恶劣条件。根据扑救火灾的需要，应准备好各种防护器材。防护器材的准备工作一般以个人防护器材为主。个人防护器材包括：对呼吸道、眼睛的防护为主的各种呼吸器具和防毒面具；对全身防护的全身防护服和对局部防护的防毒斗篷、手套、靴套等。个人防护措施就其作用来说，有呼吸防护和皮肤防护两个方面。

（2）检测仪器的准备　并非所有的危险化学品火灾与事故都有对可燃气体和有毒气体检测的必要，但对于大多数来说，这种需要是可能的，尤其在初始阶段的划定警戒线（范围）时。正确选择可燃气体检测仪，首先应根据仪器使用的场合和事故现场情况来选择相应的防爆类别，其次，要根据现场进行的检测需要（泄漏检测、连续监控）来选择检测仪器的类型，其精度应符合检测现场要求。有毒气体探测仪不只用于有毒性气体泄漏发生的火灾事故中，而更多的是用于不完全燃烧产物，如一氧化碳、氮氧化物、硫化物、氰化物、二氧化硫、氯气等这些气体微量就能使人中毒，使现场灭火人员丧失活动能力，直接影响营救遇难者抢救财产。因而毒气探测和发出报警是非常必要的。

（3）请求医疗救护支援　危险化学品火灾现场可能有大量人员中毒、烧伤，在对火灾现场处置的同时，应尽早尽可能地通知当地的医疗卫生部门前来支援，确保被营救出的受伤人员得到及时有效的治疗。

二、危险化学品火灾扑救对策

1. 灭火救援总体行动注意事项

（1）谨慎地进入事故现场　危险化学品火灾后，现场情况复杂，危险性很大。因此，切勿急于进入事故现场。只有查清所面临的情况后，才能实施救援或灭火，否则可能会陷入被动的境地。

(2) 判定危险程度　判定火灾事故的危险程度可以从多个方面入手。标签、容器标记、货运票据和现场知情人员都是有价值的信息源。

(3) 划定警戒隔离区　在进入危险区现场之前，尽可能先行划定警戒隔离区，以确保人员及环境的安全。划定警戒区要同时考虑灭火救援所需设备的进出空间。

(4) 尽量争取支援　建议火场指挥人员尽早向有关负责单位发出通知，请求派遣专家前来协助。医疗救护的支援是必不可少的。

(5) 确定进入事故现场的入口　风向是值得极为重视的问题。对为救出人员、保护财产或环境所采取的措施必须加以权衡，是否可能会造成困难，进入事故区必须带有防护设备，且应尽量佩戴隔绝式面具，因为一般防护面具对一氧化碳无效。切勿进入溢流区或接触溢流物。即使知道其中没有危险品，也要避免吸入烟气、烟雾及汽化物。对那些没有气味的气体或汽化物也不要认为是无害的。

(6) 明确撤退的路线、方法和信号　事故现场要做统一规定。撤退信号应格外醒目，能使现场所有人员都看到或听到。

2. 危险化学品火灾扑救方法

危险化学品种类繁多，不同种类的危险化学品性质不同，发生火灾时的火灾特性及其扑救方法也不尽相同。

(1) 易燃固体火灾扑救　易燃固体燃点较低，受热、冲击、摩擦或与氧化剂接触能引起急剧及连续的燃烧或爆炸。易燃固体发生火灾时，一般都能用水、沙土、泡沫、二氧化碳、干粉等灭火剂扑救或用石棉毯、毛毡等覆盖窒息灭火。

铝粉、镁粉等着火不能用水和泡沫灭火剂扑救。遇到铝粉、镁粉等火灾时，一般选用7150 灭火剂或干粉、干沙以及石墨粉等进行扑救。

粉状固体着火时，不能用灭火剂直接强烈冲击以避免粉尘被冲散，在空气中形成爆炸性混合物引发爆炸。

(2) 易燃液体火灾扑救　易燃液体品种繁多，有化工原料、燃油、有机溶剂、添料、黏合剂等。易燃液体一般都密度小、沸点低、易燃、易挥发和易流动扩散。易燃液体挥发的蒸气与空气中氧混合达一定比例遇明火就会产生爆炸。

易燃液体的火灾发展迅猛，常伴随爆炸，难以扑救。扑救易燃液体火灾一般采取如下方法和措施。

① 对比水轻又不溶于水的烃基化合物如燃油、醚类、苯和苯系物的火灾，一般用干粉灭火剂扑救，对于初期火灾可用二氧化碳扑救，但不可用水，否则会扩大火势。

② 对不溶于水、密度又大于水的，如二硫化碳等可用水扑救，因为水能覆盖在这类物质之上将火熄灭。

③ 能溶于水的易燃物质如甲醇、丙酮等发生火灾时可用雾状水、抗溶性泡沫、干粉等灭火剂扑救。

(3) 自燃物品火灾扑救　自燃物品化学性质活泼，燃点低，易氧化，氧化分解时能放出大量的热，当热达到自身燃点时即自行燃烧。如白磷的燃点为 34℃，在空气中极易自燃，硝化纤维素的燃点为 120～160℃，在存放较久、通风不善、大量堆放的条件下也可能发生自燃。

自燃物品起火时除三乙基铝和铝铁溶剂等不能用水扑救外，其余均可用大量水来灭火，也可用沙土、二氧化碳及干粉灭火剂等进行扑救。

（4）遇水燃烧物品火灾扑救　遇水燃烧物品遇水或受潮时发生剧烈化学反应，放出大量的易燃气体和热量。当热量达到可燃气体的自燃点或接触火源时，会立即着火或爆炸。

遇水燃烧物遇水会发生燃烧乃至爆炸，所以扑救它们引发的火灾一般禁止用水和含水的物质如泡沫灭火剂扑救，可用干沙、干粉、石粉等灭火。

但如果只有极少量（一般 50g 以内）遇水燃烧物品，则仍可用大量的水或泡沫扑救。水或泡沫刚接触着火点时，短时间内可能使火势增大，但少量遇湿易燃物品燃尽后，火势很快就会熄灭或减小。

（5）氧化剂火灾扑救　氧化剂的主要特征是具有强氧化性和不稳定性，当其与还原剂、酸、有机物接触时立即发生反应引起燃烧。我们日常所见到的火柴头在火柴盒外侧摩擦时火柴头立即燃烧，原因就是火柴头上主要成分是赤磷，而火柴盒外侧涂有一层氧化剂氯酸钾，经摩擦后氯酸钾将赤磷氧化发生燃烧。许多氧化剂极不稳定，当受到摩擦、震动、碰撞就会分解，放出大量的氧和热量，若接触易燃物，就会燃烧或爆炸。

氧化剂着火时禁止用水、泡沫、二氧化碳扑救，可喷射干粉灭火，也可利用水泥、干沙、干土等覆盖使其窒息灭火。用水泥、干沙等覆盖灭火应先从着火区域四周，尤其是下风等火势主要蔓延方向覆盖起，形成孤立火势的隔离带，然后逐步向着火点逼近。

（6）压缩气体和液化气体火灾扑救　压缩气体和液化气体均装在特制的耐压气瓶中。一般气瓶的工作压力都在 14.7MPa（$150kgf/cm^2$）以上，发生火灾后气体受热膨胀压力增加，若气体压力超过气瓶承受压力时，就有爆炸的可能。一个普通氧气瓶的爆炸威力相当 5tTNT 炸药，如果爆炸，后果将是非常严重的。当发生压缩气体或液化气体火灾时，一般采取以下措施。

① 及时设法找到气源阀门。阀门完好时，只要关闭气体阀门，火势就会自动熄灭。倘火势猛烈，无法先关闭阀门时，可采用开花水流或干粉、卤代烷、二氧化碳等灭火剂灭火，然后再关阀断气。在灭火前应先冷却气瓶瓶体。

② 如气源阀门失去作用时，不要急于救火，应对气瓶瓶体不断进行冷却，在作好堵漏准备后，方可灭火。如果未能作好堵漏准备，只能用水枪不断冷却，直至气体燃尽为止。

③ 选用水、干粉、二氧化碳等灭火器扑灭外围被火源引燃的可燃物火势，切断火势蔓延途径，控制燃烧范围。

④ 如有受到火焰热辐射威胁的压缩气体或液化气体压力容器，特别是多个压力容器存放在一起的地方，能搬移且安全有保障的，应迅速组织力量，在水枪的掩护下，将压力容器搬移到安全地带，远离住宅、人员集聚、重要设施等地方。抢救搬移出来的压缩气体或储存的液化气体的压力容器还要注意防火降温和防碰撞等措施。不能搬移的压缩气体或液化气体压力容器应部署足够的水枪进行降温冷却保护，以防止潜伏的爆炸危险。

三、火灾扑救注意问题

由于危险化学品火灾现场情况复杂，危险化学品本身及其燃烧产物大多具有较强的毒害性和腐蚀性，极易造成人员中毒、灼伤，因此，扑救危险化学品火灾时，除了做好扑救前的准备工作、掌握扑救过程中方法措施外，还应注意以下事项。

① 非专业人员不应盲目灭火。危险化学品火灾的扑救一般应由专业消防队来进行，其他非专业人员切不可盲目行动。火灾发生后，要及时撤离现场并马上报警，待消防队到达后，介绍现场的情况和物料介质的性质等，配合消防队进行扑救。

② 灭火人员不应单独行动。危险化学品火灾危险性极大，在扑救过程中，随时可能有意想不到的情况发生，为了安全起见，参与危险化学品扑救的人员一定要密切配合，协同作

战，针对每一类危险化学品，选择正确的灭火剂和灭火方法来安全地控制火势，切不可单独行动。

③ 灭火人员应积极采取自我保护措施。除了配备必要的防护服装和防护器材外，进行现场灭火的人员要尽量利用现场的地形、地物作为掩体保护自己；另外，尽量采用卧姿或匍匐等低姿进行射水（或其他灭火剂）灭火。

④ 现场指挥人员一定要密切注意各种危险征兆。遇有火势熄灭后较长时间未能恢复稳定燃烧或受热辐射的容器安全阀火焰变亮耀眼、尖叫、晃动等爆裂征兆时，指挥人员必须作出准确判断，及时下达撤退命令。现场人员看到或听到事先规定的撤退信号后，应迅速撤退至安全地带。来不及撤退的灭火人员应迅速就地卧倒，等待时机和救援。

⑤ 积极抢救受伤和被困人员。危险化学品火灾现场极易造成人员被困和伤亡，灭火除了进行必要的火灾控制外，还要积极投入寻找和抢救被困人员的工作。如，迅速组织被困撤离疏散；将着火源周围的其他易燃易爆物品搬移至安全区域，远离灾区，避免扩大人员伤亡和受灾范围等。

第五节 危险化学品事故现场的洗消技术

危险化学品事故发生后，燃烧和泄漏的有毒、有害化学品不仅造成空气、地面、水源的污染，还可能导致周围的构建物、群众、动植物以及救援人员和器材装备的污染。因此，在化学品火灾、爆炸或泄漏事故基本得到有效处置后，应对事故现场残余有毒有害化学品开展洗消工作，使毒物的污染程度降低或消除到可以接受的安全水平，从而最大限度地降低事故现场的人员伤亡、财产损失和毒物对环境的污染。洗消是化学事故现场处置中一项必不可少的环节和任务，它直接关系到化学事故应急救援的成败。

一、洗消原则

1. 及时、快速和高效的原则

化学事故发生后，危险化学品中的有毒有害气体或挥发性液体泄漏后毒性强，扩散范围广，客观上要求在完成现场侦检、人员现场疏散和救治、泄漏物控制和处置等工作的同时，必须及时、快速和高效地对现场侦检和堵漏等人员开展洗消工作，彻底地消除污染他们的危险化学品对其他救援人员的污染及二次中毒的可能性，将灾害事故的危害降到最低限度。

2. 因地制宜，专业性和群众性洗消相结合的原则

目前我国洗消器材装备和技术水平有限，在大型化学事故现场洗消任务重、时间性和技术性要求高的条件下，必须因地制宜地立足于现有的消防器材装备和充分发挥其作用，同时积极借助和发挥当地其他专业力量的作用，并提高群众的自消自护水平，增加人民群众的自我保护意识，才能最大限度地满足现场急洗消的需要。

二、洗消方法

根据有毒有害化学品的分子结构在洗消过程是否受到破坏与变化，可将洗消方法分为化学洗消法和物理洗消法。

1. 物理洗消法

物理洗消法就是通过利用物理手段如通风、稀释、溶洗、吸附、机械转移、掩埋隔离等将毒物的浓度稀释至其最高允许浓度以下，或防止人体接触来减弱或控制毒物的危害，但洗消剂（或其他消毒介质如热空气、高压水）不与毒剂发生化学反应，在洗消过程中毒剂的分

子结构没有被破坏。其突出特点是通用性好，洗消时可不用考虑毒剂的化学结构，如吸附法不受温度限制，对于精密装备，使用热空气吹扫和有机溶剂冲洗等都是非常有效的方法，但是它只适合于临时性解决现场毒物的危害，清除下来的毒剂可能对地面和环境造成二次危害，需要进行二次消毒。

2. 化学洗消法

化学洗消法是利用洗消剂与毒剂发生化学反应，改变毒物的分子结构和组成，使毒物转变成无毒或低毒物质，达到降低或消除毒物危害。常用的化学反应有亲核反应（如水解）、亲电子反应（如氧化、氯化）、催化反应（如酶催化、金属离子催化）、光化学或辐射化学降解反应、热分解（如高温分解）或以上反应机制的综合反应等。化学洗消法一般都比较有效、可靠、彻底，但也具有很大的局限性，一种洗消剂往往只对某种或几种毒剂起的作用很大，不能适合大多数毒剂的洗消，而且还应考虑洗消剂的最佳洗消效果和不良作用（如腐蚀）之间的协调；另外，反应受温度影响较大，温度越低，反应速度越慢。

3. 洗消方法的选择

洗消方法的选择应符合洗消速度快、洗消效果好、洗消费用低、洗消剂不会造成人员伤害等基本要求。

物理洗消法和化学洗消法各有其特点和适用条件的限制，可能是顺次进行，也可能是同时进行的。要根据化学事故现场毒物的种类、性质、泄漏量，以及被污染的对象及范围等因素全面考虑，合理选择，使这些方法的综合运用产生更加显著的效果。

三、洗消剂

洗消剂是开展洗消工作的根本要素，目前，主要有氧化氯化为机制的次氯酸盐（三合二、次氯酸钙）和有机氯胺，以碱性消除或水解为机制的有机超碱体系和苛性碱（氢氧化钠、碳酸钠）、以吸附为机制的吸附粉（如漂白土）和乳状液洗消剂四大类。

1. 氧化氯化型洗消剂

氧化氯化型洗消剂是指含有“活泼氯”的无机次氯酸盐和有机氯胺，主要有三合二、一氯胺、二氯胺等，适用于低价有毒而高价无毒的化合物的洗消。

(1) 三合二　三合二是白色固体粉末，有氯气味，能溶于水，溶液呈浑浊状，并有杂质沉淀，不溶于有机溶剂，主要成分为 $3Ca(OCl)_2 \cdot 2Ca(OH)_2$。其洗消的原理是三合二溶于水后生成次氯酸，并放出活泼的新生态氧和氯气，新生态氧和氯气能和有毒物发生氧化氯化作用，另外，碱性物质氢氧化钙可使某些毒物发生碱催化水解反应，从而达到洗消的目的。

在化学事故现场洗消时，可用粉状三合二或将其配成水乳浊液，如将其与水调制成1∶1或1∶2的水浆，可用于混凝土表面、木质以及粗糙金属表面的洗消；按1∶5调制的悬浊液，可用于道路、工厂、仓库地面的洗消。使用粉状时要注意避免其与某些有机物体作用猛烈而引起燃烧反应。

(2) 一氯胺　一氯胺是白色或淡黄色的固体结晶，稍溶于酒精和水，溶液呈浑浊状，主要可用于对低价化学毒物进行洗消。其洗消的原理是一氯胺在水中能发生缓慢水解生成次氯酸钠和苯磺酰胺，在酸性条件下，次氯酸钠迅速水解，生成的次氯酸和有毒物发生氧化氯化作用，从而达到消毒的目的。值得注意的是在有酸存在时，一氯胺的氧化氯化能力增强，但酸性过强，则会使一氯胺分解过快，反而失去消毒能力。

虽然一氯胺的刺激味及腐蚀性较小，但是价格较贵，适合于小面积污染处的洗消。通常用18%～25%的一氯胺水溶液对染毒人员的皮肤消毒，5%～10%一氯胺酒精溶液对精密器材消毒，0.1%～0.5%的一氯胺水溶液对眼、耳、鼻、口腔等消毒。

2. 碱性消除型或水解型洗消剂

碱性消除或水解型洗消剂是指洗消剂本身呈碱性或水解后呈碱性的物质，主要有碱醇胺洗消剂、氢氧化钠、碳酸钠（或碳酸氢钠），适用于酸性化合物的洗消。

（1）碱醇胺洗消剂　碱醇胺洗消剂是将苛性碱（氢氧化钠或氢氧化钾）溶解于醇中，再加脂肪胺配制成多组分的溶液，该溶液呈碱性，琥珀色，略带氨味。具有代表性的是美国在20世纪60年代装备的DS2洗消剂，随后被许多国家采用，但是由于对环境有污染，本身有一定的毒性，所以逐渐被其他洗消剂所取代。

（2）氢氧化钠　氢氧化钠又叫苛性钠或烧碱，是白色固体，吸水性很强，易潮解，吸收空气中二氧化碳变成了碳酸钠，腐蚀性强；易溶于水和乙醇，溶解时放热，溶液呈碱性。其洗消的原理是与化学物质发生中和反应生成盐和水，从而达到洗消的目的。

通常采用5%～10%的氢氧化钠水溶液对硫酸、盐酸、硝酸中和洗消。需要注意的是中和反应后，还要用大量的水冲洗，以免碱性的洗消剂过量引起新的伤害。

（3）碳酸钠或碳酸氢钠　碳酸钠俗称苏打或纯碱，碳酸氢钠俗称小苏打，它们都溶于水，不溶于有机溶剂，腐蚀性小，它们的水溶液都可用于对皮肤、服装上染有的各种酸进行中和。

一般2%的碳酸钠水溶液可对染有沙林类的服装、装具洗消；2%的碳酸氢钠水溶液可对口、眼、鼻等部位洗消。

3. 吸附型洗消剂

吸附型洗消剂是利用其较强吸附能力来吸附化学毒物，从而达到洗消的目的，常用的有活性炭、活性白土等。这些吸附型洗消剂虽然使用简单、操作方便、吸附剂本身无刺激性和腐蚀性，但是消毒效率较低，还存在吸附的毒剂在解吸时二次染毒的问题。

为了提高吸附型洗消剂的反应性能，美国、德国进行了大量研究，主要是将一些反应活性成分（如次氯酸钙）或催化剂通过高科技手段均匀混入吸附型洗消剂中，所吸附的毒剂会被活性成分消毒降解，在一定程度上解决了由于毒剂解吸时的二次染毒问题。

4. 乳状液洗消剂

上述洗消剂在洗消效果上基本能满足应急洗消的要求，但在性能上仍存在对洗消装备腐蚀性强、污染大等问题。为解决这些问题，科研人员利用新材料、新技术和新工艺，不断开发研究新的洗消剂，乳状液洗消剂就是其中的一种。

乳状液洗消剂就是将洗消活性成分制成乳液、微乳液或微乳胶，不仅降低了次氯酸盐类洗消剂的腐蚀性，而且乳状液洗消剂的黏度较单纯的水溶液大，可在洗消表面上滞留较长时间，从而减少了消毒剂用量，大大提高了洗消效率。主要是德国以次氯酸钙为活性成分的C8乳液消毒剂以及意大利以有机氯胺为活性成分的BX24消毒剂。

四、洗消技术及洗消器材

在化学事故现场对染毒对象实施洗消时，一般采用大量的、清洁的水或加温后的热水，如果化学毒物的毒性大，应根据毒物的性质选择相应的洗消剂，通过洗消装备并采用相应的洗消技术实施洗消。

1. 洗消技术

洗消技术的发展经历了三个阶段：常温常压喷洒洗消阶段，高温、高压、射流洗消阶段和非水洗消阶段，随着洗消技术的发展，也推动了洗消器材和装备的开发和研究。

(1) 常温常压喷洒洗消阶段 20世纪40年代以来，传统的洗消技术是以水基、常温常压喷洒技术为主。常温是指洗消装备中除人员、洗消车外无加热元件，洗消液接近自然界水温度；常压是工作压力较低，一般为0.2～0.3MPa；喷洒是指洗消装备的冲洗力量小，洗消液流量大。这种技术的缺点是效率较低，洗消液用量大，而且低温会导致洗消液严重冻结，影响了装备效能的发挥。

(2) 高温、高压、射流洗消阶段 20世纪80年代，高温、高压、射流技术在洗消领域得到广泛应用。高温指水温80℃、蒸汽温度140～200℃、燃气温度500℃以上；高压指工作压力为6～7MPa、燃气流速可高达400m/s；射流包括液体、气体射流和光射流。德国、意大利率先将高温、高压、射流技术应用于水基洗消装备，由于高温、高压、射流技术利用高温和高压形成的射流洗消，产生物理和化学双重洗消效能，因此具有洗消效率高、省时、省力、省洗消剂甚至不用洗消剂等特点，是洗消技术的发展趋势。

(3) 非水洗消阶段 随着科学技术的发展，各类洗消装备中应用的电子、光学精密仪器、敏感材料将逐渐增多，它们一般受温湿度影响较大，不耐腐蚀，在受污染的情况下，不能用水基和具有腐蚀性的洗消剂，只能采用热空气、有机溶剂和吸附剂洗消法进行洗消。因此，开发新型免水洗消方法、研制免水洗消装备是新时期的研究课题。

2. 洗消装备

洗消装备是实施机动洗消的主要装备，常用的主要有防化洗消车、喷洒车、消防车、燃气射流车等。实施洗消时，可直接将粉状洗消剂或洗消剂溶液加入干粉消防车或洒水车中，对污染的人员、污染区域、染毒的地面等洗消。

防化洗消车的工作程序一般为展开、投入使用和结束洗消。

展开包括选择停车展开地点、架设洗消流水线。洗消车驶抵事故现场后，必须依据当时的气候状况，根据地形、地势，选择合理的停车位置，该位置应位于危险区域与安全区域连接地带之间；架设洗消流水线包括打开车体卷帘门，启动车载发电机组，设置警戒标志划分洗消区域，铺设供电、供水管线，操作液压折叠升降平台将车载设备移至地面，设置洗消帐篷，连接供水泵、均混器、洗消水加热器、污水回收泵，铺设水带，向帐篷充气等。

投入使用包括广播洗消注意事项、开启洗消流水线向喷淋间供水，对受污染的人员进行洗消前的检测、组织人员更衣、喷淋、检测、更衣；伤员洗消完毕后，更换病号服，转送医院。

在洗消工作完成以后，关闭洗消流水线，收集、整理清洁水流管道及不受污染的设备，擦拭干净装车；对污水的管线、设备以及洗消帐篷进行集中洗消，检测合格擦拭干净装车；洗消污水转送化工厂处理；所有设备装车完毕以后，对防化洗消车辆进行洗消，撤离现场。

五、常见危险化学品的洗消

1. 氯气的洗消

氯气泄漏是化工厂中常易发生的事故，在大量氯气泄漏后，除用通风法驱散现场染毒空气使其浓度降低外，对于较高浓度的泄漏氯气云团，可采取喷雾水直接喷射，因为氯气能部分溶于水，并与水作用能发生自身氧化还原反应而减弱其毒害性，反应如下：

$$Cl_2 + H_2O \rightleftharpoons HCl + HOCl$$

$$HCl \longrightarrow H^+ + Cl^-$$

$$HOCl \rightleftharpoons H^+ + OCl^-$$

因此，喷雾的水中存在氯气、次氯酸、次氯酸根、氢离子和氯离子。次氯酸和稀盐酸因浓度不高，可视为无害。但是氯在水中的自氧化还原反应是可逆的，即水中存在次氯酸和稀盐酸会阻止氯气的进一步反应，甚至当溶液的酸性增高到一定程度，还会导致从溶液中产生氯气。由此可见，用喷雾水洗消泄漏的氯气必须大量用水。

为了提高用水洗消的效果，可以采取一定的方法把喷雾水中的酸度减低，以促使氯气的进一步溶解。常用的方法是在喷雾水中加入少量的氨（溶液 pH>9.5），即用稀氨水洗消氯气，效果比较好，但是在消毒时，洗消人员应戴防毒面具和着防护服。

稀氨水既能与盐酸、次氯酸反应，又能直接与氯气反应。这些反应如下：

$$2NH_3 \cdot H_2O + 2Cl_2 \longrightarrow 2NH_4Cl + 2HOCl$$

$$2HOCl + 2NH_3 \cdot H_2O \longrightarrow 2NH_4Cl + 2H_2O + O_2\uparrow$$

总反应式：

$$4NH_3 \cdot H_2O + 2Cl_2 = 4NH_4Cl + 2H_2O + O_2\uparrow$$

因此用含少量氨的水去对氯气消毒要比单用水为好。通过上述反应氯气可完全溶于氨水中，并转化为氯化铵、水和氧气。

2. 氰化物的洗消

氰化物包括氰化氢、氢氰酸、氰化钠、氰化钾、氰化锌、氰化铜等。氰化物的洗消可分为两部分，一是对气态的氰化氢（或易挥发液体氢氰酸）的吸收消除，二是对水中的氢氰根的消毒。

（1）气态氰化氢的洗消　气态氰化氢毒性很大，人员通过呼吸道吸入少量就易迅速死亡，溶于水后形成氢氰酸，可利用酸碱中和原理和络合反应进行消毒。

酸碱中和法是利用氰化氢的弱酸性，用中等以上强度的碱进行中和生成的盐类及其水溶液，经收集再进一步处理。洗消剂可用石灰水、烧碱水溶液、氨水等。

$$2HCN + Ca(OH)_2 \longrightarrow Ca(CN)_2 + 2H_2O$$

络合吸收法是利用氰根离子易与银和铜金属络合，生成银氰络合物和铜氰络合物，这些络合物是无毒的产物。例如：防氰化氢染毒空气的防毒面具就利用这种原理，在过滤罐内装填有氰化银、氰化铜的活性炭，其中活性炭是载体，对氰化氢不能吸收，但其表面附着的氰化银或氰化铜很容易与氰化氢迅速进行络合反应，生成无毒的银氰络离子、铜氰络离子而使染毒空气起到滤毒作用。

$$Cu^+ + CN^- \longrightarrow CuCN$$

$$CuCN + CN^- \longrightarrow [Cu(CN)_2]^-$$

（2）水中氰根离子的洗消　水中的氰根离子可采用碱性氯化法洗消。即先将含有氰根的水溶液调至碱性，再加入三合二消毒剂［1%～5%的漂粉精，其主要成分为 $3Ca(OCl)_2 \cdot 2Ca(OH)_2$］或通入氯气，利用生成的次氯酸与氰根发生氧化分解反应，而生成无毒或低毒的产物。

三合二的水溶液或氯气溶解在水中都会产生次氯酸：

$$Cl_2 + H_2O \rightleftharpoons HOCl + H^+ + Cl^-$$

再用碱液将溶液调至 pH≥10。在 pH≥10 碱性溶液中，次氯酸能与氰根发生如下反应：

$$CN^- + HOCl \longrightarrow HOCN + Cl^-$$

其中生成的氰酸可以通过把溶液 pH 值再调至 7.5～8.0，会进一步分解变成 CO_2 和 N_2，反应式如下：

$$2OCN^- + 3OCl^- + H_2O \xrightarrow{pH=7.5\sim8.0} 2CO_2 + N_2 + 3Cl^- + 2OH^-$$

因此，通过上述处理，可以对液体中的氰化物进行消毒。但是在消毒时，洗消人员应戴防毒面具和着防护服。

3. 光气的洗消

光气微溶于水，并逐步发生水解，但水解缓慢。根据光气的这种性质，可选用水、碱水作为洗消剂。其中，氨气或氨水能与光气发生迅速的反应，生成物主要为无毒的脲和氯化铵，反应如下：

$$4NH_3 + COCl_2 \longrightarrow CO(NH_2)_2 + 2NH_4Cl$$

因此，可用浓氨水喷成雾状对光气等酰卤化合物消毒，但是在消毒时，洗消人员要着防护服，为了防护氨的刺激，可佩戴防毒面具或空气呼吸器，若现场条件不允许，也可佩戴碱水口罩甚至清水口罩、毛巾等。

复习思考题

一、填空题

1. 危险化学品事故现场侦检的方法有（　　）法、动植物检测法、便携式检测仪侦检法和（　　）法四种。

2. 比色型检测管的工作原理是当被测物质通过检测管时，检测剂和被测物质发生（　　）化学反应并（　　），由于检测管直径是固定的，因此色变长度和被测物质的浓度呈（　　）关系。

3. 危险化学品事故现场侦检的主要内容包括有毒物质的（　　）、（　　）及其分布。

4. 正压式空气呼吸器的使用时间与（　　）、气瓶的工作压力和（　　）有关。

5. 强压注胶法的原理是先在泄漏部位建造一个封闭的空腔，然后把耐高温又具有受压变形的（　　）注入到泄漏部位并充满，从而在泄漏部位形成密封层，当注胶压力远大于泄漏介质压力时，泄漏被止住，密封剂在短时间内迅速（　　），形成一个坚硬的密封结构，将漏口堵住。

6. 如果采用堵漏方法不能制止储罐、容器或装置泄漏时，可采取疏导的方法将泄漏装置内部的液体倒入其他容器或储罐中，以控制泄漏量和配合其他处置措施的实施。常用的倒罐方法有（　　）、（　　）、压缩气体倒罐和压差倒罐四种方法。

7. 轻金属物质火灾不能用（　　）扑救，也不能用二氧化碳、1211等灭火剂扑救，一般采用（　　）进行扑救，也可用干粉和干沙土等覆盖窒息灭火。

8. 危险化学品火灾扑救过程中，现场指挥人员一定要密切注意各种危险征兆。遇有火势熄灭后较长时间未能（　　）或受热辐射的容器安全阀火焰（　　）、尖叫、晃动等爆裂征兆时，指挥人员必须作出准确判断，及时下达撤退命令。

9. 氧化氯化型洗消剂是指含有“活泼氯”的（　　）和有机氯胺，常用的有三合二、（　　）、二氯胺等。

10. 乳状液洗消剂就是将洗消活性成分制成乳液、微乳液或微乳胶，不仅降低了次氯酸盐类洗消剂的（　　）性，而且乳状液洗消剂的黏度较单纯的水溶液（　　），可在洗消表面上滞留较长时间，从而减少了消毒剂用量，大大提高了洗消效率。

二、简答题

1. 危险化学品事故现场侦检的作用和目的是什么？

2. 如何对危险化学品实施现场浓度及其分布的侦检？

3. 简述影响化学危险品扩散范围的因素。

4. 危险化学品扩散范围的确定方法有几种？各种方法是如何确定的？

5. 过滤式呼吸器的原理和使用注意事项分别是什么？

6. 简述常用的皮肤防护器材的类型。

7. 在危险化学品泄漏事故现场，控制危险化学品泄漏的技术有哪几种？对泄漏的危险化学品的处置技术有哪几种？

8. 简述扑救液化石油气钢瓶火灾的方法和措施。

9. 为什么用氨水洗消氯气效果比水好？

10. 如何对泄漏事故现场的氰化物进行洗消？

第七章 危险化学品事故现场急救

学习目标

本章介绍危险化学品事故现场急性化学中毒人员、危险化学品致伤人员的救治技术及事故现场通用的救护技术，使学生能真正掌握这些救治技术并对事故现场的受伤人员实施救治，提高学生理论知识转化为实际操作的能力。

通过本章的学习，要求学生掌握以下内容：

1. 了解危险化学品对人员的伤害方式和症状、现场急救的目的和基本原则，总体上把握现场急救的基本方法；

2. 了解危险化学品致人员急性化学中毒的机制，明确急性化学中毒的现场救治程序和方法，熟练掌握常见的人员急性化学中毒现场救治措施；

3. 了解危险化学品致人员烧伤的种类，明确危险化学品致人员热力烧伤、化学烧伤、低温冻伤的致伤机制，理解现场急救措施的实施程序，重点掌握常见的化学烧伤如酸烧伤、碱烧伤、磷烧伤等的现场救治措施；

4. 熟练掌握心肺复苏、止血和包扎等事故现场急救的通用技术，并能够对实际危险化学品事故现场的受伤人员实施正确、有效的急救。

第一节 危险化学品事故现场急救概述

危险化学品事故的现场急救是指发生化学事故时，对事故现场的伤员实施及时、有效的初步救护时所采取的一切医学救援行动和措施。化学事故现场会出现不同程度的人员烧伤、中毒、化学品致伤和复合伤等伤害。事故发生后的几分钟、十几分钟是抢救危重伤员的最重要的时刻，医学上称之为“救命的黄金时刻”，在此时间内，抢救及时、正确，生命有可能被挽救；反之，生命丧失或病情加重。因此，学习和了解在现场对伤员实施及时、正确、有效的初步紧急救护措施，使伤员在尽可能的时间内获得最有效的救护，为医院救治创造条件，最大限度地挽救伤员的生命和减轻伤残是十分必要的。

一、危险化学品对人员的伤害方式和症状

危险化学品的泄漏事故、火灾或爆炸事故发生后，极易造成事故现场的人员热力烧伤、化学性烧伤、冻伤，或暴露于空气中化学品与人体接触而被人体吸收后引起的人员中毒。危险化学品对人员的伤害方式主要有呼吸道吸入灼伤或中毒、皮肤腐蚀性灼伤或吸收中毒和眼睛灼伤。

1. 呼吸道吸入灼伤或中毒

危险化学品通过呼吸道、肺进入人体而造成中毒，是化学事故中毒伤害中最普通和可能性最大的一种方式。因为肺的表面积巨大（约为 $65m^2$），可以吸收大量的化学毒物，有时仅呼吸一次所吸入的毒气即能引起肺水肿、失去知觉甚至死亡。

水溶性的气体和蒸气（如氨气），可引起上呼吸道严重灼伤，而不溶或难溶于水的气体或蒸气（如盐酸）则引起肺部组织的严重伤害，气管、支气管、肺泡内膜受到严重损害而发炎会引起严重肿胀，从而阻碍呼吸。

呼吸吸入中毒常见的症状有：病人感觉胸部绷紧发胀或呼吸急促浅短；心动过速；频繁咳嗽并常伴有带血的黏痰；眼睛发炎；鼻和嘴周围发红或发炎；严重时出现失去知觉、无呼吸和死亡。

2. 皮肤腐蚀性灼伤或吸收中毒

腐蚀性的化学品（如酸）喷溅到皮肤上会引起皮肤腐蚀灼伤，这种化学性烧伤比由于火或高温引起的烧伤更严重和危险。皮肤腐蚀灼伤的程度主要与以下因素有关。

① 危险化学品的浓度。一般来说，危险化学品的浓度越高，其造成的伤害程度越大。例如：30%的硫酸会引起皮肤刺痛和发痒；而97%的硫酸则会引起深度化学性灼伤，从而引起严重的皮肤组织损伤。

② 接触时间。接触时间越长，伤害越严重。

③ 危险化学品的温度。温度较高的危险化学品接触皮肤后，不仅会引起化学性灼伤，而且会引起热烧伤，因此，其对皮肤的损伤比温度较低的相同化学品更严重。

有些化学品与皮肤接触虽然不会引起腐蚀灼伤，但会通过皮肤上的毛细孔吸收引起中毒，但是中毒症状出现的过程没有呼吸中毒快，中毒的症状有多汗、肌肉痉挛以及与呼吸中毒类似的症状，严重时会出现失去知觉、无呼吸甚至死亡。

3. 眼睛灼伤

不论是液态、固态还是气态的危险化学品喷溅到眼睛内，都会使眼睛受到伤害，其症状有眼睛发痒、流泪、发炎疼痛、有灼烧感、视力模糊甚至失明。

二、现场急救的目的

1. 挽救生命

通过及时有效的急救措施，如对心跳呼吸停止的伤员进行心肺复苏，以挽救生命。

2. 稳定病情

在现场对伤员进行对症、医疗支持及相应的特殊治疗与处置，以使病情稳定，为下一步的抢救打下基础。

3. 减少伤残

发生化学灾害事故特别是重大事故时，不仅可能出现群体性中毒，往往还可能出现烧伤、冻伤、复合伤和各类外伤，诱发潜在的疾病或使原来的某些疾病恶化，现场急救时正确地对伤员进行冲洗、止血、包扎、固定、搬运及其他相应处理，可以大大降低伤残率。

4. 减轻痛苦

通过一般及特殊的救护可安定伤员的情绪，减轻伤员的痛苦。

三、现场急救的基本原则

危险化学品事故现场的救护原则是根据危险化学品事故的特点而制定的。事故现场一般都比较复杂和混乱，救灾医疗条件艰苦，事故后瞬间可能出现大批伤员，而且伤情复杂，大量伤员同时需要救护。所以危险化学品事故现场救治应遵循以下原则。

1. 立即就地、争分夺秒

该原则强调的是救人和抢险的速度，只有快速地行动，才能赢得最终的胜利。

泄漏的有毒气体、挥发性液体导致现场人员中毒的反应速度相当快，往往一口毒气就会造成窒息，因此，现场救护人员要迅速佩戴上呼吸器将中毒者移至安全地点，并立即进行人工呼吸。

2. 先群体，后个人

在救护现场如遇受有毒气体威胁人数较多的情况时，要遵循“先救受毒气威胁人数较多的群体，后救受毒气威胁的个人”的原则。

在救护现场如遇受毒气威胁较多群体的情况时，要遵循“先救受毒气威胁人数较多的群体，后救受毒气威胁人数较少的群体”的原则。

3. 先危重，后较轻

当遇到多个需要救治的中毒者时，要先救治危重的中毒者，后救治较轻的中毒者。如果参与救治的人员较多，可采取分头救治的办法。如果救治中毒者时发现有伤口严重流血时，要按“先治较重的部位，后治较轻的部位”的原则，进行快速止血包扎，防止中毒者因流血过多而造成死亡；如果救护者多于被救者，应同时进行人工呼吸与伤口包扎。

4. 防救兼顾

深入有毒区域进行救人的救护者一定要加强自身防护，如果自己没有穿戴救护用具，就会造成不但没有达到救人的目的，反而使自己中毒甚至生命受到威胁的恶果。另外，在救护人员充足的情况下，救治人员与排除毒气的工作要分头同时进行，因为救人是首要的任务，排毒的目的是为了救人。

四、现场急救的基本方法

1. 安全进入事故毒物污染区，切断毒物来源

进行化学事故的救援人员必须安全迅速地进入事故现场，救援人员必须佩戴空气呼吸器、防毒防化服等个人防护用品，在保证自身安全的前提下进行救援工作。救护人员在进入事故现场后，应迅速采取果断措施切断毒物的来源，防止毒物继续外逸。对已经逸散出来的有毒气体或蒸气，应立即采取措施降低其在空气中的浓度，为进一步开展抢救工作创造有利条件。

2. 迅速将伤员脱离污染区，转移到通风良好的场所

在搬运过程中要沉着、冷静，不要强抢硬拉，防止造成骨折。如已有骨折或外伤，则要注意包扎和固定。

3. 彻底清除毒物污染，防止继续吸收

先脱去受污染的衣物，然后用大量微温的清水冲洗被污染的皮肤；对于能被皮肤吸收的毒物及化学灼伤，应在现场用清水或其他解毒剂、中和剂冲洗。

4. 对患者进行现场急救治疗，迅速抢救生命

把患者从现场中抢救出来后，要采取正确的方法，对患者进行紧急救护。首先应松解患者的衣扣和腰带，维护呼吸道畅通，并注意保暖；然后去除患者身上的毒物，防止毒物继续侵入人体；再对患者的病情进行初步检查，重点检查患者是否有意识障碍、呼吸和心跳是否停止，有无出血或骨折等。对于心脏停止者，立即拳击心脏部位的胸壁或做心脏胸外按摩，直接对心脏内注射肾上腺素或异丙肾上腺素，抬高下肢使头部低位后仰；对于呼吸停止者，立即进行人工呼吸，最好用口对口吹气法；人工呼吸和胸外按摩可同时交替进行，直至恢复自主心搏和呼吸；最后根据患者的症状、中毒的途径以及毒物的类型采取相应的急救方法。

五、注意事项

① 选择有利的地形设置急救点，急救之前救援人员应确信受伤者所在的环境是安全的，并且所有的现场急救方法应防止伤员发生继发性损害。

② 进入染毒区域的救援人员应根据染毒区域的地形、建筑物的分布、有无爆炸及燃烧的危险、毒物种类及浓度等情况，正确选择合适的防毒面具和防护服。

③ 救援人员应至少2～3人为一组集体行动，以便互相监护照应，并明确一位负责人，指挥协调在染毒区域的救援行动，最好配备一部对讲机随时与现场指挥部及其他救援队伍联系。

第二节 急性化学中毒的现场救治

急性化学中毒主要指化学品在较短的时间内进入人体引起机体功能、结构损伤甚至造成死亡的疾病状态，可引起急性化学中毒的致病物质即称为化学毒物。急性化学中毒常见于危险化学品生产、储存、运输过程中，有发病突然、病变骤急、迅速的特点，为挽救中毒者生命，提高治愈率，降低后遗症，需要及时判断中毒化学物质并进行现场急救。

一、急性化学中毒和代谢的机制

1. 中毒机制

（1）化学毒物损伤呼吸道，引起肺水肿及化学损伤性肺炎　经呼吸道吸入的化学毒物因溶解慢，损伤呼吸道，气体溶解在饱和水蒸气或肺泡表面的液体中形成硝酸和亚硝酸，刺激并腐蚀肺泡上皮细胞和毛细血管壁，导致通透性增加，大量液体自细胞及血管外漏，产生肺水肿；损伤肺Ⅱ型上皮细胞，使肺表面活性物质减少，诱发肺泡萎陷，肺泡压明显降低，致使与肺泡压抗衡的毛细血管静水压增高，液体由血管内大量外渗，产生肺水肿；使细胞内环磷酸腺苷含量下降，降低了生物膜的功能，从而诱发脂质过氧化造成组织损伤。如上述的致伤环节不能有效阻断，则可进一步发展成为急性呼吸窘迫综合征。

（2）高铁血红蛋白血症　化学毒物通过各种途径进入体内，可使机体的血红蛋白变成高铁血红蛋白血，形成高铁血红蛋白血症。当体内高铁血红蛋白血含量达到15%以上时，可出现紫绀，影响红细胞携带氧的功能，进一步加重机体的缺氧，诱发各种内脏并发症。

（3）降低机体对病毒和细菌的防御机制　吸入危险化学毒物，可使支气管和毛细支气管上皮纤毛脱落，黏液分泌减少，肺泡吞噬细胞功能降低，由此使机体对病毒和细菌的抵抗力下降，呼吸道感染发生率明显增加。

（4）其他损伤机制　危险化学品毒物可攻击细胞膜的不饱和脂肪酸，形成以碳为中心的自由基，由此引起组织损伤。

① 毒物对组织的直接化学刺激腐蚀作用，如强酸、强碱可吸收组织中的水分，并与蛋白质或脂肪结合，使细胞变质、坏死。

② 缺氧，如一氧化碳、硫化氢、氰化物等窒息性毒物通过不同途径阻碍氧的吸收、转运和利用。脑和心肌对缺氧敏感，易发生损害。

③ 麻醉作用，如有机溶剂有强亲脂性，脑组织和脑细胞膜类脂含量高，有机溶剂可通过血脑屏蔽进入脑内而抑制脑功能。

④ 抑制酶的活力，如很多毒物是由其本身或其代谢产物抑制酶的活力而产生毒性作用，如氰化物抑制细胞色素氧化酶。

2. 代谢机制

化学毒物经各种途径吸收后进入血循环，一般首先与红细胞或血浆中的某些成分相结合，再通过毛细血管进入组织，毒物通过淋巴血液分布到全身，最后达到细胞内的作用部位而产生毒性，出现各种中毒表现。

毒物进入机体后与机体的细胞和组织内的化学物质起合成作用，通过酶的作用而代谢为其他物质，有毒物质在机体内主要是通过肝脏代谢，肾、胃肠、心、甲状腺等也可进行代谢转化。毒物在机体内发生代谢作用的同时，也在不断排出体外，其排出途径主要是呼吸道、肾脏和消化道，肾脏的排泄最为重要，一些可随汗液、胆道、肠黏膜、消化液等排出，也有在皮肤的新陈代谢过程中到达皮肤而排出机体。

① 消化道是中毒吸收、排泄的主要器官，在急救中早期洗胃、导泻、利胆，可尽早减少毒物的吸收，加快毒物的排泄。

② 肾脏参与毒物在机体内代谢，同时又是毒物的主要排泄器官，因此保肾、利尿在抢救中毒中有重要意义。

③ 肝脏是毒物在肌体内代谢的重要器官，急性中毒病人观察肝脏功能，保护肝功能是不可忽视的。

④ 呼吸道是毒物的排泄器官，中毒时又易引起中毒性脑病和组织细胞缺氧，急救中保持呼吸道通畅，尽快有效给氧则有利于毒物的排出和保护组织细胞及大脑的功能。

二、急性化学中毒的现场救治程序

1. 彻底清除未被吸收的毒物

(1) 洗胃　根据病情及客观条件，选择合适的洗胃方法。一般可用清水，有些毒物可按其理化性质选择针对性洗胃液，但不必过多强调，以免配制洗胃液而耽误洗胃时间，洗胃时必须同时进行其他抢救治疗措施。

(2) 应用吸附剂　活性炭具有颗粒小、含大量小孔、表面积大的特点，有强有力的吸附作用，可吸附很多毒物，对阻止毒物吸收有效。成人用量为50g，儿童减量，置于水中成悬浮液，经口或胃管灌入，之后再吸出，可反复多次，也可在洗胃后再置30g于胃中。

(3) “沉淀”疗法　采用药物使胃肠内的毒物成为不溶性物质，以防止其继续吸收，如氢氟酸吸收后可给予葡萄糖酸钙，使钙与氟化物结合成不溶性氟化钙，且可防止中毒所致的低钙血症。

(4) 导泻　导泻可促使肠腔内的残留毒物排出，常用硫酸镁、硫酸钠经口或洗胃后由胃管内注入。近年用山梨醇或甘露醇，作用快、维持时间较长。

2. 尽快排出已吸收的毒物

目的是缩短毒作用的时间，以减轻中毒程度。可根据毒物的理化性质、毒代动力学及病情等选择疗法。

(1) 利尿　很多毒物及其代谢物随尿排出，输入大量葡萄糖液，同时注射利尿剂，促使毒物排出，这是传统的抢救措施之一，但排毒效果不好，且快速、大量注射葡萄糖可诱发或加重脑水肿或肺水肿。

(2) 络合剂　络合剂在体液pH条件下能与体内多种金属离子起到结合作用，形成稳定的无毒或低毒水溶性络合物，从尿中排出，起到解毒、促排作用。

(3) 特效解毒剂　特效解毒剂是根据中毒机制研制的拮抗剂，以达到解毒和恢复损害的功能。如急性氰化氢中毒后可立即吸入亚硝酸异戊酯（1～2支压碎于纱布中），随后用亚硝酸钠10mL静脉注射，再以同一针头注入25%～50%的硫代硫酸钠25～50mL。必要时1h后重复注射半量或全量；或用4-二甲基氨基苯酚（4-DMAP）2mL肌肉注射。

(4) 特异拮抗剂　根据急性中毒发病和病程变化的机制，以及因果关系转化、交替的特点，用特异拮抗剂进行干预，使机体恢复稳态。很多化学物中毒的机制是化学物引起体内产生自由基，导致脂质过氧化，并与生物大分子共价结合，以及破坏细胞内的自稳机制等，使机体受损。针对这些发病机制及病理生理变化给予拮抗剂，阻止或减轻其有害作用。常用的特异拮抗剂有肾上腺糖皮质激素，如地塞米松和氢化可的松等；自由基清除剂，如维生素E、维生素C等；钙通道阻滞剂，如硝苯地平（心痛定）、维拉帕米（异搏定）、尼卡地平等。

三、急性化学中毒的现场救治方法

1. 脱离现场法

① 救护者应迅速组织处在有毒区域及受到有毒气体威胁区域的人员撤离到空气新鲜场所给予吸氧，脱除污染的衣物，用流动清水及时冲洗皮肤，对于可能引起化学性烧伤或能经皮肤吸收中毒的毒物更要充分冲洗，时间一般不少于20min，并考虑选择适当中和剂中和处理；眼睛有毒物溅入或引起灼伤时要优先迅速冲洗，并及时检查撤离人员的身体情况，如呼吸道是否通畅，意识、瞳孔、血压、呼吸、脉搏等生命体征是否正常，发现异常立即处理。

② 当现场环境及装备不具备“就地立即”抢救中毒者时，施救者要迅速佩戴呼吸器进入有毒区域，将中毒者及时转移到空气新鲜的地方进行救护。

③ 中止毒物的继续吸收。皮肤污染冲洗不够时要及时中和；经口中毒，毒物为非腐蚀性者，立即用催吐或洗胃以及导泻的办法使毒物尽快排出体外；但腐蚀性毒物中毒时，一般不提倡用催吐与洗胃的方法。

④ 尽快排出或中和已吸收入体内的毒物，解除或对抗毒物毒性。通过输液、利尿、加快代谢，用排毒剂和解毒剂清除已吸收入体内的毒物。排毒剂主要指综合剂，解毒剂指能解除毒作用的特效药物。

2. 就地抢救法

对中毒昏迷、休克或已经停止呼吸的危重中毒者，必须立即组织人员就地进行人工呼吸、强制输氧等抢救措施，防止因搬运中毒者而失去最佳抢救时机。

① 没有呼吸或心跳的中毒者，只要身体不僵硬，就要立即进行胸外心脏按压与人工呼吸。

② 对呼吸微弱的中毒者，要立即进行人工供氧。当现场没有氧气时，可将储气式空气呼吸器给中毒者佩戴，并注意观察中毒者的呼吸情况。如果呼吸停止，要立即进行胸外心脏按压与人工呼吸；如果呼吸由弱变强，在不影响救护的情况下，迅速脱离有毒现场。

③ 对有流血性外伤的中毒者，应及时止血，防止因失血过多而造成死亡。

3. 改善环境法

① 当打开通风设备或关掉毒气泄漏阀门就可迅速改善现场环境时，应迅速采取改善环境的救人方法。

② 当现场地形复杂，一时难于找到中毒者，或中毒者被挤压不能及时搬运时，应考虑边营救边进行堵漏、排毒、通风等，迅速改善环境等措施。

③ 当多名中毒者处在有毒区域且救护者很少、短时间不能将中毒者全部撤离到空气新鲜场所时，应尽可能采取堵漏、排毒、通风、用喷雾水枪驱除有毒气体等改善环境的方法，力求使大多数人能得到及时救助，即遵循“先群体后个人”的救护原则。

4. 综合施救法

综合施救法适合救护者与被救者人数较多的情况，救护者分头采取救援行动。一是“就地立即”抢救中毒较多的中毒者，二是引导或搀扶轻度中毒者迅速离开有毒区域；三是迅速组织人员进行堵漏、排毒、通风等降低现场有毒气体的浓度，以达到救护的目的。

四、急性化学中毒现场救治的注意事项

① 急性化学中毒现场救治非常重要，处理恰当可阻断或减轻中毒病变的发展；反之，则可加重或诱发严重病变。一些刺激性气体中毒，如早期安静休息，常可避免肺水肿发生，如休息不当，活动太多，精神紧张，往往促使肺水肿的发生。“亲神经”毒物中毒早期一定要限制进入水量，尤其是静脉输液，如在潜伏期或中毒早期输液过多、过快，可促使发生严重脑水肿。

② 中毒病情有时较重、较快，故需密切观察，详细记录，并随时掌握主要临床表现，及时采取救治措施。治疗中还应预防继发或并发性病变，如中毒性脑病进展期应防止呼吸中抑制及脑疝形成，昏迷期应防止继发感染；恢复期患者体力、精神状态都未恢复时，应防止发生其他意外（如跌伤）。

③ 抢救过程中维持水电解质和酸碱平衡非常重要，准确地记录出入水量，调整输液总量及电解质量，使机体环境保持稳定。

④ 可引起急性中毒的毒物成千上万，多种多样，但是由于有些毒物缺乏毒理资料，同时由于个体差异，吸入量不同或有毒物含有杂质，使患者的中毒表现差异较大，在这种情况下，必须根据病情进行对症治疗。

⑤ 一些药物如排毒剂及解毒剂这些特殊药物，在现场急救时应抓紧时机，尽量应用，否则当毒物已造成严重器质性病变时，其疗效将明显降低；同时随病情进展，一些继发性或并发的病变可能转为主要矛盾，使特效药无法发挥其作用；剂量过大，可产生副作用，故必须结合具体情况随时调整剂量。

⑥ 在急性化学中毒的现场救治中，使用一些中医中药针灸等治疗方法，简单易行，方便有效，常收到意想不到的效果。

五、常见急性化学中毒的现场救治

1. 刺激性气体中毒

刺激性气体过量吸入可引起以呼吸道刺激、炎症乃至肺水肿为主要表现的疾病状态，称为刺激性气体中毒。如氯气、光气、氨气、酸类和成酸化合物（硫酸、盐酸、氯化氢、硫化氢）等。

（1）毒性作用　刺激性气体的主要毒性在于它们对呼吸系统的刺激及损伤作用，因为它们可在黏膜表面形成具有强烈腐蚀作用的物质，如酸类或成酸化合物、氨气和光气等。上述损伤作用发生在呼吸道，则可引起刺激反应，严重者可导致化学性炎症、水肿、充血、出血、甚至黏膜坏死，发生在肺泡，则引起化学性肺水肿。化学物的刺激性还可引起支气管痉挛及分泌增加，进一步加重可导致肺水肿。

（2）中毒症状　刺激性气体中毒主要存在三种中毒症状。

① 化学性（中毒性）呼吸道炎。主要因刺激性气体对呼吸道黏膜的直接刺激损伤作用所引起，水溶性越大的刺激性气体对上呼吸道的损伤作用也越强，其进入深部肺组织的量也相应较少，如氯气、氨气、各种酸雾等。此时的症状有喷嚏、流泪、畏光、咽干、眼痛等，严重时可有血痰及气急、胸闷等症状；高浓度刺激性气体吸入可因喉头水肿而致明显缺氧，有时甚至引起喉头痉挛，导致窒息死亡。较重的化学性呼吸道炎可出现头痛、头晕、乏力等全身症状。

② 化学性（中毒性）肺炎。主要因刺激性气体进入呼吸道深部对细支气管及肺泡上皮的刺激损伤作用而引起，此时的症状除有上呼吸道刺激症状外，主要表现为较明显的胸闷、胸痛、呼吸急促、痰多，体温有中度升高，伴有明显的全身症状如头痛、头晕、乏力等。

③ 化学性（中毒性）肺水肿。吸入高浓度的刺激性气体可在短期内迅速出现严重的肺水肿，但一般情况下，化学性肺水肿多由化学性呼吸道炎和化学性肺炎演进而来，主要症状有呼吸急促、严重胸闷气憋、剧烈咳嗽，并伴有烦躁不安、大汗淋漓等。

（3）救治措施

① 迅速将伤员脱离事故现场，移到上风向空气新鲜处。保护呼吸道通畅，防止梗阻，并注意保温，给吸入氧气有利于稀释吸入的毒气，并有促使毒气排出的作用。

② 密切观察患者意识、瞳孔、血压、呼吸、脉搏等生命体征，发现异常立即处理。对无心跳呼吸者采取人工呼吸和心肺复苏。

③ 积极改善症状，如剧咳者可使用祛痰止咳剂，躁动不安者可给予安定镇静剂，如安定、非那根；支气管痉挛可用异丙基肾上腺素气雾剂吸入或氨茶碱静脉注射；中和性药物雾化吸入有助于缓解呼吸道刺激症状，其中加入糖皮质激素和氨茶碱效果更好。

④ 适度给氧，多用鼻塞或面罩，进入肺部的氧含量应小于55%，慎用机械正压给氧，以免诱发气道坏死组织堵塞、气胸等。

⑤ 可采用钙通道阻滞剂在亚细胞水平上切断肺水肿的发生环节。

2. 窒息性气体中毒

窒息性气体过量吸入可造成机体以缺氧为主要环节的疾病状态，称为窒息性气体中毒。常见的窒息性气体有一氧化碳、硫化氢、氰化氢等。

（1）毒性作用　窒息性气体的主要毒性在于它们可在体内造成细胞及组织缺氧，如一氧化碳能明显降低血红蛋白对氧气的化学结合能力，从而造成组织供氧障碍；再如硫化氢主要作用于细胞内的呼吸酶，阻碍细胞对氧的利用。缺氧引发的最严重的恶果就是脑水肿，严重者导致伤员死亡。

（2）中毒症状　窒息性气体中毒的症状有缺氧，轻度缺氧时主要表现注意力不集中、头痛、头晕、乏力等，缺氧较重时可有耳鸣、呕吐、烦躁、抽搐甚至昏迷。但上述症状往往被不同窒息性气体的独特毒性所干扰或掩盖，因此，不同窒息性气体引起的相近程度的缺氧都有相同的表现。

如吸入一氧化碳后可迅速与血红蛋白结合，生成碳氧血红蛋白，阻碍氧气在血液中的输送。由于碳氧血红蛋白为鲜红色，而使患者皮肤黏膜在中毒后呈樱红色，与一般缺氧有明显不同，全身乏力十分明显，以致中毒后仍然清醒，但行动困难，不能自救，其余症状与一般缺氧相近。

高浓度的硫化氢吸入一口后，呼吸立即停止，发生所谓“闪电型”死亡；这是由于硫化氢可在血中形成蓝紫色硫化变性血红蛋白，少量（4%～5%）即能引起紫绀，故硫化氢中毒伤员肤色多呈蓝灰色，呼出气及衣物带有强烈臭鸡蛋气味，呼吸道及肺部可发生化学性炎症甚至肺水肿。

（3）救治措施

① 中断毒物继续侵入。迅速将伤员脱离危险现场，同时清除衣物及皮肤污染物。

② 采取解毒措施。通过利尿、络合剂、服用特效解毒剂等，降低、减少或消除毒气的毒害作用。如氰化物中毒可采用亚硝酸盐-硫代硫酸钠联合疗法，亚硝酸戊酯和亚硝酸钠可使血红蛋白迅速转变为较多的高铁血红蛋白，后者与 CN^- 结合成比较稳定的氰高铁血红蛋白。数分钟后氰高铁血红蛋白又逐渐离解，放出 CN^-，此时再用硫代硫酸钠，使 CN^- 与硫结合成毒性极小的硫氰化合物，从而增强体内的解毒功能。

有的气体没有特效解毒剂，如一氧化碳，其中毒后可给高浓度氧吸入，以加速碳氧血红蛋白解离，也可看作解毒措施。

3. 皮肤污染物中毒的现场抢救

对于皮肤污染物中毒的患者，救治者应迅速脱去污染的衣着，用大量的流动清水如淋浴、蛇管彻底冲洗污染皮肤以稀释或清除毒物，必要时可反复冲洗，阻止毒物继续损伤皮肤或经皮肤吸收；冲洗液忌用热水，不强调用中和剂，切勿因等待配制中和剂而贻误时间。

4. 眼部污染物中毒的现场抢救

眼部接触具有刺激性、腐蚀性的气态、液态、固态化学物，应立即用流动水或生理盐水冲洗，至少10min，这是减少组织受损最重要的措施，也可将面部浸入面盘清水内，拉开眼睑，摆动头部，以达到清除作用。

第三节　危险化学品致伤的现场救治

危险化学品事故除了造成现场人员的急性中毒外，还可能对现场人员产生其他方面的损伤，如热力烧伤、化学性灼伤和低温冻伤等，对这些危险化学品致伤的早期急救处理不但可以减轻伤员的痛苦，而且可以减轻创面的继发性损伤。

一、危险化学品致热力烧伤的救治

所谓热力烧伤是指危险化学品事故中的可燃化学物质燃烧产生的火焰、高温的液体化学品及其蒸气对人员局部组织的损伤，轻者损伤皮肤，出现肿胀、水泡、疼痛，重者皮肤烧焦，甚至血管、神经、肌腱等同时受损，呼吸道也可烧伤。

1. 热力烧伤的分类

热力烧伤对人体组织的损伤程度按损伤深度一般分为三度，可按三度四分法进行分类，见表7-1所示。

表7-1　烧伤三度四分法

烧伤分级图例	分　度		烧伤分度标准
Ⅰ度烧伤	Ⅰ度		损伤深度为表皮层，表现为轻度红、肿、痛、热感觉过敏，表面干燥无水疱，称为红斑性烧伤
Ⅱ度烧伤	Ⅱ度	浅Ⅱ度	损伤深度为真皮浅层，表现为剧痛、感觉过敏、有水疱；疱皮剥脱后，可见创面均匀发红，水肿；Ⅱ度烧伤又称为水疱性烧伤
		深Ⅱ度	损伤深度为真皮深层，表现为感觉迟钝，有或无水疱，基底苍白，间有红色斑点，创面潮湿
Ⅲ度烧伤	Ⅲ度		损伤深度为全层皮肤，累及皮下组织或更深，表现为皮肤疼痛消失，无弹性，干燥无水疱，皮肤呈皮革状、蜡状，焦黄或炭化，严重时可伤及肌肉、神经、血管、骨骼和内脏

2. 热力烧伤的现场急救措施

针对不同程度的烧伤人员，可分别采取相应的措施。

对于Ⅰ度烧伤者，迅速脱去伤员衣服或顺衣缝剪开，可用水冲洗或浸泡10～20min，涂上外用烧伤膏药，一般3～7日治愈。

对浅Ⅱ度烧伤引起的表皮水疱，不要刺破，不应剪破以免细菌感染，不要在创面上涂任何油脂或药膏，应用干净清洁的敷料或就便器材，如方巾、床单等覆盖伤部，以保护创面，防止污染。

对深Ⅱ度或Ⅲ度烧伤者，可在创面上覆盖清洁的布或衣服，严重口渴者可口服少量淡盐水或淡盐茶，条件许可时，可服用烧伤饮料。

对大面积烧伤伤员或严重烧伤者，应尽快组织转送医院治疗。

3. 热力烧伤的现场急救程序

烧伤现场急救的原则是先除去伤因，脱离现场，保护创面，维持呼吸道畅通，再组织转送医院治疗。其现场急救的具体措施如下。

(1) 去除致伤源　一般而言，烧伤的面积越大、深度越深，则治疗越困难，如火焰烧伤时的衣服着火有一定的致伤时间，且烧伤面积和深度往往与致伤时间成正比。因此，早期处理的首要措施是去除致伤源，尽量“烧少点、烧浅点”，并使伤员迅速离开密闭和通气不良的现场，防止增加头面部烧伤或吸入烟雾和高热空气引起吸入性损伤和窒息。

去除致伤源的方法有以下几种。

① 尽快脱去着火或危险化学品浸渍的衣服，特别是化纤面料的衣服，以免着火衣服或衣服上的热液继续作用，使创面加大、加深。

② 尽可能迅速地利用身边的不易燃材料或工具灭火，如毯子、雨衣（非塑料或油布）、大衣、棉被等迅速覆盖着火处，使与空气隔绝。

③ 用水将火浇灭，或跳入附近水池、河沟内，一般不用污水或泥沙进行灭火，以减少创面污染，但若确无其他可利用材料时，亦可应用污水或泥沙，注意不要因此而使烧伤加深、面积加大。对神志不清或昏迷的伤员要仔细检查已灭火而未脱去的燃烧过的衣服，特别是棉衣或毛衣是否仍有余烬未灭，以免再次烧伤或烧伤加深加重。

④ 迅速卧倒后，慢慢在地上滚动，压灭火焰。禁止伤员衣服着火时站立或奔跑呼叫，以免助燃和吸入火焰。

(2) 初步检查　伤员迅速移至安全地带后，应立即检查是否有危及伤员生命的一些情况，如呼吸和心跳骤停者，应实施现场心肺复苏救生术；如呼吸道梗阻征象的伤员、头面颈部深度烧伤或吸入性损伤发生呼吸困难的伤员，可根据情况用气管插管或切开，并予以氧气吸入，保持呼吸道通畅；伴有外伤出血者应尽快止血；骨折者应先进行临时骨折固定再搬动，对颈椎或腰椎损伤者需要进行颈部固定术，并由三人平托伤员至木板上，取仰卧位；颅脑、胸腹、开放性气胸、严重中毒者等应迅速进行相应的处理与抢救，待复苏后优先送到就近医疗单位进行处理。

(3) 判断伤情　对于烧伤不能危及生命的伤员，应依烧伤面积大小和深度判断伤情。并注意有无吸入性损伤、中毒或复合伤等。如骨折伤员应进行固定，复合伤、中毒、颅脑、胸腹等严重创伤者应在积极进行抢救的同时，再优先送至邻近医疗单位处理。

(4) 冷疗　热力烧伤后及时冷疗能防止热力继续作用于创面使其加深，并可减轻疼痛、减少渗出和水肿，因此去除致伤源后应尽早进行冷疗，越早效果越好，冷疗一般适用于中小面积烧伤，特别是四肢的烧伤。冷疗的方法是将烧伤创面在自来水龙头下淋洗或浸入冷水中（水温以伤员能耐受为准，一般为15～20℃，热天可在水中加冰块），或用冷（冰）水浸湿的毛巾、沙垫等敷于创面。治疗的时间无明确限制，一般需0.5～1h，到冷疗停止后不再有剧痛为止。

(5) 镇静止痛　烧伤病人有不同程度的疼痛和烦躁，应予以镇静止痛。对轻度烧伤病人，可经口止痛片或肌肉注射杜冷丁。而对大面积烧伤病人，由于外周循环较差和组织水肿，肌肉注射往往不易吸收，可将杜冷丁稀释后由静脉缓慢推注，一般与非那根合用。如伤员已有休克，肌肉注射吸收比较差，达不到应有的效果，应采用静脉注射（5%～10%葡萄糖液中缓慢注）或点滴。但对年老体弱、婴幼儿、颅脑损伤、呼吸抑制或严重吸入性损伤呼吸困难者，应慎用或尽量不用杜冷丁或吗啡，以免抑制呼吸，可改用鲁米那或非那根。

（6）创面处理 一般在休克被控制、痛情相对平稳后进行简单的清创，清创时，重新核对烧伤面积和深度；清创后，根据情况对创面实行包扎或暴露疗法，选用有效外用药物。注意水疱不要弄破，也不要将腐皮撕去，以减少创面污染机会，另外，寒冷季节要注意保暖。

除很小面积的浅度烧伤外，创面不要涂有颜色的药物或用油脂敷料，以免影响进一步创面深度估计与处理（清创等），一般可用消毒敷料、烧伤制式敷料或其他急救包三角巾等进行包扎，如无适当的敷料（敷料宜厚，吸水性强，不致渗透，防止增加污染机会），至少应用一消毒或清洁的被单、衣服等将创面妥为包裹加以简单保护创面，以免再污染。

对于手指（趾）环形、缩窄性焦痂，痂下张力较高时，应进行双侧焦痂切开，以解除压迫，防止远端或深部组织缺血坏死，切口应延开至指（趾）端，并注意保护创面，防止再损伤。

（7）补液治疗 为了防止伤员发生休克，一般可经口适当烧伤饮料（每片含氯化钠0.3g、碳酸氢钠0.15g、苯巴比妥0.03g、糖适量。每服一片，服开水100mL），一次量不宜过多，以免发生呕吐、腹胀，甚至急性胃扩张，也可经口含盐的饮料，如加盐的热茶、米汤、豆浆等，但不宜单纯大量喝开水，以免发生水中毒。狗的实验研究证明，30%浅Ⅱ度烧伤早期经口烧伤饮料，伤后并经颠簸，实验狗均未发生休克。临床上，也发现浅Ⅱ度烧伤面积的青壮年经早期经口补液，大都可不发生休克。

而对烧伤面积较大的严重烧伤伤员、浅Ⅱ度烧伤面积超过1%的小儿或老年、已有休克征象或胃肠道功能紊乱（腹胀、呕吐等）的伤员，如条件允许，应进行静脉补液（等渗盐水、5%葡萄糖盐水、平衡盐溶液、右旋糖酐和/或血浆等），以防止在送医院途中发生休克。

（8）应用抗生素 为了防止创面的感染，可根据伤情选择抗生素，如青霉素（过敏实验阴性后）、庆大霉素、苯唑青霉素、丁胺卡那毒素及其他广谱抗生素。一般伤员可经口广谱抗生素，危重或休克病人不能或估计经口吸收不良，应肌注或静脉注射抗生素。

（9）及时记录及填写医疗表格 为了解伤员入院前的治疗经过，在事故现场救治时除应记录烧伤面积、深度、复合伤和中毒等情况外，还应将灭火方法、现场急救及治疗的措施注明，并作初步的伤情分类，供后续治疗参考。

二、危险化学品致化学烧伤的救治

1. 化学烧伤的致伤机制

化学烧伤指常温或高温的化学物直接对皮肤刺激，腐蚀及化学反应热引起的急性皮肤、黏膜的损害，常伴有眼灼伤和呼吸道损伤，某些化学毒物还可经过皮肤黏膜呼吸引起中毒，故化学烧伤不同于一般的热力烧伤和开水烫伤，其损害程度与化学物质的种类、性质、剂量、浓度、皮肤接触时间及面积、处理是否及时、准确及有效等因素有关。因此，某些化学烧伤可能是局部很深的进行性损害，甚至通过创面等途径吸收引起全身中毒，导致全身各脏器官的损害。

（1）局部损害 化学物质对局部组织的损害有氧化作用、还原作用、腐蚀作用、脱水作用及起疱作用等。一种化学物质可同时存在以上几种作用，不同的化学物质对局部损害的方式和程度也不同，例如：酸具有腐蚀性，烧伤后组织蛋白凝固局部形成一层痂壳，可预防酸的进一步损害；碱具有吸水作用，烧伤后则皂化脂肪组织，并可产生可溶性碱性蛋白，对局部创面继续造成损害；有的则因本身燃烧或热的损害而引起烧伤，如磷烧伤，磷烧伤后形成磷酸，可继续使组织损害或破坏加深；有的化学物质本身对皮肤并不致伤，但由于燃烧致皮肤烧伤，并进而引起毒物从创面吸收，加深局部的损害或引起中毒反应等。

局部损害中，除皮肤损害外，黏膜受伤的机会也较多，尤其是某些化学蒸气或发生爆炸燃烧时导致眼及呼吸道的烧伤更为多见。因此，对这些致伤机理的了解，有助于化学烧伤的局部处理。

(2) 全身损害　化学烧伤的严重性不仅在于局部损害，更严重的是有些化学药物可以从创面、正常皮肤、呼吸道、消化道黏膜等吸收，引起中毒和内脏继发性损伤，甚至死亡。有的烧伤并不太严重，但由于合并有化学中毒，增加了救治的困难，使治愈较同面积和深度的一般烧伤明显降低，如氢氟酸灼伤。虽然化学致伤物质的性能各不相同，全身各重要内脏器官都有被损伤的可能，但多数化学物质系经由肝解毒、肾排出体外，因此可能出现肝、肾损害。常见的有中毒性肝炎、急性肝坏死、急性肾功能衰竭及肾小管肾炎等，如酚、磷烧伤。

除了由于化学蒸气直接对呼吸道黏膜的刺激与呼吸道烧伤所致外，不少挥发性化学物质的呼吸道吸入和呼吸道排出亦可刺激肺泡及呼吸道，引起肺水肿及吸入性损伤，如氨烧伤。此外，还有些化学物质可抑制骨髓，直接破坏红细胞，造成大量溶血，不仅使伤员贫血，携氧功能发生严重障碍，而且增加肝、肾功能的负担与损害，如苯。有的则与血红蛋白结合成异性血红蛋白，发生严重缺氧；有的则可引起中毒性脑病、脑水肿、周围或中枢神经损害、骨髓抑制、心脏毒害、消化道溃疡及大出血等，如苯的氨基、硝基化合物等。

2. 化学烧伤的现场急救措施

化学烧伤的现场处理原则与一般的热力烧伤原则相同，除应迅速脱离致伤环境现场，终止化学物质对机体的继续损害外，还应立即用大量流水冲洗创面，再以药物中和，有吸收中毒的化学物质烧伤时，应立即采取有效解毒措施，防止中毒，对通过肾脏排泄的化学物质致伤时应加强利尿，以使毒物迅速排出，具体的处理措施如下。

(1) 脱离致伤环境现场　脱离致伤环境现场就是指把化学物质尽快从烧伤的皮肤上清除，终止化学物质对机体的继续损害。最简单而有效的方法是迅速脱去被化学物质污染、浸渍的衣服，特别是化纤面料的衣服，以免衣服着火或衣服上的热液继续作用，使创面加大加深。

(2) 用大量流动清水冲洗　化学物质致伤的严重程度除与化学物质的性质和浓度有关外，还与接触时间有关。因此，对于大多数化学物质，均应立即用大量清洁水冲洗被化学物质污染而受伤的皮肤，一方面是依靠大量水的稀释作用冲淡和清除残留的化学物质，另一方面是通过大量水冲洗的机械作用将化学物质从创面、黏膜上冲洗干净，冲洗时可能产生一定的热量，但由于持续冲洗，可使能量迅速消散。

值得注意的是，石灰等化学物质溶解时产热的化学烧伤在清洗前应将石灰去除，以免遇水后石灰产热，加深创面损害。一般情况下，碱烧伤时冲洗时间过短很难奏效；如果同时伴有热力烧伤，冲洗还具有冷疗的作用，可减轻疼痛。因此，冲洗用水量应足够大，时间要足够长，保证将残余的化学物质从创面冲尽，一般在 0.5～1h 以上，冲洗时间可参考被烧伤皮肤的 pH 值恢复到正常为标准。

(3) 头、面部烧伤时，应首先注意眼睛、耳、口腔的清洗　特别是眼，应首先冲洗，动作要轻柔，并检查角膜有无损伤，并优先予以冲洗。如有条件，可用等渗盐水冲洗，否则一般清水亦可，如发现眼睑痉挛、流泪，结膜充血，角膜上皮肤及前房浑浊等，应立即用生理盐水或蒸馏水冲洗，时间在 0.5h 以上。

对于碱烧伤，上述冲洗完后再用 3% 的硼酸溶液冲洗，酸烧伤用 2% 的碳酸氢钠冲洗，然后用 2%荧光素染色检查角膜损伤情况，轻者呈黄绿色，重者呈瓷白色。为防止虹膜睫状体炎，可滴入1%阿托品液扩瞳，用0.25%氯霉素液、1%庆大素霉液或1%多黏菌素液滴眼，以及涂0.5%金霉素眼膏等以预防继发感染，还可用醋酸可的松眼膏以减轻眼部炎症反应。局部不必用眼罩或纱布包扎，但应用单层油纱布覆盖以保护裸露的角膜，防止干燥所致损害。

（4）按化学物质的理化特性分别处理　用大量流动水持续冲洗后，可考虑应用适合的中和剂和化学物质反应减轻病变的损害程度。如磷烧伤时可用5%碳酸氢钠溶液，但中和时间不能过长，一般20min即可，中和处理后仍必须再用清水冲掉中和剂，以避免因为中和反应产热而给机体带来进一步的损伤。

应予注意的是，使用中和剂所发生的中和反应可产生热量，有时可加深烧伤，而且有些中和剂本身也有损害作用，如刺激和毒性。因此，应按照化学物质的理化性质分别处理。如四氯化钛、金属钠和石灰等沾染皮肤不仅可引起烧伤，而且遇水后水解产生大量热，更加重皮肤的烧伤。因此，不能立即用水清洗，应尽快用布或纸将化学物质吸掉，再用水彻底清洗，随着持续的大量流动水冲洗，热量也可逐渐消散。有些化学致伤物质并不溶于水，但冲洗的机械作用可将其创面清除干净。

（5）防止中毒　有些化学物质可引起全身中毒，应严密观察病情变化，一旦诊断有化学中毒可能时，应根据致伤因素的性质和病理损害的特点，选用相应的解毒剂或对抗剂治疗。有些毒物迄今尚无特效解毒药物，在发生中毒时，应使毒物尽快排出体外，以减少其危害，一般可静脉补液及给予利尿剂，以加速排尿。

3. 危险化学品致大面积烧伤的现场救治

危险化学品事故导致的大面积化学烧伤不常见，然而一旦发生，其救治极其困难，大面积化学烧伤患者除了与大面积火焰烧伤患者同样面临的烧伤休克、创面感染、免疫系统功能紊乱、代谢失调、内脏损害和功能受损等严重问题外，还存在机体被大量毒物侵袭，从而导致严重的重要器官功能损害、致命性的全身性中毒等一系列并发症的危险性。危险化学品致大面积烧伤的现场救治原则和措施同上，但有以下几点需要注意。

① 在抢救大面积化学烧伤患者时，不要盲目追求快而不予处理就送往医院，而应迅速将其脱离受伤环境，脱去污染的衣服，用大量的水冲洗创面及其周围的正常皮肤，并注意保暖，因此，要求冲洗的水温在40℃左右为宜。冲洗后，应在保护创面的基础上最大程度地去除创面上的化学物质，去除的方法可根据化学物质的性质区别对待。

② 持续冲洗后包扎创面，并注意检查是否有直接威胁生命的复合伤或多发伤存在，如窒息、心跳呼吸骤停、脑外伤、骨折等，若有，则应按外伤急救原则作相应的紧急处理；与此同时，还应密切注意眼、鼻、耳、口腔的冲洗，特别是眼的化学烧伤。

③ 对于化学物质致大面积烧伤患者，仅靠清水冲洗，施以解毒剂或中和剂是不够的。因为大多数化学物质都具有强烈的腐蚀性、刺激性和渗透性，固态、液态的化学物质常造成皮肤的深度烧伤，形成焦痂，有的甚至深达肌肉、骨骼，形成难以愈合的溃疡。有的还带有强烈的毒性。因此，应尽早切、削除焦痂，除去毒物的来源。

4. 常见的化学烧伤

常见的化学烧伤是由强酸和强碱类引起的，烧伤部位剧烈疼痛，轻者发红或起水泡，重者皮肤变色，溃烂或形成焦痂，此类伤口溃疡面愈合很慢。如强酸、强碱类物质误入眼球将引起严重后果，会立即引起剧烈眼痛，结膜充血、肿胀等，烧伤严重处有白色坏死区，角膜变白、浑浊，甚至角膜溃疡或穿孔变盲。因此，掌握常见的化学烧伤的现场救治是十分必要的，常见的化学烧伤大致有三类。

（1）酸烧伤　酸烧伤的种类甚多，主要是强酸如硫酸、盐酸、硝酸烧伤，此外还有氢氟酸、铬酸烧伤等。高浓度酸能使皮肤角质层组织脱水，蛋白沉淀、凝固坏死，限制了继续向深部侵蚀，呈界限明显的皮肤烧伤，并可引起局部疼痛性、凝固性坏死。

① 强酸烧伤。常见的强酸有硫酸、盐酸、硝酸，且它们烧伤发生率较高，占酸烧伤的80.6%。硫酸、盐酸、硝酸在液态时可引起皮肤烧伤，气态时吸入可致吸入性损伤，各种酸的浓度、液量、面积等因素不同，对皮肤造成的烧伤轻重不同，烧伤后皮肤产生的颜色变化也不同。

a. 强酸烧伤的致伤机理。浓硫酸有吸水的特性，含有三氧化硫，在空气中形成烟雾，吸入后刺激上呼吸气道，硫酸创面呈青黑色或棕黑色；浓硝酸与空气接触后产生刺激性的二氧化氮，吸入肺内与水接触而形成硝酸和亚硝酸，数小时即可出现肺水肿，硝酸烧伤先呈黄色，以后转变为黄褐色；盐酸可呈氯化氢气态，引起气管、支气管炎，睑痉挛和角膜溃疡，盐酸烧伤则呈黄蓝色，此外，颜色改变与创面深浅也有关系，潮红色最浅，灰色、棕黄色或黑色较深。三种酸在同样浓度下比较，液态时硫酸作用最强，气态时硝酸作用最强。

b. 强酸烧伤的症状。由于酸烧伤后痂皮掩盖，早期对深度的判断较一般烧伤困难，可通过痂皮的柔软度判断酸烧伤的深浅。如浅度者较软，深度者较韧，往往为斑纹样、皮革样痂皮，但有时在早期较软，以后转韧。一般来说，痂皮色深、较韧、如皮革样，脱水明显而内陷者，多为Ⅲ度。此外，由于酸烧伤后形成一层薄膜，末梢神经得以保护，故疼痛一般较轻。疼痛的程度也与酸的性质及早期清洗是否彻底也有关，如果疼痛较明显，则多表示酸在继续侵蚀，一般也表示烧伤较深。酸烧伤创面肿胀较轻，很少有水泡，创面渗液极少，因此，不能以有无水泡作为判断烧伤深度的标准。

c. 强酸烧伤的现场救治。由于酸烧伤后迅速形成一层薄膜，创面干燥，痂下很少有感染，自然脱痂时间长，有时可达1月以上，脱痂后创面愈合较慢。如果通过衣服浸透烧伤，应立即脱去衣服，并迅速用大量的清水反复冲洗创伤。充分冲洗后，如有条件，也可适当用2%～5%的碳酸氢钠、2.5%氢氧化镁或肥皂水等中和留在皮肤上的氢离子，中和后，仍用大量清水冲洗，以去除剩余的中和溶液，中和过程中产生的热及中和后的产物，创面处理同一般烧伤。由于酸烧伤后形成的痂皮完整，宜采用暴露疗法。如确定为Ⅲ度，应争取早期切痂植皮。

② 氢氟酸烧伤。氢氟酸是氯化氢与高品位氟矿石反应产生的氟化氢气体，该气体冷却液化即成氢氟酸。它是一种无机酸，无色透明，具有强烈腐蚀性，并具有溶解脂肪和脱钙的作用，可引起特殊的生物性损伤。40%～48%的氢氟酸溶液即可产生烟雾。

a. 氢氟酸烧伤的致伤机理。与盐酸或硫酸不同，氢氟酸损伤作用是进行性的，如不及时治疗，烧伤面积和深度将不断发展。因为氢氟酸的生物学作用包括两个阶段：首先它与其他无机酸一样，作为一种腐蚀剂作用于表面组织，造成角质层组织脱水，烧伤区皮肤凝固变性，质地变厚，甚至引起迟发性深部组织剧痛；其次，由于氟离子具有强大的渗液力，当氟化物穿透皮肤及皮下组织时，可引起进行性组织液化坏死以及伤部骨组织的脱钙作用。严重的氢氟酸烧伤可引起氟离子的全身性中毒，当氢氟酸含量>50%、烧伤面积≥1%者，或任何浓度的氢氟酸烧伤、烧伤面积>5%者，吸入含量在60%以上的氢氟酸烟雾者，均可能引起氟离子的全身性中毒。这是因为氟离子通过皮肤、呼吸道或胃肠道吸收后，分布在组织器官和体液内，从而抑制多种酶的活力，氟离子与钙离子结合形成不溶性的氟化钙，使血浆钙浓度降低，严重时可引起致命的低钙血症。

b. 氢氟酸烧伤的症状。氢氟酸烧伤后，创面起初可能只有红斑或皮革样焦痂，随后即发生坏死，向四周及深部组织侵蚀，可伤及骨骼使之坏死，形成难以愈合的溃疡，伤员疼痛较重。氢氟酸对皮肤烧伤的程度与氢氟酸的浓度和作用时间有关，一般在伤后1～8h出现疼痛。10%氢氟酸有较大的致伤作用，40%氢氟酸对皮肤浸润较慢，而含量>50%时，通常可立即引起疼痛和组织坏死。当含量<20%时，损伤较轻，皮肤不失活力，外表正常或呈红色；含量>20%时，则表现有红、肿、热和痛，并逐渐发展成白色的质稍硬的水泡，水泡中充满脓性或干酪样物质。如果不及时治疗，烧伤面积深度可以不断发展。

c. 氢氟酸烧伤的现场救治。氢氟酸烧伤后首先应立即脱去污染的衣服或手套，并应用大量流动清水彻底冲洗烧伤创面，一般冲洗1～3h。由于氢氟酸具有较强的穿透组织的能力，所以冲洗效果往往是不甚满意的。冲洗后，用某些阳离子，通常是钙离子、镁离子或季铵类物质来结合氟离子，是将这些阳离子的制剂注射到深部组织，或局部应用，通过其扩散作用与氟离子结合。

烧伤的创面可涂氧化镁甘油（1∶2）软膏，或用饱和氯化钙或25%硫酸镁溶液浸泡，使表面残余的氢氟酸沉淀为氟化钙或氟化镁，在事故现场最好采用外用碳酸钙凝胶，即用10片碳酸钙片研成细末，再将这些粉末与20mL水溶液润滑剂混合制成凝胶。如疼痛较剧，可用5%～10%葡萄糖酸钙加入1%普鲁卡因内局部注射及创面浸润解除疼痛，或应用糖皮质激素减轻氢氟酸的进行性损害。若创面有水泡，应予除去。若指（趾）甲下有浸润，必须拔除指（趾）甲，Ⅲ度创面应早期切痂植皮。

对于氢氟酸的眼损伤，在用大量清水冲洗后，再用1%葡萄糖酸钙及可的松眼药水滴眼，并应经口倍他米松类药物，并根据情况进行眼科的专科治疗。氢氟酸含量在40%以上时即可产生烟雾，若无安全保护措施，接触高浓度氢氟酸者可能导致吸入性损伤，此时，应立即通过面罩或鼻导管给纯氧，同时尽快吸入2.5%～3.0%的葡萄糖酸钙雾化溶液。

（2）碱烧伤　常见的碱烧伤有强碱、石灰水及氨水等，其发生率较酸烧伤为高。碱烧伤的致伤机理是碱有吸水作用，使局部细胞脱水而致死，并产热加理损伤。因此它造成损伤比酸烧伤严重。另外，碱离子与组织蛋白形成碱-变性蛋白复合物，由于碱-变性蛋白复合物是可溶性的，能使碱离子进一步穿透至深部组织发生皂化反应，皂化时产生的热使深部组织继续损伤，进而使创面加深。

① 强碱烧伤。强碱包括氢氧化钠和氢氧化钾等，它们具有强烈的腐蚀性和刺激性，强碱烧伤后创面呈粘骨或肥皂状焦痂，色潮红，一般均较深，通常在深Ⅱ度以上，疼痛剧烈，创面凹陷，边缘潜行，往往经久不愈。

碱烧伤后，应立即用大量流动冷水冲洗创面，冲洗时间越长，效果越好，达10h效果尤佳，但伤后2h处理者效果差。如创面pH达7以上，可用0.5%～5%醋酸、2%硼酸湿敷创面，再用清水冲洗。创面冲洗干净后，最好采用暴露疗法，以便观察创面的变化，深度烧伤应及早进行切痂植皮。

② 生石灰烧伤。生石灰（氧化钙）与水生成氢氧化钙（熟石灰），并放出大量的热，因此可引起皮肤的碱烧伤和热烧伤，相互加重。石灰烧伤时，烧伤创面较干燥，呈褐色，有痛感，而且创面上往往残存有生石灰。烧伤后，首先应将创面上残留的生石灰粉末刷除、擦拭干净，以免遇水后石灰产热加重创面；然后用大量清水长时间冲洗创面，后续的治疗与一般烧伤相同。

③ 氨水烧伤。常用的氨水含量为18%～30%，是中等强度的碱，它与强碱类一样，有溶脂浸润等特点，另外，氨水极易挥发释放氨，具有刺激性，吸入后可发生喉痉挛、喉头水肿、肺水肿等吸入性损伤，因此，事故现场常见的有氨水接触皮肤或黏膜的烧伤。

氨水接触之创面浅度者有水泡，深度者干燥呈黑色皮革样焦痂。其创面处理同一般碱烧伤。氨水与氨水蒸气的吸入性损伤，其严重的并发症是下呼吸道烧伤和肺水肿，治疗原则同吸入性损伤。对伴有吸入性损伤者，应按吸入性损伤原则处理。

（3）磷烧伤　磷是一种毒性很强的物质，是制造染料、火药、火柴、农药杀虫剂和制药等的原料，在化学烧伤中，磷烧伤仅次于酸、碱烧伤，居第三位。

① 磷烧伤的致伤机理。磷烧伤实际上是热力烧伤和酸烧伤的复合伤，因此一般均较深，有时可达骨骼。因为磷暴露在空气中自燃发生热烧伤，磷的烟雾或蒸气经气道黏膜吸收可引起吸入性损伤，甚至引起磷蒸气中毒。

磷自燃后形成 P_2O_5 及 P_2O_3，它们不仅对呼吸道黏膜有强烈的刺激性，吸入后，严重者可引起支气管肺炎和肺水肿。尤其五氧化二磷是一种较强的脱水剂，对皮肤或细胞有脱水和夺氧作用，且遇水形成磷酸和次磷酸，并在反应过程中产热引起皮肤化学烧伤、气管和支气管黏膜细胞坏死，进而使创面损伤继续加深。

另外，磷烧伤后可迅速由创面和黏膜吸收，由血液带至各脏器，引起肝、肾等主要脏器损害，甚至死亡，如果被身体吸收后，可引起全身性中毒。

② 磷烧伤的症状。磷烧伤创面多且较深，可伤及骨骼。烧伤后的浅Ⅱ度或深Ⅱ度的创面呈棕褐色，Ⅲ度磷烧伤创面在暴露情况下，呈青铜色或黑色。

磷烧伤后病人主要表现为头痛、头晕、乏力、恶心，重者可出现肝、肾功能不全。吸入磷烟雾可能会导致呼吸器官的变化，如呼吸急促、刺激性咳嗽、喉头和气管黏膜水肿、支气管肺炎等，也可能导致肾脏的变化，如肾脏病变。无机磷从创面吸收入血后，主要受损的脏器为心、肺、肝和肾，以肝、肾的损害为最严重；从呼吸道黏膜或消化道黏膜吸收中毒后，先损害肝脏，而从创面吸收者，先损害肾脏，后累及肝脏。

③ 磷烧伤的现场救治。磷烧伤后首先要除去磷，再用大量的清水冲洗，冲洗后一定要检查局部是否有残留的磷质，有条件可用 25%碳酸氢钠溶液冲洗，再用干纱布包扎。由于磷及其化合物可从创面或黏膜吸收，引起全身中毒，故不论磷烧伤的面积大小，都应十分重视。

磷烧伤后，应立即扑灭火焰、脱去污染的衣服，用大量清水冲洗创面及其周围的正常皮肤，或将它们浸泡于水中。若仅用少量清水冲洗，不仅不能使磷及其化合物冲掉，反而使之向四周溢散，扩大烧伤面积。在现场缺水的情况下，应用浸透的温布（或尿）包扎或掩覆创面，以隔绝磷与空气接触，防止其继续燃烧。为避免吸入性损伤，病人及救护者应用湿的手帕或口罩掩护口鼻。

清创前先将伤部浸入冷水中，最好用流水持续浸浴，进一步清创可用 1%～2%的硫酸铜溶液清洗创面，直到创面不再发生白烟为止。硫酸铜的作用是与表层的磷结合成为不能继续燃烧的磷化铜，以减少对组织的继续破坏，同时磷化铜为黑色，便于清创时识别。为防止单用硫酸铜时所致的铜中毒，可将 5%碳酸氢钠、3%硫酸铜和 1%羟甲基纤维素的混悬液涂于创面。如没有上述各类药物时，最简单的方法是在 2%硫酸铜溶液中加入适量洗衣粉冲洗创面，最后用清水将创面清净。此后用镊子将黑色磷化铜颗粒逐一清除，清除的磷颗粒应妥善处理，不要乱扔，以免造成人员和物品的损伤，甚至火灾。磷颗粒清除后，再用大量等渗盐水或清水冲洗，清除残余的硫酸铜溶液和磷燃烧的化合物，然后用 5%碳酸氢钠溶液湿敷、中和磷酸，以减少其继续对深部组织的损害。

创面清洗干净后，一般应用包扎疗法，以免暴露时残余磷与空气接触燃烧。包扎的内层禁用任何油质药物或纱布，避免磷溶解在油质中被吸收。如果必须应用暴露疗法时，可先用浸透 5%碳酸氢钠溶液的纱布覆盖创面，24h 后再暴露。

（4）镁烧伤　镁是一种软金属，燃烧时温度高达 1982℃，在空气中能自燃，熔点是 651℃。液态镁在流动过程中可以引起其他物质的燃烧。镁与皮肤接触后，可引起燃烧，使皮肤形成溃疡开始较小，而溃疡的深层往往呈不规则形状，镁烧伤发展的快慢和镁的颗粒大小有关。若向四周发展较慢，亦有可能向深部发展。镁被吸入或被吸收后，伤员除有呼吸道刺激症状外，可能有恶心、呕吐、寒战或高热。

镁烧伤的急救处理同一般化学烧伤。由于镁的损伤作用可向皮肤四周扩大，因此对已形成的溃疡，可在局部麻醉下将其表层用刮匙搔刮，这样可将大部分的镁移除，若侵蚀已向深部发展，必须将受伤组织全部切除，然后植皮或延期缝合。如有全身中毒症状，可用10%葡萄糖酸钙20～40mL静脉注射。

三、危险化学品致低温冻伤的现场救治

某些危险化学品能造成事故现场人员的低温冻伤，如液化石油气、液氨泄漏后由于汽化而吸收周围空气中的热量，如现场救援人员防护措施不当，极易造成低温冻伤。救治低温冻伤要早期快速复温，恢复正常的血流量，最大限度地保存有存活能力的组织并恢复功能。

1. 低温冻伤的分类

低温冻伤一般按三度分类。一度伤部呈红色或微紫红色，微肿，瘙痒和刺痛；二度伤局部肿胀，水疱为浆液性，疱底呈鲜红色，痛觉过敏，触觉迟钝；三度伤部呈灰白色或紫黑色，多呈血性疱，严重者伤部表面暗淡无光泽。

2. 现场治疗措施

① 迅速将伤员送进温暖的室内，经口热饮料，脱掉或剪除潮湿和冻结的衣服、鞋袜，尽早用温度保持在40～44℃的1∶1000的洗必泰或1∶1000的呋喃西林溶液浸泡，或用热水袋、电热毯等方法使伤害部位快速复温，先躯干中心复温，后肢体复温，直到伤部充血或体温正常为止，禁用冷水浸泡、雪搓或火烤。在复温过程中，注意防治可能出现的肺水肿、脑水肿和肾功能障碍等。

② 擦干创面，涂不含酒精（无刺激性）的消毒剂，用无菌厚层敷料包扎，不要挑破水疱，指（趾）间用无菌纱布隔开，防止粘连。

③ 防止休克，经口或注射止痛药物。

④ 预防感染，肌肉注射抗感染药物。未行破伤风类霉素注射者，应行破伤风抗霉血清和类毒素注射。

⑤ 低温伤员应做好全身和局部保暖，然后送到低温伤专科医院治疗。

第四节　事故现场通用救护技术

危险化学品事故现场以中毒、烧伤、严重创伤、复合伤和同时多人受伤为特点。严重的烧伤和中毒可导致人员的心、脑等重要脏器官功能障碍，出血过多会导致休克甚至死亡。正确、有效的现场救护能挽救伤员的生命，防止损伤加重和减轻伤员的痛苦，而心肺复苏、止血和包扎等技术是事故现场急救的通用技术，现场救援人员掌握这些技术可在最短时间内挽救事故现场伤员的生命，为进一步治疗争取时间。

一、心肺复苏技术

1. 概述

（1）心肺复苏的定义　心肺复苏技术是对心脏骤停、呼吸停止或有微弱的呼吸与心跳的重度中毒或窒息者采取的一种有效的“救命技术”。即用心脏按压形成暂时的人工循环恢复对心脏的自主搏动，用人工呼吸代替自主呼吸。它是化学事故现场常用的救护技术，因为在

事故现场没有比抢救心跳、呼吸骤停伤员更为紧迫和重要了。

（2）心肺复苏的临床表现　心肺复苏的临床表现为意识丧失（常伴有抽搐）、呼吸停止、心音停止及大动脉搏动消失、瞳孔散大等。按照一般规律，心脏停搏 15s 人的意识丧失，30s 呼吸停止，60s 瞳孔散大固定，4min 糖无氧代谢停止，5min 脑内能量代谢完全停止，缺氧“4～6min”脑神经元可以发生不可恢复的病理改变。大量事实表明：4min 内开始复苏，约 50%的病人可能救活，4～6min 开始复苏，约 10%的病人可能救活，6min 以后开始复苏，仅 4%的病人可能救活，10min 以后开始复苏，几乎无存活的可能。

（3）心肺复苏的意义　在畅通气道的前提下进行有效的人工呼吸、胸外心脏挤压，不仅使心肺的功能得以恢复，更重要的是可使带有新鲜氧气的血液到达大脑和其他重要器官，给心、脑等重要脏器官组织提供基本的供血和供氧，为进一步的治疗赢得时间。

2. 实施步骤

首先判断呼吸、心跳，一旦判定呼吸、心跳停止，立即捶击心前区（胸骨下部），采取如下步骤实施心肺复苏。

（1）判断意识，呼唤患者，同时放置体位　首先判断确定患者是否无意识，在 5s 内完成；然后轻拍或轻摇晃患者并大声呼唤；如无反应，要立即一边大声呼救，一边迅速采取救护措施，将患者置于仰卧体位，放置于较平的硬木板或其他坚实的平面上，同时解开患者的上衣，暴露胸部，松开裤带。

（2）开放气道，保持呼吸道通畅　舌肌松弛、舌根后坠、咽后壁下垂是造成呼吸不通畅的常见原因，有时食物、痰、呕吐物、血块、泥沙等也能堵住气道的入口。因此，开放气道，保持呼吸道通畅是心肺复苏的第一步抢救技术。常用的开放气道的方法有压额仰头抬颏法和托下颌法，如果现场有急救条件，也可以采用气管内插管法，以确保呼吸道畅通。

① 压额仰头抬颏法。如无颈部创伤，可采用压额仰头抬颏法开放气道，用于解除舌根后坠阻塞的效果最佳。具体操作如下：首先解开患者的上衣，暴露胸部，松开裤带，急救者位于伤员一侧；为完成仰头动作，应把一只手放在患者前额，用手掌按向下压前额并向后推使头部后仰，颈项过伸；另一只手的食指与中指放在下颌骨仅下颊或下颌角处，向上举颏并使牙关紧闭，下颏向上抬动。注意手指勿用力压迫患者颈前、颏下部软组织，否则有可能压迫气道而造成气道梗阻（图 7-1）。

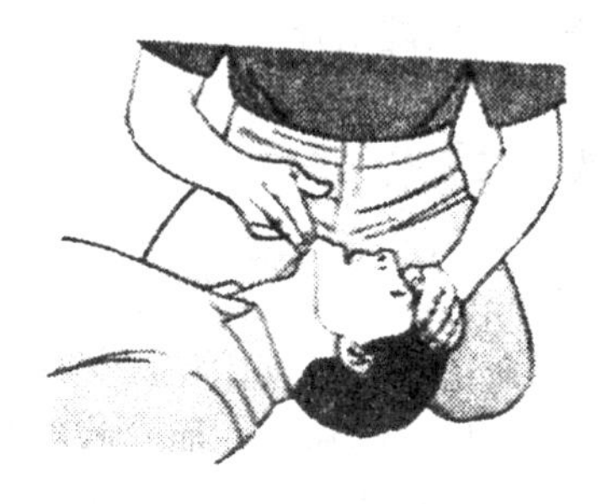

图 7-1　压额仰头抬颏法

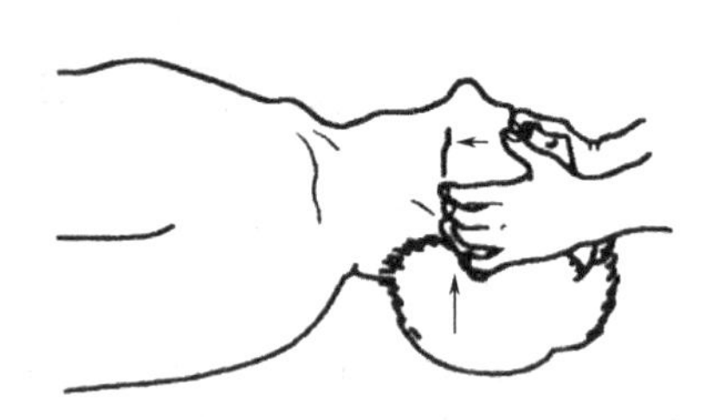

图 7-2　托颌法

② 托颌法。对疑有颈部外伤者，为避免损伤其脊椎，只采用托颌动作，而不配合使头后仰或转动的其他手法。具体操作方法如下：把手放置在患者头部两侧，肘部支撑在患者躺的平面上，握紧下颌角，用力向上托下颌，如患者紧闭双唇，可用拇指把口唇分开。如果需要进行口对口呼吸，则将下颌持续上托，用面颊贴紧患者的鼻孔（图 7-2）。

③ 气管内插管。气管内插管是保持呼吸道畅通的最确切的方法。外伤患者需要进行气管内插管的适应证包括需要进行人工呼吸时、有意识障碍时和有必要进行呼吸道保持时。当

一时难以确定是否需要呼吸道的保持时，首先应该施行插管，可根据不同的伤情状况选择经口或经鼻的插管方法，由事故现场的救护医生来确定和实施。

（3）人工呼吸　人工呼吸是当患者停止呼吸的情况下，施救者采取人为的方法，依靠肺内压与大气压之间压力差的原理，使呼吸骤停者获得被动呼吸，获得氧气，排出二氧化碳，维持最基础的生命。在进行人工呼吸前首先要判断呼吸是否停止，常用的有口对口呼吸法或口对鼻呼吸法和口对面罩呼吸法等。

① 判断呼吸。在开放并维持气道通畅的前提下，抢救者先将耳朵贴近患者的口鼻附近，头部侧向患者胸部。面部感觉患者呼吸道有无气体排出，眼睛观察患者胸部有无起伏动作，耳仔细听患者呼吸道有无气流呼出的声音。或用少许棉花放在患者口鼻处，可清楚地观察到有无气流。若上述检查发现呼吸道无气体排除，可确定患者无呼吸。判断及评价时间不得超过 10s。大多数呼吸或心跳骤停患者均无呼吸，偶有患者出现异常或不规则呼吸，或有明显气道阻塞征的呼吸困难，这类患者开放气道后即可恢复有效呼吸。开放气道后发现无呼吸或呼吸异常，应立即实施人工通气，如果不能确定通气是否异常，也应立即进行人工通气(图 7-3)。

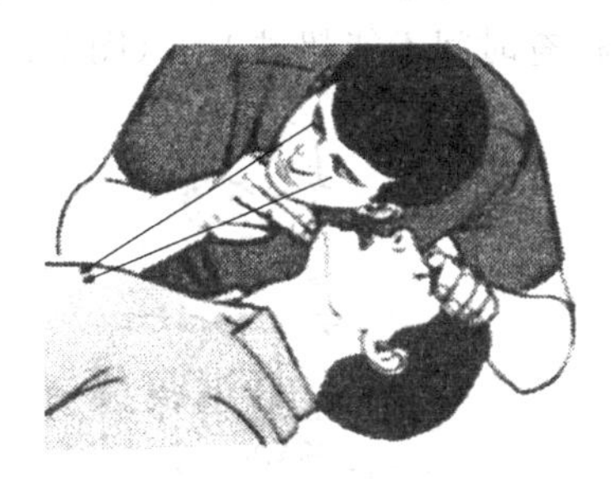

图 7-3　看-听-感觉判断呼吸

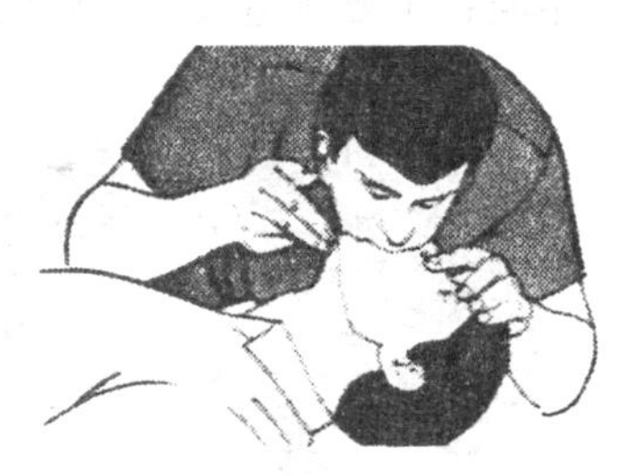

图 7-4　口对口吹气法

② 口对口吹气法。口对口人工呼吸是一种快捷有效的通气方法，抢救者呼出的气体中含氧气为 16%～17%，足以满足患者需求，在保持气道开放并维持气道通畅、患者口部张开的位置下进行。具体操作如下（图 7-4）。

a. 抢救者用压在伤病者前额手的拇指和食指捏住伤病者的鼻孔，以防吹气时气体从鼻孔逸出，一只手托下颌，将伤员口张开。

b. 抢救者深吸一口气，张开口贴紧患者的嘴巴，用双唇包严伤病者的口唇，呈密封状，以防漏气；然后缓慢而持续地进行两次充分吹气，以扩张萎陷的肺脏，每次吹气时间应在 2s 以上，每次吹气量成人约为 800～1200mL，为减少胃胀气的发生，对大多数成人在吹气持续 1s 以上给予 10mL/kg 潮气量或 500～600mL 的潮气量，确保吹气时胸廓隆起或上抬。

c. 一次吹气完毕后，应立即与患者口部脱离，轻轻抬起头部，眼视患者胸部，如果吹气有效，伤病者胸部会膨起，并随着气体的排出而下降，然后再作下一次吹气，同时松开伤病者的鼻子，使气流被动从口鼻排出，以利患者胸廓借弹性回缩，并侧转头吸入新鲜空气，防止吸入伤病者呼出的浊气。

③ 口对鼻吹气法。口对口呼吸难以实施时采用口对鼻呼吸，主要用于不能经口进行通气者，如患者牙关紧闭不能开口、口唇严重创伤或抢救者行口对口呼吸时不能将患者口部完全包住者，具体操作方法如下。

a. 一手按于前额，使患者头部后仰，另一手提起患者的下颌，并使口部闭。

b. 抢救者先深吸一口气，张开口迅速贴紧患者的鼻部，并用口唇把患者的鼻部完全包住，呈密封状。

c. 向患者鼻内连续、缓慢吹气，一次吹气完毕后，应立即与患者鼻部脱离，使气流从口鼻被动排出。

d. 有时因患者在被动呼气时因鼻腔闭塞而影响排气，此时可间歇性开放患者的口部，或用拇指分开患者的嘴唇，以便患者被动呼气，其余同口对口呼吸。

④ 口对面罩呼吸。口对面罩呼吸是抢救者用双手把面罩紧贴患者的面部，通过透明有单向阀门的面罩将抢救者呼出气吹入患者肺内，避免与患者口唇直接接触，有的面罩有氧气接口，以便在口对面罩呼吸的同时供给氧气，以提高人工呼吸的效果，改善缺氧状况，其余同口对口呼吸。

(4) 胸外心脏按压

① 判断心跳。在用“压额仰头举颏法”开放气道和人工呼吸后，应立即检查病人有无心跳，即用颈动脉搏动是否存在，以确定下一步的急救方案。抢救者可用食指和中指指尖先触及病人气道正中部位，男性可触及喉结。然后，向旁侧滑动 2～3cm，在气管旁软组织处轻轻触摸颈动脉有无搏动。如有搏动说明有心跳，反之心跳停止。若有心跳而无呼吸，则只需要保持呼吸道通畅，并进行人工呼吸即可，若呼吸和心跳均停止，则进行下一步的抢救。注意：触摸颈动脉时不能用力过大，以免推移颈动脉；不能同时触摸两侧颈动脉，以免造成头部供血中断；不要压迫气管，以免造成呼吸道阻塞，检查时间不能超过 10s（图 7-5）。

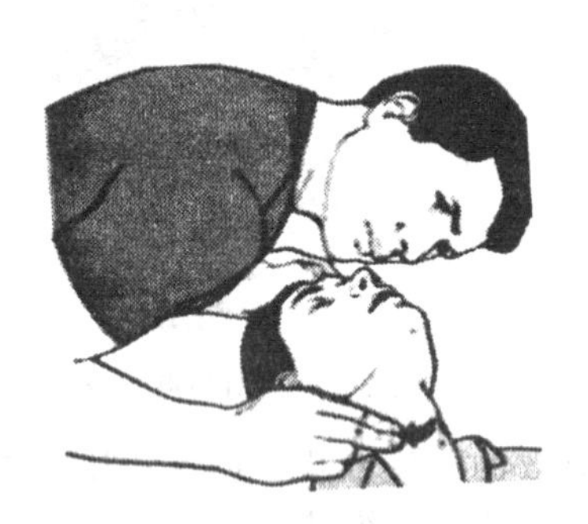

图 7-5 触摸颈动脉

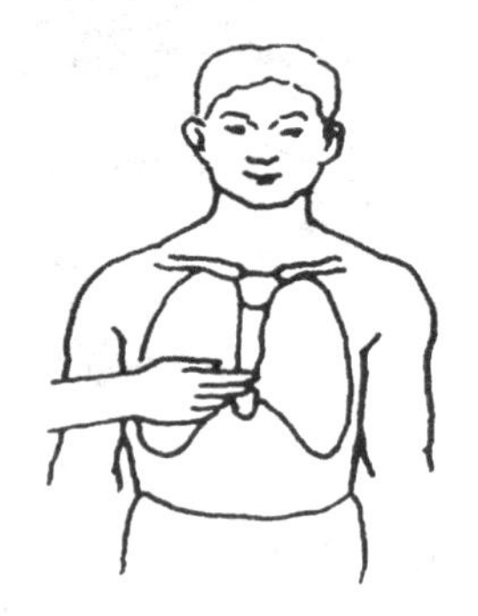

图 7-6 确定胸骨下切迹

② 胸外心脏按压。胸外心脏按压是通过人工对心脏的挤压按摩，从而强迫心脏做工，促进血液循环使心脏复苏，逐渐恢复正常心肌功能。危险化学品导致人员中毒的事故现场一般采取胸外按摩的方法。胸外按压的具体操作如下。

a. 患者应仰卧于硬板床或平坦的地上，若为海绵床垫或弹簧床垫，则应在患者背部垫一硬板，但不可因寻找垫板而耽误按压时间。

b. 抢救者的上半身前倾，两肩位于双手的正上方，两臂伸直，垂直向下用力，借助于上半身的体重和肩、臂部肌肉的力量进行挤压。

c. 成人的挤压部位在胸骨的中 1/3 段与下 1/3 段的交界处（图 7-6）；若患者为儿童，抢救者以单手掌根挤压，手臂伸直，垂直向下用力，挤压部位在胸骨中 1/3 段；若患者为婴儿，抢救者将食指放在两乳头连线的中点与胸骨正中线交叉点的下方一横指处，以单手的中指和无名指合并平贴放在胸骨定位的食指旁进行挤压，挤压时将食指抬起或另一手放在婴儿背下。

d. 对正常体形的成人患者，挤压深度为 4～5cm，速度为每分钟 100 次，用力均匀，不可过猛。为达到有效的按压，可根据体形大小增加或减少按压幅度，最理想的按压效果是可触及颈动脉的搏动；若患者为儿童，挤压深度 2.5～4cm，速度为每分钟 60～80 次；若患者为婴儿，挤压深度 1.5～2.5cm，速度为每分钟 100 次。

e. 按压应平稳、有规律地进行，不能冲击式按压或中断按压，每次按压后，双手放松使胸骨恢复到按压前的位置，放松时双手不要离开胸壁，一方面使双手位置保持固定，另一方面，减少胸骨本身复位的冲击力，以免发生骨折，每次按压后，让胸廓回复到原来的位置再进行下一次按压，连续进行 15 次心脏按压。

(5) 胸外心肺复苏交替操作法　在事故救护现场，胸外心复苏和肺复苏两种人工复苏法需要交替进行操作，才会收到好的效果。心肺复苏时胸外按压（图 7-7）是指在胸骨下半部提供一系列压力，这种压力通过增加胸内压或直接挤压心脏产生血液流动，并辅以适当的人工呼吸，就可为脑和其他重要器官提供有氧血供。

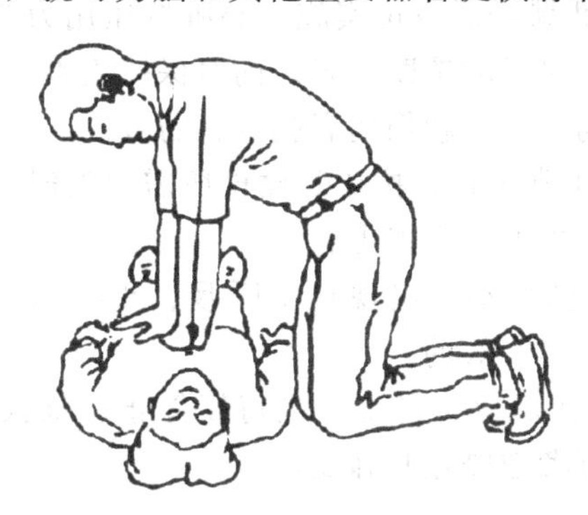

图 7-7　胸外心脏按压姿势

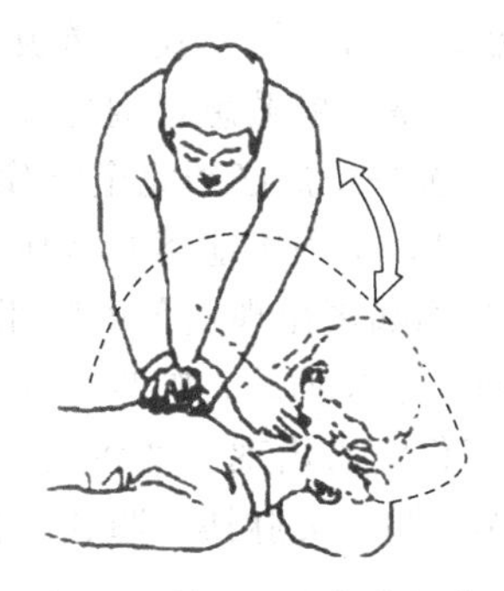

图 7-8　单人心肺复苏操作

《国际心肺复苏指南 2005》推荐胸外按压频率为 100 次/min。单人复苏时，由于按压间隙要行人工通气，因此，按压的实际次数要略小于 100 次/min。基于这些原因，《国际心肺复苏指南 2005》推荐，在气管插管之前，无论是单人还是双人心肺复苏，按压/通气比均为 30∶2（连续按压 30 次，然后吹气 2 次），气管插管以后，在进行双人心肺复苏时，以 8～10 次/min 给予通气，并且无需与胸外按压同步，在人工呼吸时，胸外按压不应中断。

① 单人心肺复苏。单人心肺复苏是指在开放气道的情况下，由同一个抢救者顺次完成人工呼吸及胸外心脏按压。具体操作方法如下：患者置于平躺仰卧位，放置于较平的硬木板或其他坚实的平面上，先进行两次连续吹气后，抢救者迅速回到病人胸侧，重新确定按压部位，作 15 次胸外心脏按压；再移至病人头侧，作口对口人工呼吸两次，15 次胸外心脏按压（图 7-8）。共进行四次循环（1min 以内）后，再用“看-听-感觉法”确定有无呼吸和脉搏（要求在 5s 内完成）。若无呼吸和脉搏，再进行四次循环，如此周而复始。

如伤病者有脉搏而无呼吸，则只作吹气，每 5s 一次，并密切监测脉搏情况。如有呼吸无脉搏，则立即进行胸外心脏挤压按摩，以每分钟 60～80 次的频率作 15 次挤压，并密切监测呼吸。如伤病者脉搏、呼吸都已恢复正常，则将患者摆成恢复体位维持气道畅通，密切监测脉搏、呼吸，注意病情变化。如伤病者无脉搏也无呼吸，则继续以 15∶2 的比例进行胸外挤压与口对口吹气，直到专业医务人员到来或 30min 以上。

② 双人心肺复苏。双人心肺复苏是指由两个抢救者同时进行人工呼吸及胸外心脏按压的操作。其基本操作步骤如下：抢救者分别跪在伤病员的两侧，一人位于患者身旁做胸外心脏按压，按压频率为每分钟 80～100 次；另一人位于患者头旁侧，保持气道通畅，监测颈动脉搏动和瞳孔等变化，评价按压效果，以便随时调整救护方法，并进行人工通气，口对口吹气时胸外挤压按摩的频率为 60～80 次。胸外按压与口对口吹气的比例为 5∶1，即每作 5 次胸外心脏挤压进行 1 次人工呼吸，且必须在胸外挤压的松弛时间内（5s）完成（图 7-9）。当按压胸部者疲劳时，两人可相互

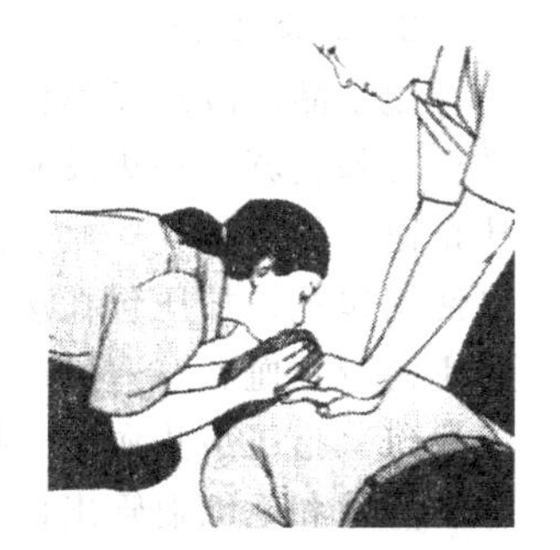

图 7-9　双人心肺复苏操作

对换位置继续双人心肺复苏。为达到配合默契，胸外挤压者最好口数数字进行操作，以便口对口吹气实施者的操作。如需互换操作时，应在检查颈动脉时进行，中断时间不得超过5s，防止因中断时间过长而影响救护效果。

3. 注意事项

① 人工呼吸一定要在气道开放的情况下进行，向伤员肺内吹气不能不足、过多或过快，这些都可使空气进入胃部引起胃扩张，导致呕吐等副作用，仅需胸廓略有隆起即可。

② 胸外心脏挤压要在准确判断伤病者心脏停止跳动后方可实施。心脏按压用力要均匀，不可过猛，不可呈摇摆式、搓板式等挤压，否则，将影响按摩效果。同时保持正确的挤压位置，除一手掌根紧贴患者胸骨外，手的其余部分均不应接触伤病者胸骨、肋骨。

③ 每次按压后必须完全解除压力，胸部回到正常位置，按压和放松所需要的时间相等。挤压放松时，掌根不能离开挤压位置，否则，将产生冲击伤害患者。

④ 当伤病者出现面色由紫绀转为红润、颈动脉搏动，出现自主呼吸、瞳孔由大变小，眼球活动，手脚抽动，呻吟等症状时判断心肺复苏是有效的。

⑤ 当伤病者出现深度昏迷，对疼痛刺激无任何反应、自主呼吸持续停止、抢救30min以上仍无心跳、无脉搏、瞳孔无变化等症状时，可考虑停止心肺复苏。

二、止血技术

在危险化学品事故现场，泄漏的化学品不仅造成人员的化学灼伤、冻伤、中毒，而且泄漏的化学品一旦遇到点火源发生燃烧爆炸事故，易造成人员的烧伤或复合伤等创伤，出血是创伤的突出表现，有效地止血能减少出血，保存有效血容量，防止休克的发生。因此，现场及时有效地止血是挽救生命、降低死亡率，为伤员进一步争取治疗时间的重要技术。现场救护条件较差，要做到既能有效止血，又能因地制宜、就地取材，而且使用的止血方法又不会伤及肢体，就必须学习相关的知识和技能，一旦遇到伤员，就能在现场井井有条地实施救护。

1. 止血材料

常用的材料有无菌敷料、粘贴创可贴和止血带等。

无菌敷料是用来覆盖伤口，控制出血，吸收血液并引流液体，保护伤口，预防感染的。如无无菌敷料，可以用干净的毛巾、衣物、餐巾纸等替代；无菌纱布垫的规格不同，有的纱布垫涂有药物层，用于处理不同的伤口，如吸附烧伤表面的液体分泌物；创可贴是无菌敷料和绷带的结合；创伤敷料为大而厚的具有吸收能力的无菌敷料，敷料要比伤口大3cm，有厚度、柔软性并对伤口产生均匀的压迫。

止血带是用宽的、扁平的布制材料，常用的有气囊止血带和表式止血带。另外，就地取材所用的布料止血带可用三角巾、毛巾、布料、衣物等可折成三指宽的宽带。

2. 止血方法

化学品事故现场不仅造成人员中毒，还有较严重的威胁生命的出血性外伤时，必须一边进行心肺复苏，一边及时根据伤口出血的部位采用不同的止血法。常用的止血方法主要有包扎止血、加压包扎止血、指压止血、加垫屈肢止血、填塞止血和止血带止血。一般的出血可以使用包扎、加压包扎法止血；四肢的动、静脉出血，如使用其他的止血法能止血的，就不用止血带止血。

(1) 指压迫止血法　指压迫止血法是最简便、最有效的方法，适用于全身各部位的小动脉、静脉和毛细血管出血。根据动脉的分布情况，用手指压住伤口上方血管近心端的动脉，阻断动脉血流，从而有效地达到快速止血的目的。

操作时，先用手指准确掌握动脉压迫点，然后压紧血管，上肢动脉血管在上臂的内侧、肘窝和前臂掌面的两侧；下肢动脉血管在腹股沟处、膝部的后面和足背及内踝的后下方，压迫力度要适中，以伤口不出血为准，压迫力度过大反而不利于伤口凝血作用的形成。

（2）纱布压迫止血法　纱布压迫止血法是用洁净的医用纱布迅速压迫在伤口上。伤口大时往往有较大的空隙，这时要用纱布将空隙压实，才能达到良好的止血目的。放置纱布的范围要稍大些，超出伤口 5～10cm 为宜，这样才能达到有效止血的目的。纱布放好后再用绷带加压包扎好。

（3）止血带止血法　四肢有大血管损伤，或伤口大、出血量多时，采用手指压迫止血法和纱布压迫法止血法效果不好时，可采用止血带法止血。止血带止血是利用橡胶带、布带等扎住血管，阻止血液流通，从而达到止血的目的。操作时肢体上止血带的部位要正确并且要有衬垫，止血带松紧要适度，过紧会造成皮肤与软组织挫伤，过松则达不到止血的效果；上完止血带后每隔 50min 要放松 3～5min，放松止血带期间，要用指压法、直接压迫法止血，以减少出血。

① 气囊止血带止血法。气囊止血带较宽，对软组织损伤小，靠气囊充气控制压力，易于操作，止血效果作用好。因气囊止血带有压力表，能准确控制止血带的压力，但携带不方便。

操作时首先在上臂的上 1/3 段或大腿上段垫好衬垫（绷带、毛巾、平整的衣物等）；将止血带缠在肢体上，打开充气阀开关，用冲气杆充气，至压力表指针到 300mmHg（上肢）或 600mmHg（下肢）；然后关紧充气阀，记录时间及压力值，为防止止血带松脱，上止血带后再缠几圈绷带加强。

② 表带式止血带止血法。操作时首先将伤肢抬高，在上臂的上 1/3 段或大腿上段垫好衬垫（绷带、毛巾、平整的衣物等）；然后将止血带缠在肢体上，一端穿进扣环，并拉紧至伤口不出血为度；最后记录止血带安放时间。如图 7-10 所示。

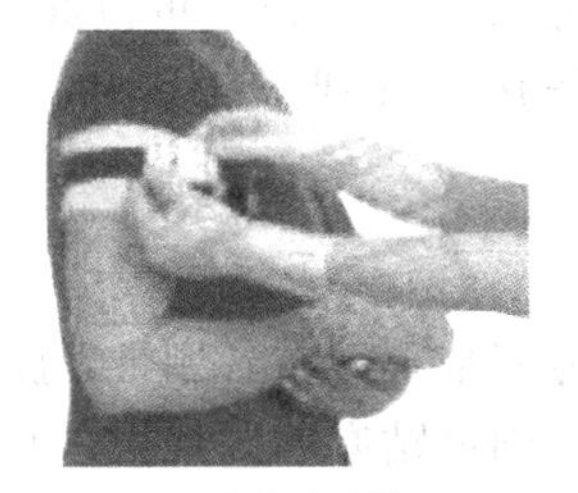
(a) 止血带缠肢体

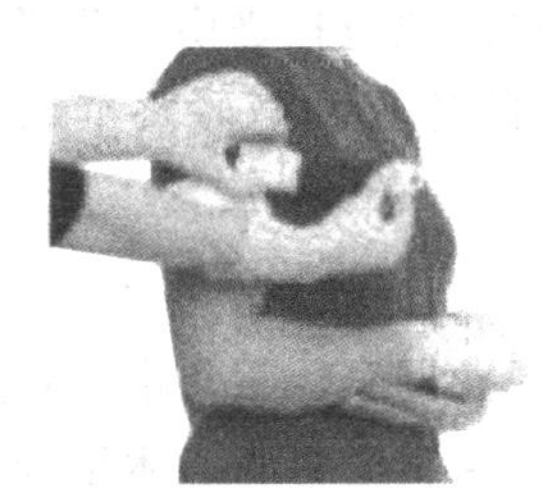
(b) 拉紧扣环

(c) 标明时间

图 7-10　表带式止血带止血法

③ 布料止血带止血法。在没有上述橡胶带、止血带的紧急情况下，采用布料止血带止血法。用三角巾、毛巾、手绢、床单及其他织物等布料折叠成带状临时采用的。操作时在上臂的上 1/3 段或大腿上段垫好衬垫（如绷带、毛巾、平整的衣物等）；用制好的布料带在衬垫上加压绕肢体一周，两端向前拉紧，打一个活结；取绞棒插在带状的外圈内，提起绞棒绞紧，将绞紧后的棒的另一端插入活结小圈内固定；最后记录止血带安放时间。因布料止血带没有弹性，很难真正起到止血目的，如果过紧会造成肢体损伤或缺血坏死，因此，仅可谨慎短时间使用（图 7-11）。

3. 注意事项

① 首先要准确判断出血部位及出血量，然后决定采取哪种止血方法。

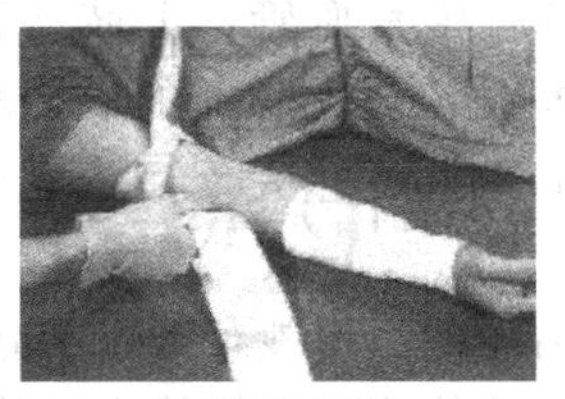

(a) 绑紧布带

(b) 打活结、穿绞棒

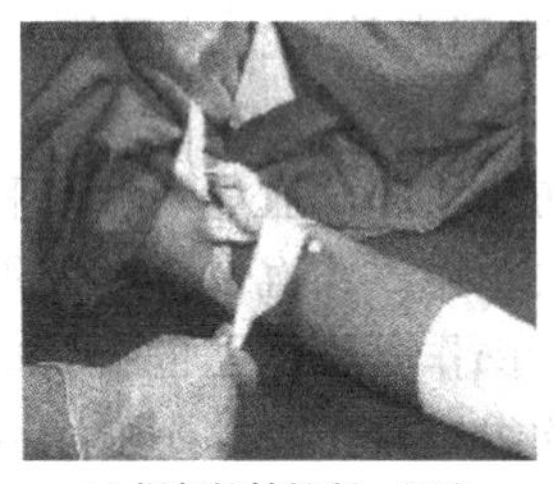

(c) 提起绞棒绞紧、固定

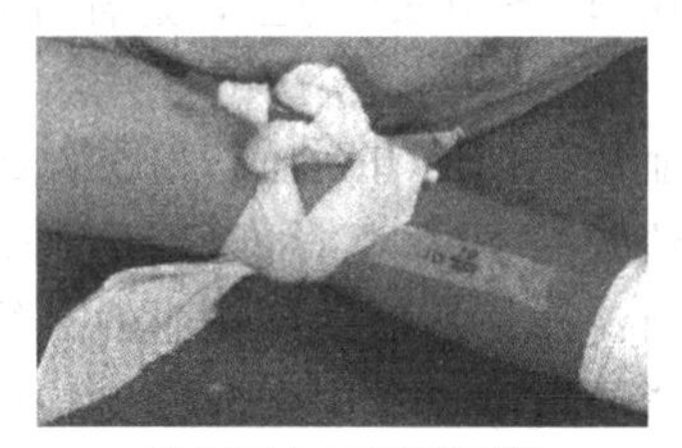

(d) 记录止血带安放时间

图 7-11 布料止血带止血法

② 大血管损伤时需几种方法联合使用。颈动脉和股动脉损伤出血凶险，首先要采用指压止血法，并及时采取其他急救措施，如需要转运且时间较长时，可实行纱布加压包扎法止血。

③ 采用止血带止血法时，必须要使止血带压力大于动脉压力时才能止血，如果用上止血带后仍然流血，应重新再扎紧一次。

④ 无论使用哪种止血带都要记录时间，注意定时放松，放松止血带要缓慢，防止血压波动或再出血，同时一定要记住止血带止血的时间不能超过 1h，否则将会造成肌体缺血性坏死。

三、包扎技术

化学事故现场及时、快速、准确地包扎烧伤或化学品致伤的伤口，可以起到保护伤口、防止进一步污染、快速止血、预防休克和减轻疼痛的作用，有利于转运和进一步的医院治疗。

1. 包扎材料

常用的包扎材料有创可贴、尼龙网套、三角巾、弹力绷带、纱布、绷带、胶条及就地取材的材料，如干净的衣物、毛巾、头巾、衣服、床单等。创可贴有不同规格，其中，弹力创可贴适用于关节部位损伤；纱布绷带有利于伤口渗出物的吸收，可用于手指、手腕、上肢等身体部位损伤的包扎。

2. 包扎的原则

① 包扎伤口的动作要迅速而轻巧，包扎部位要准确而牢固——快、轻、准、牢；

② 包扎部位要准确，封闭要严密，不要遗漏伤口，防止伤口污染；

③ 包扎动作要轻，不要碰撞伤口，以免增加伤员的疼痛和出血；

④ 包扎要牢靠，松紧适宜，包扎过紧会妨碍血液流通和压迫神经。

3. 包扎的方法

在化学事故现场，根据化学品对人员的伤害部位和程度的不同，可采用不同的包扎方法。常用的包扎方法有以下几种。

(1) 自粘创可贴、尼龙网套包扎法　这是新型的包扎材料，用于表浅伤口、头部及手指伤口的包扎。自粘性创可贴透气性能好，还有止血、消炎、止疼、保护伤口等作用，使用方便，效果佳。尼龙网套包扎具有良好的弹性，使用方便，头部及肢体均可用其包扎，使用时先用敷料覆盖伤口，再将尼龙网套套在敷料上。

(2) 绷带包扎法 绷带一般用纱布切成长条制成，呈卷轴带。绷带长度和宽度有多种，适合于不同部位使用。常用的有宽 5cm、长 10cm 和宽 8cm、长 10cm 两种。

绷带包扎一般用于四肢、头部和肢体粗细相同部位。操作时先在创口上覆盖消毒纱布，救护人员位于伤员的一侧，左手拿绷带头，右手拿绷带卷，从伤口低处向上包扎伤臂或伤腿，要尽量设法暴露手指尖和脚趾尖，以观察血液循环状况。如指尖和脚趾尖呈现青紫色，应立即放松绷带。包扎太松，容易滑落，使伤口暴露造成污染。因此，包扎时应以伤员感到舒适、松紧适当为宜。

① 环行包扎法。环行包扎法是绷带包扎中最常用的，适用肢体粗细较均匀处伤口的包扎。首先用无菌敷料覆盖伤口，用左手将绷带固定在敷料上，右手持绷带卷绕肢体紧密缠绕；然后将绷带打开一端稍作斜状环绕第一圈，将第一圈斜出一角压入环行圈内，环绕第二圈；加压绕肢体环形缠绕 4～5 层，每圈盖住前一圈，绷带缠绕范围要超出敷料边缘；最后用胶布粘贴固定，或将绷带尾从中央纵形剪开形成两个布条，两布条先打一结，然后两者绕肢体打结固定（图 7-12）。

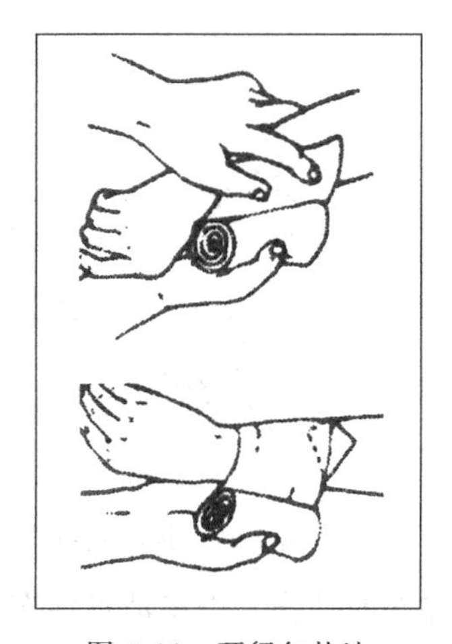

图 7-12 环行包扎法

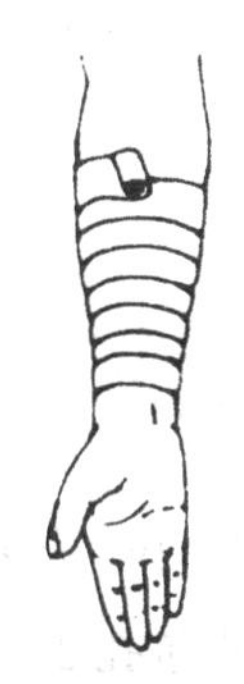

图 7-13 螺旋形包扎法

② 螺旋形包扎法。适用上肢、躯干的包扎。操作时首先用无菌敷料覆盖伤口，作环行包扎数圈，然后将绷带渐渐地斜旋上升缠绕，每圈盖过前圈 1/3 或 2/3 成螺旋状（图 7-13）。

③ 回反包扎法。用于头部或断肢伤口包扎。首先用无菌敷料覆盖伤口；然后作环行固定两圈；左手持绷带一端于头后中部，右手持绷带卷，从头后方向前到前额；再固定前额处绷带向后反折；反复呈放射性反折，直至将敷料完全覆盖；最后环形缠绕两圈，将上述反折绷带端固定。

④ "8"字形包扎法。用于手掌、踝部和其他关节处伤口的包扎，选用弹力绷带。首先用无菌敷料覆盖伤口；包扎手时从腕部开始，先环行缠绕两圈；然后经手和腕"8"字形缠绕；最后绷带尾端在腕部固定；包扎关节时绕关节上下"8"字形缠绕（图 7-14）。

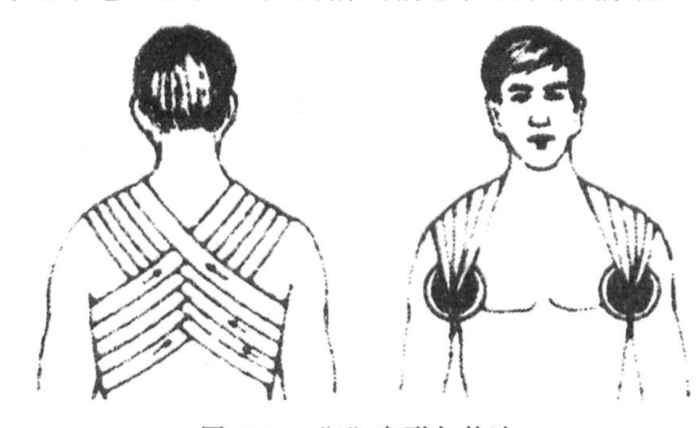

图 7-14 "8"字形包扎法

(3) 三角巾包扎法　用一块正方形普通白布或纱布，边长为100cm，对角剪开即成两块三角巾。三角巾最长的边称为底边，正对底边的角叫顶角，底边两端的两个角称底角。三角巾顶角上缝有一条长45cm的带子称系带。为了方便不同部位的包扎，可将三角巾叠成带状或将三角巾顶角附近处与底边中点折成燕尾式（图7-15）。

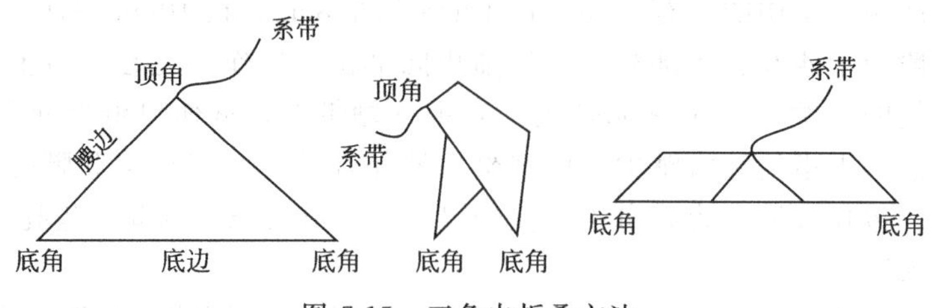

图7-15　三角巾折叠方法

① 头顶帽式包扎法。先取无菌纱布覆盖伤口，然后把三角巾底边的中点放在伤员眉间上部，顶角经头顶拉到脑后枕部，再将两个底角在枕部交叉返回到额部中央打结，最后，拉紧顶角并反折塞在枕部交叉处（图7-16）。

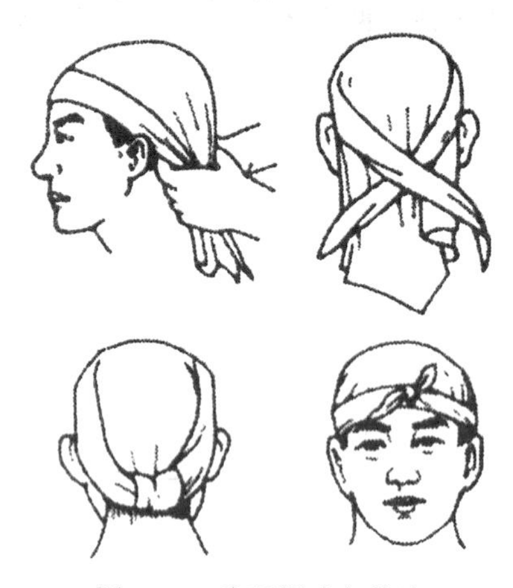

图7-16　头顶帽式包扎法

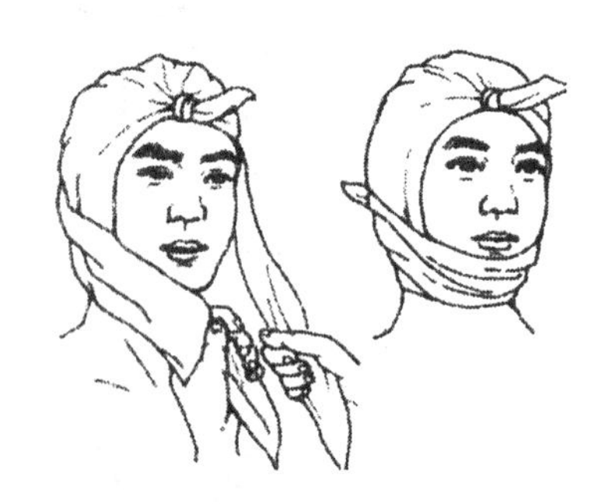

图7-17　风帽式包扎法

② 风帽式包扎法。适用于包扎头部和两侧面、枕部的外伤。先将消毒纱布覆盖在伤口上，将顶角打结放在前额正中，在底边的中点打结放在枕部，然后两手拉在两个底角向下额包住并交叉，再绕到颈后在枕部打结（图7-17）。

③ 面部包扎法。将三角巾顶角打一结，放在下颌处或将顶角结放在头顶处，将三角巾覆盖面部，底边两角拉向枕后交叉，然后在前额打结，在覆盖面部的三角巾对应部位开洞，露出眼、鼻、口（图7-18）。

图7-18　面部包扎法

④ 单眼包扎法。将三角巾折成带状，其上 1/3 处盖住伤眼，下 2/3 从耳下端绕经枕部向健侧耳上额部并压上上端带巾，再绕经伤侧耳上，枕部至健侧耳上与带巾另一端在健耳上打结固定（图 7-19）。

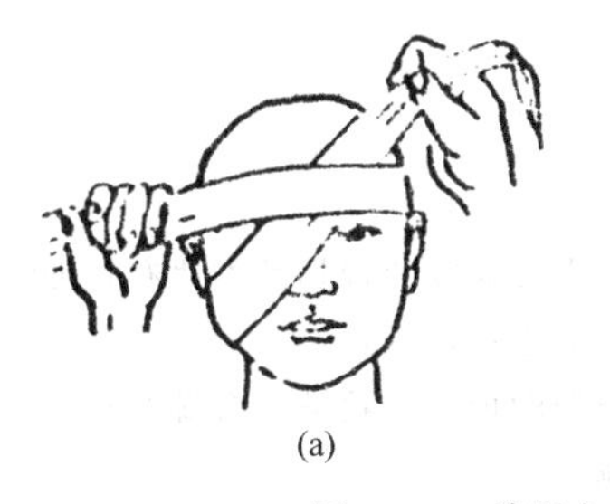

(a)

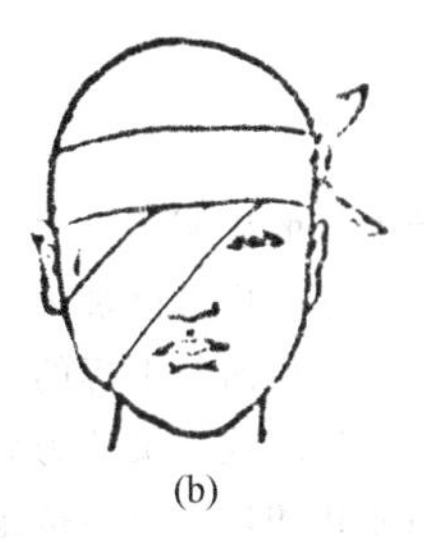

(b)

图 7-19　单眼包扎法

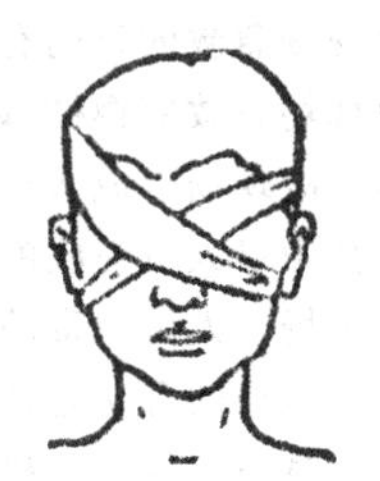

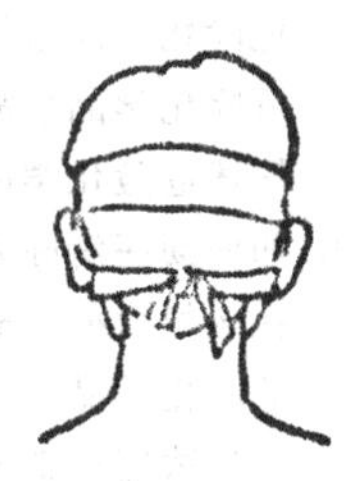

图 7-20　双眼包扎法

⑤ 双眼包扎法。将无菌纱布覆盖在伤眼上，用带形三角巾从头后部拉向前从眼部交叉，再绕向枕下部打结固定（图 7-20）。

⑥ 手足包扎法。将手或足放在三角巾上，顶角在前拉至手或足的背面，然后将底边缠绕打结固定。

4. 注意事项

① 包扎时尽可能带上医用手套，如无医用手套，要用敷料、干净布片、塑料袋、餐巾纸为隔离层；

② 如必须用裸露的手进行伤口处理，在处理完成后，要用肥皂清洗手；

③ 除化学伤外，伤口一般不用水冲洗，也不要在伤口上涂消毒剂或消炎粉；

④ 不要对嵌有异物或骨折断端外露的伤口直接包扎。

复习思考题

一、填空题

1. 危险化学品对人员的伤害方式主要有（　　）灼伤或中毒，（　　）灼伤或吸收中毒以及眼睛灼伤。

2. 危险化学品造成人员皮肤腐蚀灼伤的程度主要与（　　）、接触时间和（　　）等因素有关。

3. 危险化学品事故现场急性化学中毒人员的救治方法主要有脱离现场法、（　　）、改善环境法和（　　）四种。

4. 常见的窒息性气体有一氧化碳、硫化氢、氰化氢等，其主要毒性在于它们可在体内造成细胞及组织（　　），如一氧化碳能明显降低血红蛋白对氧气的（　　）能力，从而造成组织供氧障碍。

5. 四氯化钛、金属钠和石灰等沾染皮肤不仅可引起烧伤，而且遇水后水解产生大量热，加重皮肤的烧伤。因此，应尽快用（　　）将化学物质吸掉，再用（　　）彻底清洗，随着持续的大量流动水冲洗，热量逐渐消散。

6. 心肺复苏技术是对心脏骤停、（　　）或有微弱的呼吸与心跳的重度中毒或窒息者采取的一种有效的“救命技术”。即用（　　）形成暂时的人工循环恢复对心脏的自主搏动，用（　　）代替自主呼吸。

7. 开放气道、保持呼吸道通畅是心肺复苏的第一步抢救技术。常用的开放气道的方法有（　　）和（　　）。

8.《国际心肺复苏指南 2005》推荐胸外按压频率为（　　）次/min。在气管插管之前，无论是单人还是双人心肺复苏，按压/通气比均为（　　）。

9. 胸外按压是指在胸骨下半部提供一系列压力，这种压力通过增加胸内压或直接挤压（　　）产生血液流动，并辅以适当的（　　），就可为脑和其他重要器官提供有氧血供。

10. 当危险化学品事故现场造成人员有较严重的威胁生命的出血性外伤时，现场救治人员必须一边进行心肺复苏，一边及时根据伤口出血的部位采用不同的止血方法。常用的主要有（　　）、纱布压迫止血法和（　　）。

二、简答题

1. 危险化学品事故现场急救的目的有哪些？
2. 危险化学品事故现场急救应遵循哪些原则？
3. 简述危险化学品事故现场造成人员急性化学中毒的机制。
4. 如何彻底清除未被中毒人员吸收的化学毒物？尽快排出已被中毒人员吸收的毒物的方法有几种？
5. 在氯气泄漏事故现场，人员中毒的症状有哪些？如何对中毒的人员进行现场救治？
6. 危险化学品致热力烧伤的含义是什么？危险化学品致人员热力烧伤的现场急救措施有哪些？
7. 简述浓硫酸造成人员烧伤的致伤机理、烧伤症状和现场救治措施。
8. 简述磷造成人员烧伤的致伤机理、烧伤症状和现场救治措施。
9. 如何对化学危险品事故现场的中毒人员实施心肺复苏和胸外心脏按压技术？
10. 常用的现场包扎方法有哪些？如何实施这些包扎方法？

第八章　典型危险化学品事故应急处置

学习目标

1. 掌握火灾、爆炸等几类重点事故现场应急处置要领。
2. 理解防护等级的划分标准和防护标准的选择。
3. 掌握常见设备的堵漏方法。
4. 了解常见危险化学品中毒急救措施。
5. 了解常见危险化学品泄漏环境污染事件的应急处置措施。
6. 掌握几类危险化学品事故扑救通则。

第一节　几类重点事故现场应急处置要领

一、火灾事故

危险化学品容易发生火灾事故，但不同的化学品及在不同情况下发生火灾时，其扑救方法差异很大，若处置不当，不仅不能有效扑灭火灾，反而会使灾情进一步扩大。此外，由于化学品本身及其燃烧产物大多具有较强的毒害性和腐蚀性，极易造成人员中毒、灼伤。因此，扑救危险化学品火灾是一项极其重要而又非常危险的工作。一般不宜贸然扑救，应由专业消防队进行扑救。

从小到大、由弱到强是大多数火灾的规律。在生产过程中，发现并扑救初起火灾对安全生产及国家财产和人身安全有着重大意义。因此，在化工生产中操作人员一旦发现火情，除迅速报告火警外，应使用灭火器材把火灾消灭在初起阶段，或使其得到有效的控制，为专业消防队赶到现场扑救赢得时间。

从事化学品生产、使用、储存、运输的人员和消防救护人员应熟悉和掌握化学品的主要危险特性及其相应的灭火措施，并定期进行防火演习，加强紧急事态时的应变能力。一旦发生火灾，每个职工都应清楚地知道他们的作用和职责，掌握有关消防设施的使用方法、人员的疏散程序和危险化学品灭火的特殊要求等内容。

1. 危险化学品火灾事故处置措施

① 采取统一指挥、堵截火势、防止蔓延、分割包围、速战速决的灭火战术。

② 扑救人员应占领上风或侧风阵地。

③ 进行火情侦察、火灾扑救、火场疏散的人员应有针对性地采取自我防护措施，如佩戴防护面具，穿戴专用防护服等。

④ 应迅速查明燃烧范围、燃烧物品及其周围物品的品名和主要危险特性、火势蔓延的主要途径以及确定燃烧的危险化学品及燃烧产物是否有毒。

⑤ 正确选择最适合的灭火剂和灭火方法。

⑥ 对有可能发生爆炸、爆裂、喷溅等紧急情况的，应按照统一的撤退信号和撤退方法

及时撤退。

⑦ 火灾扑灭后，要派人监护现场，消灭余火。起火单位应保护现场，协助公安消防部门和上级安全管理部门调查火灾原因，核定火灾损失，查明火灾责任。未经公安消防部门和上级安全监督管理部门同意，不得擅自清理火灾现场。

2. 生产装置初起火灾的扑救

当生产装置发生火灾爆炸事故时，现场操作人员应迅速采取如下措施。

① 应迅速查清着火部位、着火物质来源；及时准确地关闭阀门，切断物料来源及各种加热源；开启冷却水、消防蒸汽等进行冷却或有效隔离；关闭通风装置，防止风助火势或沿通风管道蔓延。从而有效地控制火势以利于灭火。

② 带有压力的设备物料泄漏引起着火时，应切断进料并及时开启泄压阀门，进行紧急放空，同时将物料排入火炬系统或其他安全部位，以利灭火。

③ 现场当班人员应迅速果断作出是否停车的决定，并及时向厂调度室报告情况和向消防部门报警。在报警时要讲清着火单位、地点、着火部位和着火物质，最后报上自己的姓名。

④ 装置发生火灾后，当班的车间领导或班长应对装置采取准确的工艺措施，并充分利用装置内消防设施及灭火器材进行灭火，若火势一时难以扑灭，则要采取防止火势蔓延的措施，保护要害部位，转移危险物质。

⑤ 在专业消防人员到达火场时，生产装置的负责人应主动向消防指挥人员介绍情况，说明着火部位、物质情况、设备及工艺状态，以及采取的措施等。

3. 易燃、可燃液体储罐初起火灾的扑救

① 易燃、可燃液体储罐发生火灾、爆炸，特别是罐区中某一罐发生着火、爆炸是很危险的。一旦发现火情，应迅速向消防部门报警并向厂调度室报告，报警和报告中必须说明罐区的位置、着火罐的位号及储存物料情况，以便消防部门迅速赶赴火场进行扑救。

② 若着火罐还在进料，必须采取措施迅速切断进料。如无法关闭进料阀，可在消防水枪的掩护下进行抢关，或通知送料单位停止送料。

③ 若火罐区有固定泡沫发生站，则应立即启动泡沫发生装置。开通着火罐的泡沫阀门，利用泡沫灭火。

④ 若着火罐为压力容器，应迅速打开水喷淋设施，对着火罐和邻近储罐进行冷却保护，以防止升温、升压引起爆炸，打开紧急放空阀门进行安全泄压。

⑤ 火场指挥员应根据具体情况，组织人员采取有效措施防止物料流散，避免火势扩大，并注意邻近储罐的保护以及减少人员伤亡和火势的扩大。

4. 电气火灾的扑救

(1) 电气火灾的特点　电气设备着火时，现场很多设备可能是带电的，这时应注意现场周围可能存在的较高的接触电压和跨步电压。同时还有一些设备着火时是绝缘油在燃烧，如电力变压器、多油开关等，受热后易引起喷油和爆炸事故，使火势扩大。

(2) 扑救时的安全措施　扑救电气火灾时，应首先切断电源。为正确切断电源，应按如下规程进行。

① 火灾发生后，电气设备已失去绝缘性，应用绝缘良好的工具进行操作。

② 选好切断点。非同相电源应在不同的部位切断，以免造成短路，切断部位应选有支撑物的地方，以免电线落地造成短路或触电事故。

③ 切断电源时，如需电力等部门配合，应迅速取得联系，及时报告，提出要求。

(3) 带电扑救的特殊措施　有时因生产需要或为争取灭火时间，没切断电源扑救时，要注意以下几点。

① 带电体与人体保持一定的安全距离，一般室内应大于 4m，室外不应小于 8m。

② 选用不导电灭火剂灭火。同时灭火器喷嘴与带电体的最小距离应满足 10kV 以下，大于 0.4m；35kV 以下，大于 0.6m。

③ 对架空线路及空中设备灭火时，人体位置与带电体之间的仰角不能超过 45°，以防导线断落伤人。如遇带电体断落地面时，要划清警戒区，防止跨步电压伤人。

(4) 充油设备的灭火　充油设备的油品闪点多在 130～140℃之间，一旦着火，其危险性较大。应按下列要求进行。

① 如果在设备外部着火，可用二氧化碳、干粉等灭火器带电灭火；如油箱破坏，出现油燃烧，除切断电源外，有事故油坑的，应设法将油导入事故油坑，油坑中和地面上的油火可用泡沫灭火，同时要防止油火进入电缆坑。

② 充油设备灭火时，应先喷射边缘，后喷射中心，以免油火蔓延扩大。

5. 仓库火灾的扑救

仓库内存放的物质可燃品居多，而危险品仓库内储存的各种化学危险品的危险性更大。因此仓库着火时，仓库管理人员应立即向消防部门及厂调度室报警。报警时说明起火仓库地点、库号、着火物质品种及数量。

仓库内存放的物品很多，仓库的初起火灾更需要仓库管理人员利用仓库的灭火器材及时扑救。仓库灭火不可贸然用水枪喷射，应选用合适的灭火器材进行灭火。否则用水枪一冲，物质损失必然增多，特别是危险品仓库。仓库管理人员应主动向消防指挥人员介绍情况，说明物品位置及相应的灭火器材，以免扩大火势，甚至引起爆炸。

为了防止火场秩序的混乱，应加强警戒，阻止无关人员入内，参加灭火的人员必须听从统一的指挥。

6. 人身着火的扑救

人身着火多数是由于工作场所发生火灾、爆炸事故或扑救火灾引起的。当人身着火时应采用如下措施。

若衣服着火又不能及时扑灭，则应迅速脱掉衣服，防止烧坏皮肤。若来不及或无法脱掉应就地打滚，用身体压灭火种。切记不可跑动，否则风助火势会造成严重后果。用水灭火效果会更好。

如果人身溅上油类而着火，其燃烧速度很快。人体的裸露部分，如手、脸和颈部最易烧伤。此时疼痛难忍，精神紧张，会本能地以跑动逃脱。在场的人应立即制止其跑动，将其推倒，用石棉布、棉衣、棉被等物覆盖，用水浸湿后覆盖效果更好。用灭火器扑救时，注意不要对着面部。

在现场抢救烧伤患者时，应注意保护烧伤部位，不要碰破皮肤，以防感染。大面积烧伤患者往往会因伤势过重而休克，此时伤者的舌头易收缩而堵塞喉咙，发生窒息而死亡。在场人员应将伤者嘴撬开，将舌头拉出，保证呼吸畅通。同时用被褥将伤者轻轻裹起，送往医院救治。

二、爆炸事故

1. 气体类危险化学品爆炸燃烧事故现场处置基本程序

(1) 防护

① 根据爆炸燃烧气体的毒性及划定的危险区域，确定相应的防护等级。

② 防护等级划分标准，见表 8-1。

③ 防护标准，见表 8-2。

表 8-1 防护等级划分标准

毒性＼危险区	重度危险区	中度危险区	轻度危险区
剧毒	一级	一级	二级
高毒	一级	一级	二级
中毒	一级	二级	二级
低毒	二级	三级	三级
微毒	二级	三级	三级

表 8-2 防护标准（爆炸燃烧事故现场）

级别	形式	防 化 服	防 护 服	防 护 面 具
一级	全身	内置式重型防火服	全棉防静电内外衣	正压式空气呼吸器或全防型滤毒罐
二级	全身	隔热服	全棉防静电内外衣	正压式空气呼吸器或全防型滤毒罐
三级	呼吸	战斗服		简易滤毒罐、面罩或口罩、毛巾等防护装备

(2) 询情

① 被困人员情况。

② 容器储量、燃烧时间、部位、形式、火势范围。

③ 周边单位、居民、地形等情况。

④ 消防设施、工艺措施、到场人员处置意见。

(3) 侦察

① 搜寻被困人员。

② 燃烧部位、形式、范围、对毗邻威胁程度等。

③ 消防设施运行情况。

④ 生产装置、控制路线、建（构）筑物损坏程度。

⑤ 确定攻防路线、阵地。

⑥ 现场及周边污染情况。

(4) 警戒

① 根据询情、侦察情况确定警戒区域。

② 将警戒区域划分为重危区、中危区、轻危区和安全区，并设立警戒标志，在安全区视情况设立隔离带。

③ 合理设置出入口，严格控制各区域进出人员、车辆、物资。

(5) 救生

① 组成救生小组，携带救生器材迅速进入现场。

② 采取正确的救助方式，将所有遇险人员移至安全区域。

③ 对救出人员进行登记、标识和现场急救。

④ 将伤情较重者送医疗急救部门救治。

(6) 控险

① 冷却燃烧罐（瓶）及与其相邻的容器，重点应是受火势威胁的一面。

② 冷却要均匀、不间断。

③ 冷却尽可能使用固定式水炮、带架水枪、自动摇摆水枪（炮）和遥控移动炮。

④ 冷却强度应不小于 $0.2L/(s \cdot m^2)$。

⑤ 启用喷淋、泡沫、蒸汽等固定或半固定灭火设施。

(7) 排险

① 外围灭火。向泄漏点、主火点进攻之前，应将外围火点彻底扑灭。

② 堵漏

a. 根据现场泄漏情况，研究制定堵漏方案，并严格按照堵漏方案实施；

b. 所有堵漏行动必须采取防爆措施，确保安全；

c. 关闭前置阀门，切断泄漏源；

d. 根据泄漏对象，对不溶于水的液化气体，可向罐内适量注水，抬高液位，形成水垫层，缓解险情，配合堵漏；

e. 堵漏方法，见表 8-3。

表 8-3　堵漏方法简表

部位	形式	方　　法
罐体	砂眼	螺丝加黏合剂旋进堵漏
	缝隙	使用外封式堵漏袋、电磁式堵漏工具组、粘贴式堵漏密封胶(适用于高压)、潮湿绷带冷凝法或堵漏夹具、金属堵漏锥堵漏
	孔洞	使用各种木楔、堵漏夹具、粘贴式堵漏密封胶(适用于高压)、金属堵漏锥堵漏
	裂口	使用外封式堵漏袋、电磁式堵漏工具组、粘贴式堵漏密封胶(适用于高压)堵漏
管道	砂眼	使用螺丝加黏合剂旋进堵漏
	缝隙	使用外封式堵漏袋、金属封堵套管、电磁式堵漏工具组、潮湿绷带冷凝法或堵漏夹具堵漏
	孔洞	使用各种木楔、堵漏夹具堵漏、粘贴式堵漏密封胶(适用于高压)
	裂口	使用外封式堵漏袋、电磁式堵漏工具组、粘贴式堵漏密封胶(适用于高压)堵漏
阀门		使用阀门堵漏工具组、注入式堵漏胶、堵漏夹具堵漏
法兰		使用专用法兰夹具、注入式堵漏胶堵漏

③ 输转

a. 利用工艺措施倒罐或排空；

b. 转移受火势威胁的瓶（罐）。

④ 点燃。当罐内气压减小，火焰自动熄灭，或火焰被冷却水流扑灭，但还有气体扩散且无法实施堵漏，仍能造成危害时，要果断采取措施点燃。

(8) 灭火

① 灭火条件

a. 周围火点已彻底扑灭；

b. 外围火种等危险源已全部控制；

c. 着火罐已得到充分冷却；

d. 兵力、装备、灭火剂已准备就绪；

e. 物料源已被切断，且内部压力明显下降；

f. 堵漏准备就绪，并有把握在短时间内完成。

② 灭火方法

a. 关阀断气法：关闭阀门，切断气源，自行熄灭。

b. 干粉抑制法：视燃烧情况使用车载干粉炮、胶管干粉枪、推车或手提式干粉灭火器灭火。

c. 水流切封法：采用多支水枪并排或交叉形成密集水流面，集中对准火焰根部下方射水，同时向火头方向逐渐移动，隔断火焰与空气的接触使火熄灭。

d. 泡沫覆盖法：对流淌火喷射泡沫进行覆盖灭火。

e. 旁通注入法：将惰性气体等灭火剂在喷口前的管道旁通处注入灭火。

(9) 救护

① 现场救护

a. 将染毒者迅速撤离现场，转移到上风或侧上风方向空气无污染地区；

b. 有条件时立即进行呼吸道及全身防护，防止继续吸入染毒；

c. 对呼吸、心跳停止者，应立即进行人工呼吸和心脏挤压，采取心肺复苏措施，并输氧气；

d. 立即脱去被污染者的服装，皮肤污染者，用流动清水或肥皂水彻底冲洗，眼睛污染者，用大量流动清水彻底冲洗。

② 使用特效药物治疗。

③ 对症治疗。

④ 严重者送医院观察治疗。

(10) 洗消

① 在危险区与安全区交界处设立洗消站。

② 洗消的对象

a. 轻度中毒的人员；

b. 重度中毒人员在送医院治疗之前；

c. 现场医务人员；

d. 消防和其他抢险人员及群众互救人员；

e. 抢救及染毒器具。

③ 使用相应的洗消药剂。

④ 洗消污水的排放。洗消污水的排放必须经过环保部门的检测，以防造成次生灾害。

(11) 清理

① 用喷雾水、蒸汽、惰性气体清扫现场内事故罐、管道、低洼、沟渠等处，确保不留残气（液）。

② 清点人员、车辆及器材。

③ 撤除警戒，做好移交，安全撤离。

(12) 警示

① 进入现场必须正确选择行车路线、停车位置、作战阵地。

② 不准盲目灭火，防止引发再次爆炸。

③ 冷却时严禁向火焰喷射口射水，防止燃烧加剧。

④ 当储罐火灾现场出现罐体振颤、啸叫、火焰由黄变白、温度急剧升高等爆炸征兆时，指挥员应果断下达紧急避险命令，参战人员应迅速撤出或隐蔽。

⑤ 严禁处置人员在泄漏区域内下水道等地下空间顶部、井口处滞留。

⑥ 严密监视液相流淌、气相扩散情况，防止灾情扩大。

⑦ 注意风向变换，适时调整部署。

⑧ 慎重发布灾情和相关新闻。

2. 液体类危险化学品爆炸燃烧事故现场处置基本程序

(1) 防护

① 根据爆炸燃烧液体的毒性及划定的危险区域，确定相应的防护等级。

② 防护等级划分标准，见表 8-1。

③ 防护标准，见表 8-2。

（2）询情

① 被困人员情况。

② 容器储量、燃烧时间、部位、形式、火势范围。

③ 周边单位、居民、地形等情况。

④ 消防设施、工艺措施、到场人员处置意见。

（3）侦察

① 搜寻被困人员。

② 燃烧部位、形式、范围、对毗邻威胁程度等。

③ 消防设施运行情况。

④ 生产装置、控制系统、建（构）筑物损坏程度。

⑤ 确定攻防路线、阵地。

⑥ 现场及周边污染情况。

（4）警戒

① 根据询情、侦察情况确定警戒区域。

② 将警戒区域划分为重危区、中危区、轻危区和安全区，并设立警戒标志，在安全区视情况设立隔离带。

③ 合理设置出入口，严格控制人员、车辆进出。

（5）救生

① 组成救生小组，携带救生器材迅速进入危险区域。

② 采取正确的救助方式，将所有遇险人员移至安全区域。

③ 对救出人员进行登记、标识和现场急救。

④ 将伤情较重者送医疗急救部门救治。

（6）控险

① 冷却燃烧罐（桶）及其邻近容器，重点应是受火势威胁的一面。

② 冷却要均匀、不间断。

③ 冷却尽可能利用带架水枪或自动摇摆水枪（炮）。

④ 冷却强度应不小于 $0.2L/(s \cdot m^2)$。

⑤ 启用喷淋、泡沫、蒸汽等固定或半固定消防设施。

⑥ 用干沙土、水泥粉、煤灰等围堵或导流，防止泄漏物向重要目标或危险源流散。

（7）排险

① 外围灭火。向泄漏点、主火点进攻之前，应将外围火点彻底扑灭。

② 堵漏

a. 根据现场泄漏情况，研究制定堵漏方案，并严格按照堵漏方案实施；

b. 所有堵漏行动必须采取防爆措施，确保安全；

c. 关闭前置阀门，切断泄漏源；

d. 根据泄漏对象，对非溶于水且比水轻的易燃液体，可向罐内适量注水，抬高液位，形成水垫层，缓解险情，配合堵漏；

e. 堵漏方法，见表 8-3。

③ 输转

a. 利用工艺措施导流或倒罐；

b. 转移受火势威胁的瓶（罐、桶）。

(8) 灭火

① 灭火条件

a. 外围火点已彻底扑灭，火种等危险源已全部控制；

b. 堵漏准备就绪；

c. 着火罐（桶）已得到充分冷却；

d. 兵力、装备、灭火剂已准备就绪。

② 灭火方法

a. 关阀断料法：关阀断料，熄灭火源；

b. 泡沫覆盖法：对燃烧罐（桶）和地面流淌火喷射泡沫覆盖灭火；

c. 沙土覆盖法：使用干沙土、水泥粉、煤灰、石墨等覆盖灭火；

d. 干粉抑制法：视燃烧情况使用车载干粉炮、胶管干粉枪、推车或手提式干粉灭火器灭火。

(9) 救护

① 现场救护

a. 将染毒者迅速撤离现场，转移到上风或侧上风方向空气无污染地区；

b. 有条件时应立即进行呼吸道及全身防护，防止继续吸入染毒；

c. 对呼吸、心跳停止者，应立即进行人工呼吸和心脏挤压，采取心肺复苏措施，并输氧气；

d. 立即脱去被污染者的服装，皮肤污染者，用流动清水或肥皂水彻底冲洗，眼睛污染者，用大量流动清水彻底冲洗。

② 使用特效药物治疗。

③ 对症治疗。

④ 严重者送医院观察治疗。

(10) 洗消

① 在危险区与安全区交界处设立洗消站。

② 洗消的对象

a. 轻度中毒的人员；

b. 重度中毒人员在送医院治疗之前；

c. 现场医务人员；

d. 消防和其他抢险人员及群众互救人员；

e. 抢救及染毒器具。

③ 使用相应的洗消药剂。

④ 洗消污水的排放。洗消污水的排放必须经过环保部门的检测，以防造成次生灾害。

(11) 清理

① 少量残液，用干沙土、水泥粉、煤灰、干粉等吸附，收集后作技术处理或视情况倒入空旷地方掩埋。

② 大量残液，用防爆泵抽吸或使用无火花盛器收集，集中处理。

③ 在污染地面洒上中和剂或洗涤剂浸洗，然后用大量直流水清扫现场，特别是低洼、沟渠等处，确保不留残液。

④ 清点人员、车辆及器材。

⑤ 撤除警戒，做好移交，安全撤离。

(12) 警示

① 进入现场必须正确选择行车路线、停车位置、作战阵地。

② 严密监视液体流淌情况，防止灾情扩大。

③ 扑灭流淌火灾时，泡沫覆盖要充分到位，并防止回火或复燃。

④ 着火储罐或装置出现爆炸征兆时，参战人员应果断撤离。

⑤ 注意风向变换，适时调整部署。

⑥ 慎重发布灾情和相关新闻。

3. 固体类危险化学品爆炸燃烧事故现场处置基本程序

(1) 防护

① 根据爆炸燃烧固体的毒性及划定的危险区域，确定相应的防护等级。

② 防护等级划分标准，见表 8-1。

③ 防护标准，见表 8-2。

(2) 询情

① 被困人员情况。

② 燃烧物质、时间、部位、形式、火势范围。

③ 周边单位、居民、地形、供电等情况。

④ 单位的消防组织、水源、设施。

⑤ 工艺措施、到场人员处置意见。

(3) 侦察

① 搜寻被困人员。

② 确定燃烧物质、范围、蔓延方向、火势阶段、对邻近的威胁程度。

③ 确认设施、建（构）筑物险情。

④ 确认消防设施运行情况。

⑤ 确定攻防路线、阵地。

⑥ 现场及周边污染情况。

(4) 警戒

① 根据询情、侦察情况确定警戒区域。

② 将警戒区域划分为重危区、中危区、轻危区和安全区，并设立警戒标志，在安全区视情况设立隔离带。

③ 严格控制各区域进出人员、车辆。

(5) 救生

① 组成救生小组，携带救生器材迅速进入现场。

② 采取正确的救助方式，将所有遇险人员转移至安全区域。

③ 对救出人员进行登记和标识。

④ 将需要救治人员送医疗急救部门救治。

(6) 控险

① 启用单位泡沫、干粉、二氧化碳等固定或半固定灭火设施。

② 占领水源，铺设干线，设置阵地，有序展开。

(7) 输转 转移受火势威胁的桶、箱、瓶、袋等。

(8) 灭火

① 沙土覆盖法：使用干沙土、水泥粉、煤灰、石墨等覆盖灭火。

② 干粉抑制法：使用车载干粉炮（枪）或干粉灭火器灭火。

③ 泡沫覆盖法：对不与水反应物品，使用泡沫覆盖灭火。

④ 用水强攻灭疏结合法：对与水反应物品，如保险粉火灾，一般不能用水直接扑救，但在有限空间内（如货运船），桶装堆垛中因固体泄漏引发火灾，在使用干粉、沙土等灭火剂灭火难以奏效的情况下，可直接出水强攻，边灭火，边冷却，边疏散，加快泄漏物反应，直至火灾熄灭。

(9) 救护

① 现场救护

a. 迅速将遇险者救离危险区域；

b. 注意呼吸道（戴防毒面具、面罩或用湿毛巾捂住口鼻）和皮肤（穿防护服）的防护；

c. 对昏迷者应立即进行人工呼吸和体外心脏挤压，采取心肺复苏措施，并输氧气；

d. 脱去污染服装，皮肤及眼污染用清水彻底冲洗，对易损伤呼吸道及黏膜的化合物应注意呼吸道是否通畅，防止窒息或阻塞，对消化道服入者应立即催吐。

② 对症治疗。

③ 严重者送医院观察治疗。

(10) 洗消

① 在危险区与安全区交界处设立洗消站。

② 洗消的对象

a. 轻度中毒的人员；

b. 重度中毒人员在送医院治疗之前；

c. 现场医务人员；

d. 消防和其他抢险人员及群众互救人员；

e. 抢救及染毒器具。

③ 使用相应的洗消药剂。

(11) 清理

① 火场残物，用干沙土、水泥粉、煤灰、干粉等吸附，收集后作技术处理或视情况倒入空旷地方掩埋。

② 在污染地面上洒上中和剂或洗涤剂浸洗，然后用大量直流水清扫现场，特别是低洼、沟渠等处，确保不留残物。

③ 清点人员、车辆及器材。

④ 撤除警戒，做好移交，安全撤离。

(12) 警示

① 进入现场必须正确选择行车路线、停车位置、作战阵地。

② 对大量泄漏并与水反应的物品火灾，不得使用水、泡沫扑救。

③ 对粉末状物品火灾，不得使用直流水冲击灭火。

④ 注意风向变换，适时调整部署。

⑤ 慎重发布灾情和相关新闻。

4. 爆炸事故急救措施

① 立即组织幸存者自救互救，并向 120、110、119 报警台呼救。

爆炸事故要求刑事侦察、医疗急救、消防等部门的协同救援。在这些人员到来之前保护现场，维持秩序，初步急救。

② 爆炸事故伤害的处理步骤

a. 检查伤员受伤情况，先救命、后治伤。

b. 迅速设法清除气管内的尘土、沙石，防止发生窒息。神志不清者头侧卧，保持呼吸道通畅。呼吸停止时，立即进行口对口人工呼吸和心脏按压。已发生心脏和肺的损伤时，慎重应用心脏按压技术。

c. 就地取材，进行止血、包扎、固定，搬运伤员注意保持脊柱损伤病人的水平位置，以防止因移位而发生截瘫。

三、泄漏事故

在化学品的生产、储运和使用过程中，常常发生一些意外的破裂、倒洒等事故，造成化学危险品的外漏，因此需要采取简单、有效的安全技术措施来消除或减少泄漏危害，如果对泄漏控制不住或处理不当，随时都有可能转化为燃烧、爆炸、中毒等恶性事故。下面着重谈一谈化学品泄漏必须采取的应急处理措施。

1. 疏散与隔离

在化学品生产、储运过程中一旦发生泄漏，首先要疏散无关人员，隔离泄漏污染区。如果是易燃易爆化学品的大量泄漏，这时一定要打“119”报警，请求消防专业人员救援，同时要保护、控制好现场。

2. 切断火源

切断火源对化学品泄漏处理特别重要，如果泄漏物是易燃物，则必须立即消除泄漏污染区域内的各种火源。

3. 个人防护

参加泄漏处理人员应对泄漏品的化学性质和反应特性有充分的了解，要于高处和上风处进行处理，并严禁单独行动，要有监护人。必要时，应用水枪、水炮掩护。要根据泄漏品的性质和毒物接触形式，选择适当的防护用品，加强应急处理个人安全防护，防止处理过程中发生伤亡、中毒事故。

(1) 呼吸系统防护　为了防止有毒有害物质通过呼吸系统侵入人体，应根据不同场合选择不同的防护器具。

对于泄漏化学品毒性大、浓度较高，且缺氧情况下，可以采用氧气呼吸器、空气呼吸器、送风式长管面具等。

对于泄漏环境中氧气含量不低于18%，毒物浓度在一定范围内的场合，可以采用防毒面具（毒物含量在2%以下采用隔离式防毒面具，含量在1%以下采用直接式防毒面具，含量在0.1%以下采用防毒口罩）。在粉尘环境中可采用防尘口罩等。

(2) 眼睛防护　为了防止眼睛受到伤害，可以采用化学安全防护眼镜、安全面罩、安全护目镜、安全防护罩等。

(3) 身体防护　为了避免皮肤受到损伤，可以采用带面罩式胶布防毒衣、连衣式胶布防毒衣、橡胶工作服、防毒物渗透工作服、透气型防毒服等。

(4) 手防护　为了保护手不受损伤，可以采用橡胶手套、乳胶手套、耐酸碱手套、防化学品手套等。

4. 泄漏控制

如果在生产使用过程中发生泄漏，要在统一指挥下，通过关闭有关阀门，切断与之相连的设备、管线，停止作业，或改变工艺流程等方法来控制化学品的泄漏。

如果是容器发生泄漏，应根据实际情况，采取措施堵塞和修补裂口，制止进一步泄漏。

另外，要防止泄漏物扩散，殃及周围的建筑物、车辆及人群，万一控制不住泄漏口时，要及时处置泄漏物，严密监视，以防火灾爆炸。

5. 泄漏物的处置

要及时将现场的泄漏物进行安全可靠处置。

(1) 气体泄漏物处置　应急处理人员要做的只是止住泄漏，如果可能的话，用合理的通风使其扩散不至于积聚，或者喷雾状水使之液化后处置。

(2) 液体泄漏物处置　对于少量的液体泄漏物，可用沙土或其他不燃吸附剂吸附，收集于容器内后进行处理。

而大量液体泄漏后四处蔓延扩散，难以收集处理，可以采用筑堤堵截或者引流到安全地点。为降低泄漏物向大气的蒸发，可用泡沫或其他覆盖物进行覆盖，在其表面形成覆盖后，抑制其蒸发，而后进行转移处理。

(3) 固体泄漏物处置　用适当的工具收集泄漏物，然后用水冲洗被污染的地面。

安全第一，预防为主。对化学品的泄漏，我们一定不可掉以轻心，平时要做好泄漏紧急处理演习，拟定好方案计划，做到有备无患，只有这样，才能保证生产、使用、储运化学品的安全。

四、中毒事故

化工生产和检修现场的中毒事故大多是在现场突然发生异常情况时，由于设备损坏或泄漏导致大量毒物外溢所造成。若能及时、正确地抢救，对于挽救重危中毒患者生命、减轻中毒程度、防止合并症的产生具有十分重要的意义，并且争取了时间，为进一步治疗创造了有利条件。

1. 急性中毒的现场抢救原则

① 救护者应做好个人防护。急性中毒发生时毒物多由呼吸道和皮肤侵入体内，因此救护者在进入毒区抢救之前，要做好个人呼吸系统和皮肤的防护，穿戴好防毒面具、氧气呼吸器和防护服。

② 尽快切断毒物来源。救护人员进入事故现场后，除对中毒者进行抢救外，同时应采取果断措施（如关闭管道阀门、堵塞泄漏的设备等）切断毒源，防止毒物继续外逸。对于已经扩散出来的有毒气体或蒸气，应立即启动通风排毒设施或开启门、窗等，降低有毒物质在空气中的含量，为抢救工作创造有利条件。

③ 采取有效措施，尽快阻止毒物继续侵入人体。

④ 在有条件的情况下，采用特效药物解毒或对症治疗，维持中毒者主要脏器的功能。在抢救病人时，要视具体情况灵活掌握。

⑤ 出现成批急性中毒病员时，应立即成立临时抢救指挥组织，以负责现场指挥。

⑥ 立即通知医院做好急救准备。通知时应尽可能说清是什么毒物中毒、中毒人数、侵入途径和大致病情。

2. 急性中毒的抢救措施

(1) 现场救护一般方法

① 首先将病人转移到安全地带，解开领扣，使其呼吸通畅，让病人呼吸新鲜空气；脱去污染衣服，并彻底清洗污染的皮肤和毛发，注意保暖。

② 对于呼吸困难或呼吸停止者，应立即进行人工呼吸，有条件时给予吸氧和注射兴奋

呼吸中枢的药物。

③ 心脏骤停者应立即进行胸外心脏按摩术。现场抢救成功的心肺复苏患者或重症患者，如昏迷、惊厥、休克、深度青紫等，应立即送医院治疗。

（2）不同类别中毒的救援

① 吸入刺激性气体中毒的救援。应立即将患者转移离开中毒现场，给予2%～5%碳酸氢钠溶液雾化吸入、吸氧。应预防感染，警惕肺水肿的发生；气管痉挛应酌情给解痉挛药物雾化吸入；有喉头痉挛及水肿时，重症者应及早实施气管切开术。

② 经口毒物中毒的救援。必须立即引吐、洗胃及导泻，如患者清醒而又合作，宜饮大量清水引吐，亦可用药物引吐。对引吐效果不好或昏迷者，应立即送医院用胃管洗胃。

催吐禁忌证包括：昏迷状态；中毒引起抽搐、惊厥未控制之前；服腐蚀性毒物，催吐有引起食管及胃穿孔的可能；食管静脉曲张、主动脉瘤、溃疡病出血等。孕妇慎用催吐救援。

3. 护送病人

① 为保持呼吸畅通，避免咽下呕吐物，取平卧位，头部稍低。

② 尽力清除昏迷病人口腔内的阻塞物，包括假牙。如病人惊厥不止，注意不要让他咬伤舌头及上下唇。

③ 在护送途中，随时注意患者的呼吸、脉搏、面色、神志情况，随时给以必要的处置。

④ 护送途中要注意车厢内通风，以防患者身上残余毒物蒸发而加重病情及影响陪送人员。

4. 解毒治疗

① 消除毒物在体内的毒作用。溴甲烷、碘甲烷在体内分解为酸性代谢产物，可用碱性药物中和解毒；碳酸钡和氯化钡中毒，可用硫酸钠静脉注射，生成不溶性硫酸钡而解毒；急性有机磷农药中毒时，用氯磷定、解磷定等乙酰胆碱酯酶复活剂能使被抑制的胆碱酯酶活力得到恢复，用阿托品可抵抗中枢神经及副交感神经反应，消除或减轻中毒症状；氰化物中毒可用亚硝酸盐-硫代硫酸钠法进行解毒。

② 促进进入体内的毒物排出。如金属或类金属中毒时，可恰当选用络合剂促进毒物的排泄。利尿、换血、透析疗法也能加速某些毒物的排除。

③ 加强护理，密切观察病情变化。护理人员应熟悉各种毒物的毒作用原理及其可能发生的并发症，便于观察病情并给以及时的对症处理。根据医嘱及时收集患者的呕吐物及排泄物、血液等，送检做毒物分析。

5. 常见危险化学品中毒急救措施

（1）二硫化碳中毒的应急处理方法　吞食时，给患者洗胃或用催吐剂催吐。将患者躺下并加保暖，保持通风良好。

（2）氰中毒的应急处理方法　不管怎样要立刻处理。每隔2min，给患者吸入亚硝酸异戊酯15～30s。这样氰基与高铁血红蛋白结合，生成无毒的氰络高铁血红蛋白。接着给其饮服硫代硫酸盐溶液。使其与氰络高铁血红蛋白解离的氰化物相结合，生成硫氰酸盐。

① 吸入时把患者移到空气新鲜的地方，使其横卧着。然后，脱去沾有氰化物的衣服，马上进行人工呼吸。

② 吞食时用手指摩擦患者的喉头，使之立刻呕吐。决不要等待洗胃用具到来才处理。因为患者在数分钟内，即有死亡的危险。

（3）卤素气中毒的应急处理方法　把患者转移到空气新鲜的地方，保持安静。吸入氯气时，给患者嗅1∶1的乙醚与乙醇的混合蒸气；若吸入溴气时，则给其嗅稀氨水。

（4）有机磷中毒的应急处理方法　使患者确保呼吸道畅通，并进行人工呼吸。万一吞食时，用催吐剂催吐，或用自来水洗胃等方法将其除去。沾在皮肤、头发或指甲等地方的有机磷，要彻底把它洗去。

（5）三硝基甲苯中毒的应急处理方法　沾到皮肤时，用肥皂和水尽量把它彻底洗去。若吞食时，可进行洗胃或用催吐剂催吐，将其大部分排除之后，才服泻药。

（6）氨气中毒的应急处理方法　立刻将患者转移到空气新鲜的地方，然后给其输氧。进入眼睛时，将患者躺下，用水洗涤角膜至少 5min。其后，再用稀醋酸或稀硼酸溶液洗涤。

（7）强碱中毒的应急处理方法

① 吞食时：立刻用食道镜观察，直接用 1%的醋酸水溶液将患部洗至中性。然后，迅速饮服 500mL 稀的食用醋（1 份食用醋加 4 份水）或鲜橘子汁将其稀释。

② 沾着皮肤时：立刻脱去衣服，尽快用水冲洗至皮肤不滑止。接着用经水稀释的醋酸或柠檬汁等进行中和。但是若沾着生石灰时，则用油之类东西先除去生石灰。

③ 进入眼睛时：撑开眼睑，用水连续洗涤 15min。

（8）苯胺中毒的应急处理方法　如果苯胺沾到皮肤时，用肥皂和水把其洗擦除净。若吞食时，用催吐剂、洗胃及服泻药等方法把它除去。

（9）氯代烃中毒的应急处理方法　把患者转移，远离药品处，并使其躺下、保暖。若吞食时，用自来水充分洗胃，然后饮服于 200mL 水中溶解 30g 硫酸钠制成的溶液。不要喝咖啡之类兴奋剂。吸入氯仿时，把患者的头降低，使其伸出舌头，以确保呼吸道畅通。

（10）强酸中毒的应急处理方法

① 吞服时：立刻饮服 200mL 氧化镁悬浮液，或者氢氧化铝凝胶、牛奶及水等东西，迅速把毒物稀释。然后，至少再食 10 多个打溶的蛋作缓和剂。因碳酸钠或碳酸氢钠会产生二氧化碳气体，故不要使用。

② 沾着皮肤时：用大量水冲洗 15min。如果立刻进行中和，因会产生中和热，而有进一步扩大伤害的危险。因此，经充分水洗后，再用碳酸氢钠之类稀碱液或肥皂液进行洗涤。但是当沾着草酸时，若用碳酸氢钠中和，因为由碱而产生很强的刺激物，故不宜使用。此外，也可以用镁盐和钙盐中和。

③ 进入眼睛时：撑开眼睑，用水洗涤 15min。

（11）酚类化合物中毒的应急处理方法

① 吞食的场合：马上给患者饮自来水、牛奶或吞食活性炭，以减缓毒物被吸收的程度。接着反复洗胃或催吐。然后，再饮服 60mL 蓖麻油及于 200mL 水中溶解 30g 硫酸钠制成的溶液。不可饮服矿物油或用乙醇洗胃。

② 烧伤皮肤的场合：先用乙醇擦去酚类物质，然后用肥皂水及水洗涤。脱去沾有酚类物质的衣服。

（12）草酸中毒的应急处理方法　立刻饮服下列溶液，使其生成草酸钙沉淀。

① 在 200mL 水中溶解 30g 丁酸钙或其他钙盐制成的溶液；

② 大量牛奶。可饮食用牛奶打溶的蛋白作镇痛剂。

（13）乙醛、丙酮中毒的应急处理方法　用洗胃或服催吐剂等方法，除去吞食的药品。随后服下泻药。呼吸困难时要输氧。丙酮不会引起严重中毒。

（14）乙二醇中毒的应急处理方法　用洗胃、服催吐剂或泻药等方法，除去吞食的乙二醇。然后静脉注射 10mL 10%的葡萄糖酸钙，使其生成草酸钙沉淀。同时，对患者进行人工呼吸。

（15）乙醇中毒的应急处理方法　用自来水洗胃，除去未吸收的乙醇。然后一点点地吞服4g碳酸氢钠。

(16) 甲醇中毒的应急处理方法　用1%～2%的碳酸氢钠溶液充分洗胃。然后把患者转移到暗房，以抑制二氧化碳的结合能力。为了防止酸中毒，每隔2～3h，经口每次吞服5～15g碳酸氢钠。同时为了阻止甲醇的代谢，在3～4日内，每隔2h，以平均每千克体重0.5mL的数量，从口饮服50%的乙醇溶液。

(17) 烃类化合物中毒的应急处理方法　把患者转移到空气新鲜的地方。因为如果呕吐物一进入呼吸道，则会发生严重的危险事故，所以，除非平均每千克体重吞食超过1mL的烃类物质，否则，应尽量避免洗胃或用催吐剂催吐。

(18) 硫酸铜中毒的应急处理方法　将0.3～1.0g亚铁氰化钾溶解于一酒杯水中，后饮服。也可饮服适量肥皂水或碳酸钠溶液。

(19) 硝酸银中毒的应急处理方法　将3～4茶匙食盐溶解于一酒杯水中饮服。然后，服用催吐剂，或者进行洗胃或饮牛奶。接着用大量水吞服30g硫酸镁泻药。

(20) 钡中毒的应急处理方法　将30g硫酸钠溶解于200mL水中，然后从口饮服，或用洗胃导管加入胃中。

(21) 镉（致命剂量10mg）、锑（致命剂量100mg）中毒的应急处理方法　吞食时，使患者呕吐。

(22) 铅中毒的应急处理方法　保持患者每分钟排尿量0.5～1mL，至连续1～2h以上。饮服10%的右旋糖酐水溶液（按每千克体重10～20mL计）。或者，以每分钟1mL的速度，静脉注射20%的甘露醇水溶液，至每千克体重达10mL为止。

(23) 汞中毒的应急处理方法　饮食打溶的蛋白，用水及脱脂奶粉作沉淀剂。立刻饮服二巯基丙醇溶液及于200mL水中溶解30g硫酸钠制成的溶液作泻剂。

(24) 砷中毒的应急处理方法　吞食时，使患者立刻呕吐，然后饮食500mL牛奶。再用2～4L温水洗胃，每次用200mL。

(25) 二氧化硫中毒的应急处理方法　把患者移到空气新鲜的地方，保持安静。进入眼睛时，用大量水洗涤，并要洗漱咽喉。

(26) 甲醛中毒的应急处理方法　吞食时，立刻饮食大量牛奶，接着用洗胃或催吐等方法，使吞食的甲醛排出体外，然后服下泻药。有可能的话，可服用1%的碳酸铵水溶液。

6. 化学药品中毒洗胃

将患者躺下，使其头和肩比腰略低。在粗的柔软胃导管上，装上大漏斗。把涂上甘油的胃导管，从口或鼻慢慢地插入胃里，注意不要插入气管。查明在离牙齿约50cm的地方，导管尖端确实落到胃中。其后，降低漏斗，尽量把胃中的物质排出。接着提高漏斗，装入250mL水或洗胃液，再排出胃中物质。如此反复操作几次。最后，在胃里留下泻药（即于120mL水中溶解30g硫酸镁制成的溶液），拔出导管。

最好在实验室里常备有洗胃导管。

此外，活性炭加水，充分摇动制成润湿的活性炭，或者温水，对任何毒物中毒，均可使用。

五、化学灼伤

化学灼伤是常温或高温化学物直接对皮肤刺激、腐蚀及化学反应热引起的急性皮肤、黏膜的损害，常伴有眼灼伤和呼吸道损伤。某些化学物还可经皮肤黏膜吸收引起中毒，故化学灼伤一般不同于火烧伤和开水烫伤。群体化学灼伤系指一次性发生3人以上的化学灼伤。对以往化工系统伤亡事故分析，死亡人数最多的前三位原因依次为：①爆炸事故，死亡280人

（占总死亡人数的24.1%）；②中毒、窒息事故，死亡182人（占15.6%）；③高处坠落事故，死亡163人（占14.0%）。而属前两位的死亡病例，相当一部分均存在不同程度的化学灼伤。因此，对这样一种突发性、群体性、多学科性疾病，如何组织抢救，如何开展应急救援，已成为救援工作中的重要问题。

化学烧伤的处理原则同一般烧伤，应迅速脱离事故现场，终止化学物质对机体的继续损害；采取有效解毒措施，防止中毒；进行全面体检和化学监测。

1. 脱离现场与应急处置

终止化学物质对机体继续损害，应立即脱离现场，脱去被化学物质浸滞的衣服，并迅速用大量清水冲洗。其目的一是稀释，二是机械冲洗，将化学物质从创面和黏膜上冲洗干净，冲洗时可能产生一定热量，继续冲洗，可使热量逐渐消散。冲洗用水要多，时间要够长，一般清水（自来水、井水和河水等）均可使用。冲洗持续时间一般要求在2h以上，尤其在碱烧伤时，冲洗时间过短很难奏效。如果同时有火焰烧伤，冲洗尚有冷疗的作用，当然有些化学致伤物质并不溶于水，冲洗的机械作用也可将其自创面清除干净。

头、面部烧伤时，要注意眼睛、鼻、耳、口腔内的清洗。特别是眼睛，应首先冲洗，动作要轻柔，一般清水亦可，如有条件可用生理盐水冲洗。如发现眼睑痉挛、流泪，结膜充血，角膜上皮肤及前房浑浊等，应立即用生理盐水或蒸馏水冲洗。用消炎眼药水、眼膏等以预防继发性感染。局部不必用眼罩或纱布包扎，但应用单层油纱布覆盖以保护裸露的角膜，防止干燥所致损害。

石灰烧伤时，在清洗前应将石灰去除，以免遇水后石灰产生热，加深创面损害。有些化学物质则要按其理化特性分别处理。大量流动水的持续冲洗比单纯用中和剂的效果更好。用中和剂的时间不宜过长，一般20min即可，中和处理后仍必须再用清水冲洗，以避免因为中和反应产生热而给机体带来进一步的损伤。

2. 眼与皮肤化学性灼伤的现场救护

（1）强酸灼伤的急救　硫酸、盐酸、硝酸都具有强烈的刺激性和腐蚀作用。硫酸灼伤的皮肤一般呈黑色，硝酸灼伤呈灰黄色，盐酸灼伤呈黄绿色。被酸灼伤后立即用大量流动清水冲洗，冲洗时间一般不少于15min。彻底冲洗后，可用2%～5%碳酸氢钠溶液、淡石灰水、肥皂水等进行中和，切忌未经大量流水彻底冲洗，就用碱性药物在皮肤上直接中和，这会加重皮肤的损伤。处理以后创面治疗按灼伤处理原则进行。

强酸溅入眼内时，在现场立即就近用大量清水或生理盐水彻底冲洗。冲洗时应将头置于水龙头下，使冲洗后的水自伤眼的一侧流下，这样既避免水直冲眼球，又不至于使带酸的冲洗液进入好眼。冲洗时应拉开上下眼睑，使酸不至于留存眼内和下穹隆而形成留酸死腔。如无冲洗设备，可将眼浸入盛清水的盆内，拉开下眼睑，摆动头部，洗掉酸液，切忌惊慌或因疼痛而紧闭眼睛，冲洗时间应不少于15min。经上述处理后，立即送医院眼科进行治疗。

（2）碱灼伤的现场急救　碱灼伤皮肤，在现场立即用大量清水冲洗至皂样物质消失为止，然后可用1%～2%醋酸或3%硼酸溶液进一步冲洗。对Ⅱ、Ⅲ度灼伤可用2%醋酸湿敷后，再按一般灼伤进行创面处理和治疗。眼部碱灼伤的冲洗原则与眼部酸灼伤的冲洗原则相同。彻底冲洗后，可用2%～3%硼酸液做进一步冲洗。

（3）氢氟酸灼伤的急救　氢氟酸对皮肤有强烈的腐蚀性，渗透作用强，并对组织蛋白有脱水及溶解作用。皮肤及衣物被腐蚀者，先立即脱去被污染衣物，皮肤用大量流动清水彻底冲洗后，继用肥皂水或2%～5%碳酸氢钠溶液冲洗，再用葡萄糖酸钙软膏涂敷按摩，然后再涂以33%氧化镁甘油糊剂、维生素AD软膏或可的松软膏等。

(4) 酚灼伤的现场急救　酚与皮肤发生接触者，应立即脱去被污染的衣物，用10%酒精反复擦拭，再用大量清水冲洗，直至无酚味为止，然后用饱和硫酸钠湿敷。灼伤面积大，且酚在皮肤表面滞留时间较长者，应注意是否存在吸入中毒的问题，并积极处理。

(5) 黄磷灼伤的现场急救　皮肤被黄磷灼伤时，及时脱去污染的衣物，并立即用清水（由五氧化二磷、五硫化磷、五氯化磷引起的灼伤禁用水洗）或5%硫酸铜溶液或3%过氧化氢溶液冲洗，再用5%碳酸氢钠溶液冲洗，中和所形成的磷酸。然后用1∶5000高锰酸钾溶液湿敷，或用2%硫酸铜溶液湿敷，以使皮肤上残存的黄磷颗粒形成磷化铜。注意，灼伤创面禁用含油敷料。

3. 防止中毒

有些化学物质可引起全身中毒，应严密观察病情变化，一旦诊断有化学中毒可能时，应根据致伤因素的性质和病理损害的特点，选用相应的解毒剂或对抗剂治疗，有些毒物迄今尚无特效解毒药物。在发生中毒时，应使毒物尽快排出体外，以减少其危害。一般可静脉补液和使用利尿剂，以加速排尿。苯胺或硝基苯中毒所引起的严重高铁血红蛋白症除给氧外，可酌情输注适量新鲜血液，以改善缺氧状态，这些治疗措施需要在专业医疗技术机构内实施。

六、环境污染事故

各种化学品事故发生期间，化学品能以固态、液态、气态的形式泄漏，造成环境污染。化学品的物质组成或状态以及泄漏方式决定环境所污染的程度。在事故发生后阻止污染的扩散，非常重要。环境污染事故现场需采取以下应急措施以阻止污染扩散。

① 在通风管上安装一个高效的微粒过滤器来去除微粒。

② 关闭通风口和排气管。

③ 把流出的污染物转移到一个储罐或池中。

④ 关闭楼层和围堤的排水管以防止污染进入下水道系统。

⑤ 充足的二次污染池使其具有储存足够量材料的能力。

⑥ 考虑用不渗透的涂料密闭污染区与附近清洁区域的水泥地面，以防止污染物转移或通过水泥渗透。

⑦ 对工艺设备、公共厕所和下水道系统进行检查，以确保所有入口和出口都完好。

⑧ 考虑天气对污染物扩散的影响。

⑨ 在新的污染区域安装临时的探测设备。

此外，环境污染事故发生之后，还应立即进行事故现场应急洗消，消除泄漏的危险化学品对环境的污染。

常见危险化学品泄漏环境污染事件的应急处置措施如下。

(1) 苯　切断火源，并尽可能切断泄漏源。防止流入下水道、排洪沟等限制性空间。小量泄漏时，用活性炭或其他不燃材料吸收；大量泄漏时，构筑围堤或挖坑收容，用泡沫覆盖以降低蒸气灾害，喷雾状水或泡沫冷却和稀释蒸气，用泵转移至槽车或专用收集器内，回收或运至废物处理场所处置。建议应急处理人员戴自给正压式呼吸器，穿防毒服。

(2) 汽油　切断火源，并尽可能切断泄漏源。用工业覆盖层或吸附/吸收剂盖住泄漏点附近的下水道等地方，防止气体进入。小量泄漏时，可合理通风，加速扩散；大量泄漏时，喷雾状水稀释、溶解，并构筑围堤或挖坑收容废水，集中送污水处理厂处理。如有可能，将漏出气用排风机送至空旷地方或装设适当喷头烧掉。

(3) 柴油　切断火源，并尽可能切断泄漏源。防止流入下水道、排洪沟等限制性空间。小量泄漏时，用活性炭或其他惰性材料吸收；大量泄漏时，构筑围堤或挖坑收容，用泵转移至槽车或专用收集器内，回收或运至废物处理场所处置。

(4) 氨气　迅速撤离泄漏污染区人员至上风向，并隔离直至气体散尽，应急处理人员戴正压自给式呼吸器。穿化学防护服（完全隔离）。处理钢瓶泄露时应使阀门处于顶部，并关闭阀门，无法关闭时，将钢瓶浸入水中。

(5) 过氧化氢　操作人员应穿戴全身防护物品，对高浓度产品泄漏可用水冲泄。储槽中过氧化氢温度比外界升高5℃时，可加入安定剂（磷酸）控制其分解；若升高10℃以上，应将过氧化氢迅速泄出；若发现容器排气孔中冒出蒸气，所有人员应迅速撤离至安全地方，防止爆炸伤人。应防止泄漏物进入下水道、排洪沟等限制性空间。少量泄漏可用沙土或其他惰性材料吸收，也可用水冲洗，废水去处理系统；大量泄漏应构筑围堤或挖坑收集，用泵转移至槽车内。

(6) 乙醇　迅速撤离泄漏污染区人员至上风处，禁止无关人员进入污染区，切断火源。应急处理人员戴自给式呼吸器，穿一般消防防护服，在确保安全情况下堵漏。用沙土、干燥石灰混合，然后使用无火花工具收集运至废物处理场所。也可以用大量水冲洗，经稀释的洗水放入废水系统。如果大量泄漏，建围堤收容，然后收集、转移、回收或无害化处理后废弃。

(7) 甲醇　迅速撤离泄漏污染区人员至上风处，禁止无关人员进入污染区，切断火源。应急处理人员戴自给式呼吸器，穿一般消防防护服。不要直接接触泄漏物，在确保安全情况下堵漏。喷水雾会减少蒸发，用沙土、干燥石灰混合，然后使用防爆工具收集运至废物处理场所。也可以用大量水冲洗，经稀释的洗水放入废水系统。如果大量泄漏，建围堤收容，然后收集、转移、回收或无害化处理后废弃。

(8) 二甲苯　首先切断一切火源，戴好防毒面具和手套，用不燃性分散剂制成乳液刷洗，也可以用沙土吸收后安全处置。对污染地带进行通风，蒸发残余液体并排除蒸气，大面积泄漏周围应设雾状水幕抑爆，用水保持火场周围容器冷却。含二甲苯的废水可采用生物法、浓缩废水焚烧等方法处理。

(9) 甲苯　首先应切断所有火源，戴好防毒面具和手套，用不燃性分散剂制成乳液刷洗，也可以用沙土吸收，倒到空旷地掩埋。对污染地带进行通风，蒸发残余液体并排除蒸气。含甲苯的废水可采用生物法、浓缩废水焚烧等方法处理。

(10) 苯　迅速撤离泄漏污染区人员至安全区，禁止无相关人员进入污染区，切断电源，应急处理人员戴防毒面具与手套，穿一般消防防护服，在确保安全情况下堵漏。可用雾状水扑灭小面积火灾，保持火场旁容器的冷却，驱散蒸气及溢出液体，但不能降低泄漏物在受限制空间内的易燃性。用活性炭或其他惰性材料或沙土吸收，然后使用无火花工具收集运至废物处理场所。也可用不燃性分散剂制成的乳液刷洗，经稀释后放入废水系统。或在保证安全情况下，就地焚烧。如大量泄漏，建围堤收容，然后收集、转移、回收或无害化处理。

(11) 盐酸　迅速撤离污染区人员至安全区，应急处理人员戴正压自给式呼吸器，穿防酸碱工作服。少量泄漏用沙土、干燥石灰、苏打灰混合后，也可用水冲洗后排入废水处理系统。大量泄漏应构筑围堤或挖坑收集，用泵转移至槽车内，残余物回收运至废物处理场所安全处置。

(12) 硝酸　撤离危险区域，应急处理人员戴正压自给式呼吸器，穿防酸碱工作服；切断泄漏源，防止进入下水道。少量泄漏可将泄漏液收集在密闭容器中或用沙土、干燥石灰、苏打灰混合后回收，回收物应安全处置。大量泄漏应构筑围堤或挖坑收集，用泵转移至槽车内，残余物回收运至废物处理场所安全处置。

(13) 硫酸　撤离危险区域，应急处理人员戴正压自给式呼吸器，穿防酸碱工作服；切断泄漏源，防止进入下水道。可将泄漏液收集在密闭容器中或用沙土、干燥石灰混合后回收，回收物应安全处置，可加入片碱-消石灰溶液中和；大量泄漏应构筑围堤或挖坑收集，用泵转移至槽车内，残余物回收运至废物处理场所安全处置。

(14) 氢氧化钠　迅速撤离泄漏污染区，限制出入；应急处理人员戴正压自给式呼吸器。穿防酸碱工作服；泄漏处理中避免扬尘，尽量收集，也可用水冲洗，废水流入处理系统；液碱泄漏应构筑围堤或挖坑收集，用泵转移至槽车内，残余物回收运至废物处理场所安全处置。

(15) 氰化钠　隔离泄漏污染区，周围设置标志，防止扩散。应急处理人员戴正压自给式呼吸器，穿化学防护服（完全隔离）。不要直接接触泄漏物，避免扬尘，小心扫起，移至大量水中处理。如大量泄漏，应覆盖，减少飞散，然后收集、回收、无害化处理。泄漏在河流中应立即围堤筑坝防止污染扩散。处理一般采用碱性氯化法，加碱使水处于碱性，再加过量次氯酸钠、液氯或漂白粉处理。

(16) 氯气　迅速撤离泄漏污染区人员至上风向，并隔离直至气体散尽；应急处理人员戴正压自给式呼吸器，穿化学防护服（完全隔离）；避免与乙炔、松节油、乙醚等物质接触；合理通风，切断气源，喷雾状水稀释、溶解，抽排（室内）或强力通风（室外）；如有可能，用管道将泄漏物导入还原剂（酸式硫酸钠或酸式碳酸钠）溶液；或将残余气或漏出气用排风机送至水洗塔与塔相连的通风橱内；也可以将漏气钢瓶置于石灰乳液中；漏气容器不能再使用，且要经过技术处理以清除可能剩余的气体。

第二节　几类危险化学品事故扑救通则

一、易燃液体事故扑救

易燃液体通常是储存在容器内或管道输送的。与气体不同的是，液体容器有的密闭，有的敞开，一般都是常压，只有反应釜及输送管道内的液体压力较高。液体不管是否着火，如果发生泄漏或溢出，都将顺着地面流淌，而且易燃液体还有相对密度和水溶性等涉及能否用水和普通泡沫扑救的问题，以及危险性很大的沸溢和喷溅问题。因此，扑救易燃液体火灾往往也是一场艰难的战斗。

遇到易燃液体火灾，一般应采取以下基本对策。

① 首先应切断火势蔓延的途径，冷却和疏散受火势威胁的压力及密闭容器和可燃物，控制燃烧范围，并积极抢救受伤和被困人员。如有液体流淌时，应筑堤（或用围油栏）拦截漂散流淌的易燃液体或挖沟导流。

② 及时了解和掌握着火液体的品名、密度、水溶性，以及有无毒害、腐蚀、沸溢、喷溅等危险性，以便采取相应的灭火和防护措施。

③ 对较大的储罐或流淌火灾，应准确判断着火面积。

小面积（一般 $50m^2$ 以内）液体火灾，一般可用雾状水扑灭。用泡沫、干粉、二氧化碳、卤代烷（1211，1301）灭火一般更有效。

大面积液体火灾则必须根据其相对密度、水溶性和燃烧面积大小，选择正确的灭火剂扑救。

比水轻又不溶于水的液体（如汽油、苯等），用直流水、雾状水灭火往往无效。可用普通蛋白泡沫或轻水泡沫灭火。用干粉、卤代烷扑救时，灭火效果要视燃烧面积大小和燃烧条件而定，最好用水冷却罐壁。

比水重又不溶于水的液体起火时可用水扑救，水能覆盖在液面上灭火，用泡沫也有效。

干粉、卤代烷扑救，灭火效果要视燃烧面积大小和燃烧条件而定，最好用水冷却罐壁。

具有水溶性的液体（如醇类、酮类等），虽然从理论上讲能用水稀释扑救，但用此法要使液体闪点消失，水必须在溶液中占很大的比例。这不仅需要大量的水，也容易使液体溢出流淌，而普通泡沫又会受到水溶性液体的破坏（如果普通泡沫强度加大，可以减弱火势），因此，最好用抗溶性泡沫扑救。用干粉或卤代烷扑救时，灭火效果要视燃烧面积大小和燃烧条件而定，也需用水冷却罐壁。

④ 扑救毒害性、腐蚀性或燃烧产物毒害性较强的易燃液体火灾，扑救人员必须佩戴防护面具，采取防护措施。

⑤ 扑救原油和重油等具有沸溢和喷溅危险的液体火灾，如有条件，可采取放水、搅拌等防止发生沸溢和喷溅的措施，在灭火同时必须注意计算可能发生沸溢、喷溅的时间和观察是否有沸溢、喷溅的征兆。指挥员发现危险征兆时，应迅速作出准确判断，及时下达撤退命令，避免造成人员伤亡和装备损失。扑救人员看到或听到统一撤退信号后，应立即撤至安全地带。

⑥ 遇易燃液体管道或储罐泄漏着火，在切断蔓延把火势限制在一定范围内的同时，对输送管道应设法找到并关闭进、出阀门，如果管道阀门已损坏或是储罐泄漏，应迅速准备好堵漏材料，然后先用泡沫、干粉、二氧化碳或雾状水等扑灭地上的流淌火焰，为堵漏扫清障碍，然后再扑灭泄漏口的火焰，并迅速采取堵漏措施。与气体堵漏不同的是，液体一次堵漏失败，可连续堵几次，只要用泡沫覆盖地面，并堵住液体流淌和控制好周围着火源，不必点燃泄漏口的液体。

二、压缩和液化气体事故扑救

压缩或液化气体总是被储存在不同的容器内，或通过管道输送。其中储存在较小钢瓶内的气体压力较高，受热或受火焰熏烤容易发生爆裂。气体泄漏后遇火源已形成稳定燃烧时，其发生爆炸或再次爆炸的危险性与可燃气体泄漏未燃时相比要小得多。遇压缩或液化气体火灾一般应采取以下基本对策。

① 扑救气体火灾切忌盲目扑灭火势，在没有采取堵漏措施的情况下，必须保持稳定燃烧。否则，大量可燃气体泄漏出来与空气混合，遇着火焰就会发生爆炸，后果不堪设想。

② 首先应扑救外围被火焰引燃的可燃物火势，切断火势蔓延途径，控制燃烧范围，并积极抢救受伤和被困人员。

③ 如果火势中有压力容器或有受到火焰辐射热威胁的压力容器，能疏散的应尽量在水枪的掩护下疏散到安全地带，不能疏散的应部署足够的水枪进行冷却保护。为防止容器爆裂伤人，进行冷却人员应尽量采用低姿射水或利用现场坚实的掩蔽体防护。对卧式储罐，冷却人员应选择四侧角作为射水阵地。

④ 如果是输气管道泄漏着火，应设法找到气源阀门。阀门完好时，只要关闭气体的进出阀门，火势就会自动熄灭。

⑤ 储罐或管道泄漏关阀无效时，应根据火势判断气体压力和泄漏口的大小及其形状，准备好相应的堵漏材料（如软木塞、橡皮塞、气囊塞、黏合剂、弯管工具等）。

⑥ 堵漏工作准备就绪后，即可用水扑灭火势，也可用干粉、二氧化碳、卤代烷灭火，但仍需用水冷却烧烫的罐或管壁。火扑灭后，应立即用堵漏材料堵漏，同时用雾状水稀释和驱散泄漏出来的气体。如果确认泄漏口非常大，根本无法堵漏，只需冷却着火容器及其周围容器和可燃物品，控制着火范围，直到可燃气体燃尽，火势自动熄灭。

⑦ 现场指挥应密切注意各种危险征兆，遇有火势熄灭后较长时间未能恢复稳定燃烧或

受热辐射的容器安全阀变亮耀眼、尖叫、晃动等爆炸征兆时，指挥员必须适时作出准确判断，及时下达撤退命令。现场人员看到或听到事先规定的撤退信号后，应迅速撤退至安全地带。

三、爆炸性物品事故扑救

爆炸物品一般都有专门或临时的储存仓库。这类物品由于内部结构含有爆炸性基因，摩擦、撞击、震动、高温等外界因素激发，极易发生爆炸，遇明火则更危险。遇爆炸物品火灾时，一般应采取以下基本对策。

① 迅速判断和查明再次发生爆炸的可能性和危险性，紧紧抓住爆炸后和再次发生爆炸之前的有利时机，采取一切可能的措施，全力制止再次爆炸的发生。

② 切忌用沙土压盖，以免增强爆炸物品爆炸时的威力。

③ 如果有疏散可能，人身安全上确有可靠保障，应迅速组织力量及时疏散着火区域周围的爆炸物品，使着火区周围形成一个隔离带。

④ 扑救爆炸物品堆垛时，水流应采用吊射，避免强力水流直接冲击堆垛，以免堆垛倒塌引起再次爆炸。

⑤ 灭火人员应尽量利用现场现成的掩蔽体或尽量采用卧姿等低姿射水，尽可能地采取自我保护措施。消防车辆不要停靠离爆炸物品太近的水源。

⑥ 灭火人员发现有发生再次爆炸的危险时，应立即向现场指挥报告，现场指挥应迅速作出准确判断，确有发生再次爆炸征兆或危险时，应立即下达撤退命令。灭火人员看到或听到撤退信号后，应迅速撤至安全地带，来不及撤退时，应就地卧倒。

四、遇湿易燃物品事故扑救

遇湿易燃物品能与水发生化学反应，产生可燃气体和热量，有时即使没有明火也能自动着火或爆炸，如金属钾、钠以及三乙基铝（液态）等。因此，这类物品有一定数量时，绝对禁止用水、泡沫、酸碱灭火器等湿性灭火剂扑救。这类物品的这一特殊性给其火灾时的扑救带来了很大的困难。

通常情况下，遇湿易燃物品由于其发生火灾时的灭火措施特殊，在储存时要求分库或隔离分堆单独储存，但在实际操作中有时往往很难完全做到，尤其是在生产和运输过程中更难做到，如铝制品厂往往遍地积有铝粉。对包装坚固、封口严密、数量又少的遇湿易燃物品，在储存规定上允许同室分堆或同柜分格储存。这就给其火灾扑救工作带来了更大的困难，灭火人员在扑救中应谨慎处置。对遇湿易燃物品火灾一般采取以下基本对策。

① 首先应了解清楚遇湿易燃物品的品名、数量、是否与其他物品混存、燃烧范围、火势蔓延途径。

② 如果只有极少量（一般50kg以内）遇湿易燃物品，则不管是否与其他物品混存，仍可用大量的水或泡沫扑救。水或泡沫刚接触着火点时，短时间内可能会使火势增大，但少量遇湿易燃物品燃尽后，火势很快就会熄灭或减少。

③ 如果遇湿易燃物品数量较多，且未与其他物品混存，则绝对禁止用水或泡沫、酸碱等湿性灭火剂扑救。遇湿易燃物品应用干粉、二氧化碳、卤代烷扑救，只有金属钾、钠、铝、镁等个别物品用二氧化碳、卤代烷无效。固体遇湿易燃物品应用水泥、干沙、干粉、硅藻土和蛭石等覆盖。水泥是扑救固体遇湿易燃物品比较容易得到的灭火剂。对遇湿易燃物品的粉尘如镁粉、铝粉等，切忌喷射有压力的灭火剂，以防将粉尘吹扬起来，与空气形成爆炸性混合物而导致爆炸发生。

④ 如果有较多的遇湿易燃物品与其他物品混存，则应先查明是哪类物品着火，遇湿易

燃物品的包装是否损坏。可先用开关水枪向着火点吊射少量的水进行试探，如未见火势明显增大，证明遇湿易燃物品尚未着火，包装也未损坏，应立即用大量的水或泡沫扑救，扑灭火势后立即组织力量将淋过水或仍在潮湿区域的遇湿易燃物品疏散到安全地带分散开来。如射水试探后火势明显增大，则证明遇湿易燃物品已经着火或包装已经损坏，应禁止用水、泡沫、酸碱灭火器扑救，若是液体，应用干粉等灭火剂扑救，若是固体，应用水泥、干沙等覆盖，如遇钾、钠、铝、镁轻金属发生火灾，最好用石墨粉、氯化钠以及专用的轻金属灭火剂扑救。

⑤ 如果其他物品火灾威胁到相邻的较多遇湿易燃物品，应先用油布或塑料布等其他防水布将遇湿易燃物品遮盖好，然后再在上面盖上棉被并淋上水。如果遇湿易燃物品堆放处地势不太高，可在其周围用土筑一道防水堤。在用水或泡沫扑救火灾时，对相邻的遇湿易燃物品应留有一定的力量监护。

由于遇湿易燃物品性能特殊，又不能用常用的水和泡沫灭火剂扑救，从事这类物品生产、经营、储存、运输、使用的人员及消防人员平时应经常了解和熟悉其品名和主要危险特性。

五、易燃固体事故扑救

易燃固体一般都可用水或泡沫扑救，相对其他种类的化学危险物品而言是比较容易扑救的，只要控制住燃烧范围，逐步扑灭即可。但也有少数易燃固体的扑救方法比较特殊，如2,4-二硝基苯甲醚、二硝基萘、萘、黄磷等。

① 2,4-二硝基苯甲醚、二硝基萘、萘等是能升华的易燃固体，受热放出易燃蒸气。火灾时可用雾状水、泡沫扑救并切断火势蔓延途径，但应注意，不能以为明火焰扑灭即已完成灭火工作，因为受热以后升华的易燃蒸气能在不知不觉中飘逸，在上层与空气能形成爆炸性混合物，尤其是在室内，易发生爆燃。因此，扑救这类物品火灾千万不能被假象所迷惑。在扑救过程中应不时向燃烧区域上空及周围喷射雾状水，并用水浇灭燃烧区域及其周围的一切火源。

② 黄磷是自燃点很低、在空气中能很快氧化升温并自燃的易燃固体。遇黄磷火灾时，首先应切断火势蔓延途径，控制燃烧范围。对着火的黄磷应用低压水或雾状水扑救。高压直流水冲击能引起黄磷飞溅，导致灾害扩大。黄磷熔融液体流淌时应用泥土、沙袋等筑堤拦截并用雾状水冷却，对磷块和冷却后已固化的黄磷，应用钳子钳入储水容器中。来不及钳时可先用沙土掩盖，但应作好标记，等火势扑灭后，再逐步集中到储水容器中。

③ 少数易燃固体不能用水和泡沫扑救，如三硫化二磷、铝粉、烷基铝等，应根据具体情况区别处理。宜选用干沙和不用压力喷射的干粉扑救。

六、毒害品、腐蚀品事故扑救

毒害品和腐蚀品对人体都有一定危害。毒害品主要经口或吸入蒸气或通过皮肤接触引起人体中毒。腐蚀品是通过皮肤接触使人体形成化学灼伤。毒害品、腐蚀品有些本身能着火，有的本身并不着火，但与其他可燃物品接触后能着火。这类物品发生火灾一般应采用以下基本对策。

① 灭火人员必须穿防护服，佩戴防护面具。一般情况下采用全身防护即可，对特殊要求的物品火灾，应使用专用防护服。考虑到过滤式防毒面具防毒范围的局限性，在扑灭毒害品火灾时应尽量使用隔绝式氧气或空气面具。为了在火场上能正确使用和适应，平时应进行严格的适应性训练。

② 积极抢救受伤和被困人员，限制燃烧范围。毒害品、腐蚀品火灾极易造成人员伤亡，

灭火人员在采取防护措施后，应立即投入寻找和抢救受伤、被困人员的工作，并努力限制燃烧范围。

③ 扑救时应尽量使用低压水流或雾状水，避免毒害品、腐蚀品溅出。遇酸性或碱性腐蚀品最好调制相应的中和剂稀释中和。

④ 遇毒害品、腐蚀品容器泄漏，在扑灭火势后应采取堵漏措施。腐蚀品需用防腐材料堵漏。

⑤ 浓硫酸遇水能放出大量的热，会导致沸腾飞溅，需特别注意防护。扑救浓硫酸与其他可燃物品接触发生的火灾，浓硫酸数量不多时，可用大量低压水快速扑救。如果浓硫酸数量很大，应先用二氧化碳、干粉、卤代烷等灭火，然后再把着火物品与浓硫酸分开。

复习思考题

1. 生产装置初起火灾怎样扑救？
2. 化学品泄漏必须采取的应急处理措施有哪些？
3. 简述卤素气中毒的应急处理方法。
4. 头、面部化学灼伤时，怎样处理？
5. 环境污染事故现场需采取哪些应急措施以阻止污染扩散？
6. 遇到易燃液体火灾，一般应采取的基本对策有哪些？
7. 简述遇压缩或液化气体火灾一般应采取的基本对策。
8. 遇爆炸物品火灾时，一般应采取哪些基本对策？
9. 遇湿易燃物品火灾有哪些特点？应采取哪些基本对策？
10. 黄磷着火时，如何扑救？
11. 毒害品和腐蚀品火灾一般应采用哪些基本对策？

附　　录

附录一　危险化学品事故应急救援预案编制导则（单位版）

1. 范围

本导则规定了危险化学品事故应急救援预案编制的基本要求。一般化学事故应急救援预案的编制要求参照本导则。

本导则适用于中华人民共和国境内危险化学品生产、储存、经营、使用、运输和处置废弃危险化学品单位（以下简称危险化学品单位）。主管部门另有规定的，依照其规定。

2. 规范性引用文件

下列文件中的条文通过在本导则的引用而成为本导则的条文。凡是注日期的引用文件，其随后所有修改（不包括勘误的内容）或修订版均不适用本导则，同时，鼓励根据本导则达成协议的各方研究是否可使用这些文件的最新版本。凡是不注日期的引用文件，其最新版本适用于本导则。

《中华人民共和国安全生产法》（中华人民共和国主席令第 70 号）

《中华人民共和国职业病防治法》（中华人民共和国主席令第 60 号）

《中华人民共和国消防法》（中华人民共和国主席令第 83 号）

《危险化学品安全管理条例》（国务院令第 344 号）

《使用有毒物品作业场所劳动保护条例》（国务院令第 352 号）

《特种设备安全监察条例》（国务院令第 373 号）

《危险化学品名录》（国家安全生产监督管理局公告 2003 第 1 号）

《剧毒化学品目录》（国家安全生产监督管理局等 8 部门公告 2003 第 2 号）

《化学品安全技术说明书编写规范》（GB 16483）

《重大危险源辨识》（GB 18218）

《建筑设计防火规范》（GBJ 16）

《石油化工企业设计防火规范》（GB 50160）

《常用化学危险品贮存通则》（GB 15603）

《原油和天然气工程设计防火规范》（GB 50183）

《企业职工伤亡事故经济损失统计标准》（GB 6721）

3. 名词解释

3.1　危险化学品

指属于爆炸品、压缩气体和液化气体、易燃液体、易燃固体、自燃物品和遇湿易燃物品、氧化剂和有机过氧化物、有毒品和腐蚀品的化学品。

3.2　危险化学品事故

指由一种或数种危险化学品或其能量意外释放造成的人身伤亡、财产损失或环境污染事故。

3.3　应急救援

指在发生事故时，采取的消除、减少事故危害和防止事故恶化，最大限度降低事故损失的措施。

3.4 重大危险源

指长期地或临时地生产、搬运、使用或者储存危险物品，且危险物品的数量等于或者超过临界量的单元（包括场所和设施）。

3.5 危险目标

指因危险性质、数量可能引起事故的危险化学品所在场所或设施。

3.6 预案

指根据预测危险源、危险目标可能发生事故的类别、危害程度，而制定的事故应急救援方案。要充分考虑现有物质、人员及危险源的具体条件，能及时、有效地统筹指导事故应急救援行动。

3.7 分类

指对因危险化学品种类不同或同一种危险化学品引起事故的方式不同发生危险化学品事故而划分的类别。

3.8 分级

指对同一类别危险化学品事故危害程度划分的级别。

4. 编制要求

(1) 分类、分级制定预案内容；

(2) 上一级预案的编制应以下一级预案为基础；

(3) 危险化学品单位根据本导则及本单位实际情况，确定预案编制内容。

5. 编制内容

5.1 基本情况

主要包括单位的地址、经济性质、从业人数、隶属关系、主要产品、产量等内容，周边区域的单位、社区、重要基础设施、道路等情况。危险化学品运输单位运输车辆情况及主要的运输产品、运量、运地、行车路线等内容。

5.2 危险目标及其危险特性、对周围的影响

5.2.1 危险目标的确定

可选择对以下材料辨识的事故类别、综合分析的危害程度，确定危险目标：

(1) 生产、储存、使用危险化学品装置、设施现状的安全评价报告；

(2) 健康、安全、环境管理体系文件；

(3) 职业安全健康管理体系文件；

(4) 重大危险源辨识结果；

(5) 其他。

5.2.2 根据确定的危险目标，明确其危险特性及对周边的影响

5.3 危险目标周围可利用的安全、消防、个体防护的设备、器材及其分布

5.4 应急救援组织机构、组成人员和职责划分

5.4.1 应急救援组织机构设置

依据危险化学品事故危害程度的级别设置分级应急救援组织机构。

5.4.2 组成人员

(1) 主要负责人及有关管理人员；

(2) 现场指挥人。

5.4.3 主要职责

(1) 组织制定危险化学品事故应急救援预案；

(2) 负责人员、资源配置、应急队伍的调动;

(3) 确定现场指挥人员;

(4) 协调事故现场有关工作;

(5) 批准本预案的启动与终止;

(6) 事故状态下各级人员的职责;

(7) 危险化学品事故信息的上报工作;

(8) 接受政府的指令和调动;

(9) 组织应急预案的演练;

(10) 负责保护事故现场及相关数据。

5.5 报警、通信联络方式

依据现有资源的评估结果,确定以下内容:

(1) 24h 有效的报警装置;

(2) 24h 有效的内部、外部通信联络手段;

(3) 运输危险化学品的驾驶员、押运员报警及与本单位、生产厂家、托运方联系的方式、方法。

5.6 事故发生后应采取的处理措施

(1) 根据工艺规程、操作规程的技术要求,确定采取的紧急处理措施;

(2) 根据安全运输卡提供的应急措施及与本单位、生产厂家、托运方联系后获得的信息而采取的应急措施。

5.7 人员紧急疏散、撤离

依据对可能发生危险化学品事故场所、设施及周围情况的分析结果,确定以下内容:

(1) 事故现场人员清点,撤离的方式、方法;

(2) 非事故现场人员紧急疏散的方式、方法;

(3) 抢救人员在撤离前、撤离后的报告;

(4) 周边区域的单位、社区人员疏散的方式、方法。

5.8 危险区的隔离

依据可能发生的危险化学品事故类别、危害程度级别,确定以下内容:

(1) 危险区的设定;

(2) 事故现场隔离区的划定方式、方法;

(3) 事故现场隔离方法;

(4) 事故现场周边区域的道路隔离或交通疏导办法。

5.9 检测、抢险、救援及控制措施

依据有关国家标准和现有资源的评估结果,确定以下内容:

(1) 检测的方式、方法及检测人员防护、监护措施;

(2) 抢险、救援方式、方法及人员的防护、监护措施;

(3) 现场实时监测及异常情况下抢险人员的撤离条件、方法;

(4) 应急救援队伍的调度;

(5) 控制事故扩大的措施;

(6) 事故可能扩大后的应急措施。

5.10 受伤人员现场救护、救治与医院救治

依据事故分类、分级,附近疾病控制与医疗救治机构的设置和处理能力,制定具有可操作性的处置方案,应包括以下内容:

(1) 接触人群检伤分类方案及执行人员；

(2) 依据检伤结果对患者进行分类现场紧急抢救方案；

(3) 接触者医学观察方案；

(4) 患者转运及转运中的救治方案；

(5) 患者治疗方案；

(6) 入院前和医院救治机构确定及处置方案；

(7) 信息、药物、器材储备信息。

5.11 现场保护与现场洗消

5.11.1 事故现场的保护措施

5.11.2 明确事故现场洗消工作的负责人和专业队伍

5.12 应急救援保障

5.12.1 内部保障

依据现有资源的评估结果，确定以下内容：

(1) 确定应急队伍，包括抢修、现场救护、医疗、治安、消防、交通管理、通信、供应、运输、后勤等人员；

(2) 消防设施配置图、工艺流程图、现场平面布置图和周围地区图、气象资料、危险化学品安全技术说明书、互救信息等存放地点、保管人；

(3) 应急通信系统；

(4) 应急电源、照明；

(5) 应急救援装备、物资、药品等；

(6) 危险化学品运输车辆的安全、消防设备、器材及人员防护装备；

(7) 保障制度目录

① 责任制；

② 值班制度；

③ 培训制度；

④ 危险化学品运输单位检查运输车辆实际运行制度（包括行驶时间、路线，停车地点等内容）；

⑤ 应急救援装备、物资、药品等检查、维护制度（包括危险化学品运输车辆的安全、消防设备、器材及人员防护装备检查、维护）；

⑥ 安全运输卡制度（安全运输卡包括运输的危险化学品性质、危害性、应急措施、注意事项及本单位、生产厂家、托运方应急联系电话等内容。每种危险化学品一张卡片；每次运输前，运输单位向驾驶员、押运员告之安全运输卡上有关内容，并将安全卡交驾驶员、押运员各一份）；

⑦ 演练制度。

5.12.2 外部救援

依据对外部应急救援能力的分析结果，确定以下内容：

(1) 单位互助的方式；

(2) 请求政府协调应急救援力量；

(3) 应急救援信息咨询；

(4) 专家信息。

5.13 预案分级响应条件

依据危险化学品事故的类别、危害程度的级别和从业人员的评估结果，可能发生的事故现场情况分析结果，设定预案的启动条件。

5.14 事故应急救援终止程序

5.14.1 确定事故应急救援工作结束

5.14.2 通知本单位相关部门、周边社区及人员事故危险已解除

5.15 应急培训计划

依据对从业人员能力的评估和社区或周边人员素质的分析结果，确定以下内容：

(1) 应急救援人员的培训；

(2) 员工应急响应的培训；

(3) 社区或周边人员应急响应知识的宣传。

5.16 演练计划

依据现有资源的评估结果，确定以下内容：

(1) 演练准备；

(2) 演练范围与频次；

(3) 演练组织。

5.17 附件

(1) 组织机构名单；

(2) 值班联系电话；

(3) 组织应急救援有关人员联系电话；

(4) 危险化学品生产单位应急咨询服务电话；

(5) 外部救援单位联系电话；

(6) 政府有关部门联系电话；

(7) 本单位平面布置图；

(8) 消防设施配置图；

(9) 周边区域道路交通示意图和疏散路线、交通管制示意图；

(10) 周边区域的单位、社区、重要基础设施分布图及有关联系方式，供水、供电单位的联系方式；

(11) 保障制度。

6. 编制步骤

6.1 编制准备

(1) 成立预案编制小组；

(2) 制定编制计划；

(3) 收集资料；

(4) 初始评估；

(5) 危险辨识和风险评价；

(6) 能力与资源评估。

6.2 编写预案

6.3 审定、实施

6.4 适时修订预案

7. 预案编制的格式及要求

7.1 格式

7.1.1 封面

标题、单位名称、预案编号、实施日期、签发人（签字）、公章。

7.1.2 目录

7.1.3 引言、概况

7.1.4 术语、符号和代号

7.1.5 预案内容

7.1.6 附录

7.1.7 附加说明

7.2 基本要求

(1) 使用A4白色胶版纸 (70g以上);

(2) 正文采用仿宋4号字;

(3) 打印文本。

8. 本导则摘自国家安全生产监督管理局2004年4月8日下发的关于印发《危险化学品事故应急救援预案编制导则(单位版)》的通知。

附录二 生产经营单位安全生产事故应急预案编制导则 (AQ/T 9002—2006)

1. 范围

本标准规定了生产经营单位编制安全生产事故应急预案(以下简称应急预案)的程序、内容和要素等基本要求。

本标准适用于中华人民共和国领域内从事生产经营活动的单位。

生产经营单位结合本单位的组织结构、管理模式、风险种类、生产规模等特点,可以对应急预案框架结构等要素进行调整。

2. 术语和定义

下列术语和定义适用于本标准。

2.1 应急预案 emergency response plan

针对可能发生的事故,为迅速、有序地开展应急行动而预先制定的行动方案。

2.2 应急准备 emergency preparedness

针对可能发生的事故,为迅速、有序地开展应急行动而预先进行的组织准备和应急保障。

2.3 应急响应 emergency response

事故发生后,有关组织或人员采取的应急行动。

2.4 应急救援 emergency rescue

在应急响应过程中,为消除、减少事故危害,防止事故扩大或恶化,最大限度地降低事故造成的损失或危害而采取的救援措施或行动。

2.5 恢复 recovery

事故的影响得到初步控制后,为使生产、工作、生活和生态环境尽快恢复到正常状态而采取的措施或行动。

3. 应急预案的编制

3.1 编制准备

编制应急预案应做好以下准备工作:

a) 全面分析本单位危险因素,可能发生的事故类型及事故的危害程度;

b) 排查事故隐患的种类、数量和分布情况,并在隐患治理的基础上,预测可能发生的事故类型及事故的危害程度；

c）确定事故危险源，进行风险评估；

d）针对事故危险源和存在的问题，确定相应的防范措施；

e）客观评价本单位应急能力；

f）充分借鉴国内外同行业事故教训及应急工作经验。

3.2 编制程序

3.2.1 应急预案编制工作组

结合本单位部门职能分工，成立以单位主要负责人为领导的应急预案编制工作组，明确编制任务、职责分工，制定工作计划。

3.2.2 资料收集

收集应急预案编制所需的各种资料（包括相关法律法规、应急预案、技术标准、国内外同行业事故案例分析、本单位技术资料等）。

3.2.3 危险源与风险分析

在危险因素分析及事故隐患排查、治理的基础上，确定本单位可能发生事故的危险源、事故的类型和后果，进行事故风险分析，并指出事故可能产生的次生、衍生事故，形成分析报告，分析结果作为应急预案的编制依据。

3.2.4 应急能力评估

对本单位应急装备、应急队伍等应急能力进行评估，并结合本单位实际，加强应急能力建设。

3.2.5 应急预案编制

针对可能发生的事故，按照有关规定和要求编制应急预案。应急预案编制过程中，应注重全体人员的参与和培训，使所有与事故有关人员均掌握危险源的危险性、应急处置方案和技能。应急预案应充分利用社会应急资源，与地方政府预案、上级主管单位以及相关部门的预案相衔接。

3.2.6 应急预案评审与发布

应急预案编制完成后，应进行评审。内部评审由本单位主要负责人组织有关部门和人员进行。外部评审由上级主管部门或地方政府负责安全管理的部门组织审查。评审后，按规定报有关部门备案，并经生产经营单位主要负责人签署发布。

4. 应急预案体系的构成

应急预案应形成体系，针对各级各类可能发生的事故和所有危险源制定专项应急预案和现场应急处置方案，并明确事前、事发、事中、事后的各个过程中相关部门和有关人员的职责。生产规模小、危险因素少的生产经营单位，综合应急预案和专项应急预案可以合并编写。

4.1 综合应急预案

综合应急预案是从总体上阐述事故的应急方针、政策，应急组织结构及相关应急职责，应急行动、措施和保障等基本要求和程序，是应对各类事故的综合性文件。

4.2 专项应急预案

专项应急预案是针对具体的事故类别（如煤矿瓦斯爆炸、危险化学品泄漏等事故）、危险源和应急保障而制定的计划或方案，是综合应急预案的组成部分，应按照综合应急预案的程序和要求组织制定，并作为综合应急预案的附件。专项应急预案应制定明确的救援程序和具体的应急救援措施。

4.3 现场处置方案

现场处置方案是针对具体的装置、场所或设施、岗位所制定的应急处置措施。现场处置方案应具体、简单、针对性强。现场处置方案应根据风险评估及危险性控制措施逐一编制，做到事故相关人员应知应会，熟练掌握，并通过应急演练，做到迅速反应、正确处置。

5. 综合应急预案的主要内容

5.1　总则

5.1.1　编制目的

简述应急预案编制的目的、作用等。

5.1.2　编制依据

简述应急预案编制所依据的法律法规、规章，以及有关行业管理规定、技术规范和标准等。

5.1.3　适用范围

说明应急预案适用的区域范围，以及事故的类型、级别。

5.1.4　应急预案体系

说明本单位应急预案体系的构成情况。

5.1.5　应急工作原则

说明本单位应急工作的原则，内容应简明扼要、明确具体。

5.2　生产经营单位的危险性分析

5.2.1　生产经营单位概况

主要包括单位地址、从业人数、隶属关系、主要原材料、主要产品、产量等内容，以及周边重大危险源、重要设施、目标、场所和周边布局情况。必要时，可附平面图进行说明。

5.2.2　危险源与风险分析

主要阐述本单位存在的危险源及风险分析结果。

5.3　组织机构及职责

5.3.1　应急组织体系

明确应急组织形式，构成单位或人员，并尽可能以结构图的形式表示出来。

5.3.2　指挥机构及职责

明确应急救援指挥机构总指挥、副总指挥、各成员单位及其相应职责。应急救援指挥机构根据事故类型和应急工作需要，可以设置相应的应急救援工作小组，并明确各小组的工作任务及职责。

5.4　预防与预警

5.4.1　危险源监控

明确本单位对危险源监测监控的方式、方法，以及采取的预防措施。

5.4.2　预警行动

明确事故预警的条件、方式、方法和信息的发布程序。

5.4.3　信息报告与处置

按照有关规定，明确事故及未遂伤亡事故信息报告与处置办法。

a）信息报告与通知

明确 24h 应急值守电话、事故信息接收和通报程序。

b）信息上报

明确事故发生后向上级主管部门和地方人民政府报告事故信息的流程、内容和时限。

c）信息传递

明确事故发生后向有关部门或单位通报事故信息的方法和程序。

5.5 应急响应

5.5.1 响应分级

针对事故危害程度、影响范围和单位控制事态的能力，将事故分为不同的等级。按照分级负责的原则，明确应急响应级别。

5.5.2 响应程序

根据事故的大小和发展态势，明确应急指挥、应急行动、资源调配、应急避险、扩大应急等响应程序。

5.5.3 应急结束

明确应急终止的条件。事故现场得以控制，环境符合有关标准，导致次生、衍生事故隐患消除后，经事故现场应急指挥机构批准后，现场应急结束。应急结束后，应明确：

a）事故情况上报事项；

b）需向事故调查处理小组移交的相关事项；

c）事故应急救援工作总结报告。

5.6 信息发布

明确事故信息发布的部门，发布原则。事故信息应由事故现场指挥部及时准确向新闻媒体通报事故信息。

5.7 后期处置

主要包括污染物处理、事故后果影响消除、生产秩序恢复、善后赔偿、抢险过程和应急救援能力评估及应急预案的修订等内容。

5.8 保障措施

5.8.1 通信与信息保障

明确与应急工作相关联的单位或人员通信联系方式和方法，并提供备用方案。建立信息通信系统及维护方案，确保应急期间信息通畅。

5.8.2 应急队伍保障

明确各类应急响应的人力资源，包括专业应急队伍、兼职应急队伍的组织与保障方案。

5.8.3 应急物资装备保障

明确应急救援需要使用的应急物资和装备的类型、数量、性能、存放位置、管理责任人及其联系方式等内容。

5.8.4 经费保障

明确应急专项经费来源、使用范围、数量和监督管理措施，保障应急状态时生产经营单位应急经费的及时到位。

5.8.5 其他保障

根据本单位应急工作需求而确定的其他相关保障措施（如：交通运输保障、治安保障、技术保障、医疗保障、后勤保障等）。

5.9 培训与演练

5.9.1 培训

明确对本单位人员开展的应急培训计划、方式和要求。如果预案涉及到社区和居民，要做好宣传教育和告知等工作。

5.9.2 演练

明确应急演练的规模、方式、频次、范围、内容、组织、评估、总结等内容。

5.10 奖惩

明确事故应急救援工作中奖励和处罚的条件和内容。

5.11 附则

5.11.1 术语和定义

对应急预案涉及的一些术语进行定义。

5.11.2 应急预案备案

明确本应急预案的报备部门。

5.11.3 维护和更新

明确应急预案维护和更新的基本要求，定期进行评审，实现可持续改进。

5.11.4 制定与解释

明确应急预案负责制定与解释的部门。

5.11.5 应急预案实施

明确应急预案实施的具体时间。

6. 专项应急预案的主要内容

6.1 事故类型和危害程度分析

在危险源评估的基础上，对其可能发生的事故类型和可能发生的季节及事故严重程度进行确定。

6.2 应急处置基本原则

明确处置安全生产事故应当遵循的基本原则。

6.3 组织机构及职责

6.3.1 应急组织体系

明确应急组织形式，构成单位或人员，并尽可能以结构图的形式表示出来。

6.3.2 指挥机构及职责

根据事故类型，明确应急救援指挥机构总指挥、副总指挥以及各成员单位或人员的具体职责。应急救援指挥机构可以设置相应的应急救援工作小组，明确各小组的工作任务及主要负责人职责。

6.4 预防与预警

6.4.1 危险源监控

明确本单位对危险源监测监控的方式、方法，以及采取的预防措施。

6.4.2 预警行动

明确具体事故预警的条件、方式、方法和信息的发布程序。

6.5 信息报告程序

主要包括：

a）确定报警系统及程序；

b）确定现场报警方式，如电话、警报器等；

c）确定 24h 与相关部门的通信、联络方式；

d）明确相互认可的通告、报警形式和内容；

e）明确应急反应人员向外求援的方式。

6.6 应急处置

6.6.1 响应分级

针对事故危害程度、影响范围和单位控制事态的能力，将事故分为不同的等级。按照分级负责的原则，明确应急响应级别。

6.6.2 响应程序

根据事故的大小和发展态势，明确应急指挥、应急行动、资源调配、应急避险、扩大应急等响应程序。

6.6.3　处置措施

针对本单位事故类别和可能发生的事故特点、危险性，制定的应急处置措施（如：煤矿瓦斯爆炸、冒顶片帮、火灾、透水等事故应急处置措施，危险化学品火灾、爆炸、中毒等事故应急处置措施）。

6.7　应急物资与装备保障

明确应急处置所需的物质与装备数量、管理和维护、正确使用等。

7. 现场处置方案的主要内容

7.1　事故特征

主要包括：

a）危险性分析，可能发生的事故类型；

b）事故发生的区域、地点或装置的名称；

c）事故可能发生的季节和造成的危害程度；

d）事故前可能出现的征兆。

7.2　应急组织与职责

主要包括：

a）基层单位应急自救组织形式及人员构成情况；

b）应急自救组织机构、人员的具体职责，应同单位或车间、班组人员工作职责紧密结合，明确相关岗位和人员的应急工作职责。

7.3　应急处置

主要包括以下内容。

a）事故应急处置程序。根据可能发生的事故类别及现场情况，明确事故报警、各项应急措施启动、应急救护人员的引导、事故扩大及同企业应急预案的衔接的程序。

b）现场应急处置措施。针对可能发生的火灾、爆炸、危险化学品泄漏、坍塌、水患、机动车辆伤害等，从操作措施、工艺流程、现场处置、事故控制、人员救护、消防、现场恢复等方面制定明确的应急处置措施。

c）报警电话及上级管理部门、相关应急救援单位联络方式和联系人员，事故报告基本要求和内容。

7.4　注意事项

主要包括：

a）佩戴个人防护器具方面的注意事项；

b）使用抢险救援器材方面的注意事项；

c）采取救援对策或措施方面的注意事项；

d）现场自救和互救注意事项；

e）现场应急处置能力确认和人员安全防护等事项；

f）应急救援结束后的注意事项；

g）其他需要特别警示的事项。

8. 附件

8.1　有关应急部门、机构或人员的联系方式

列出应急工作中需要联系的部门、机构或人员的多种联系方式，并不断进行更新。

8.2　重要物资装备的名录或清单

列出应急预案涉及的重要物资和装备名称、型号、存放地点和联系电话等。

8.3　规范化格式文本

信息接报、处理、上报等规范化格式文本。

8.4　关键的路线、标识和图纸

主要包括：

a）警报系统分布及覆盖范围；

b）重要防护目标一览表、分布图；

c）应急救援指挥位置及救援队伍行动路线；

d）疏散路线、重要地点等的标识；

e）相关平面布置图纸、救援力量的分布图纸等。

8.5　相关应急预案名录

列出与本应急预案相关的或相衔接的应急预案名称。

8.6　有关协议或备忘录

与相关应急救援部门签订的应急支援协议或备忘录。

9. 应急预案编制格式和要求

9.1　封面

应急预案封面主要包括应急预案编号、应急预案版本号、生产经营单位名称、应急预案名称、编制单位名称、颁布日期等内容。

9.2　批准页

应急预案必须经发布单位主要负责人批准方可发布。

9.3　目次

应急预案应设置目次，目次中所列的内容及次序如下：

——批准页；

——章的编号、标题；

——带有标题的条的编号、标题（需要时列出）；

——附件，用序号表明其顺序。

9.4　印刷与装订

应急预案采用A4版面印刷，活页装订。

附录三　中华人民共和国国家标准重大危险源辨识 (GB 18218—2000)

1. 范围

本标准规定了辨识重大危险源的依据和方法。

本标准适用于危险物质的生产、使用、贮存和经营等各企业或组织。

本标准不适用于：

a）核设施和加工放射性物质的工厂，但这些设施和工厂中处理非放射性物质的部门除外；

b）军事设施；

c）采掘业；

d）危险物质的运输。

2. 引用标准

下列标准包含的条文，通过在本标准中引用而构成为本标准的条文。在标准出版时，所示版本均为有效。所有标准都会被修订，使用本标准的各方应探讨、使用下列标准最新版本的可能性。

GB 12268—90　危险货物品名表

3. 定义

本标准采用下列定义。

3.1　危险物质　hazardous substance

一种物质或若干种物质的混合物，由于它的化学、物理或毒性特性，使其具有易导致火灾、爆炸或中毒的危险。

3.2　单元　unit

指一个（套）生产装置、设施或场所，或同属一个工厂的且边缘距离小于500m的几个（套）生产装置、设施或场所。

3.3　临界量　threshold quantity

指对于某种或某类危险物质规定的数量，若单元中的物质数量等于或超过该数量，则该单元定为重大危险源。

3.4　重大事故　major accident

工业活动中发生的重大火灾、爆炸或毒物泄漏事故，并给现场人员或公众带来严重危害，或对财产造成重大损失，对环境造成严重污染。

3.5　重大危险源　major hazard installations

长期地或临时地生产、加工、搬运、使用或贮存危险物质，且危险物质的数量等于或超过临界量的单元。

3.6　生产场所　work site

指危险物质的生产、加工及使用等的场所，包括生产、加工及使用等过程中的中间贮罐存放区及半成品、成品的周转库房。

3.7　贮存区　store area

专门用于贮存危险物质的贮罐或仓库组成的相对独立的区域。

4. 重大危险源辨识

4.1　辨识依据

重大危险源的辨识依据是物质的危险特性及其数量。

4.2　重大危险源的分类

重大危险源分为生产场所重大危险源和贮存区重大危险源两种。

4.2.1　生产场所重大危险源

根据物质不同的特性，生产场所重大危险源按以下4类物质的品名（品名引用GB 12268—90《危险货物品名表》）及其临界量加以确定：

a）爆炸性物质名称及临界量见表1。

表1　爆炸性物质名称及临界量

序号	物质名称	临界量/t	
		生产场所	贮存区
1	雷(酸)汞	0.1	1
2	硝化丙三醇	0.1	1
3	二硝基重氮酚	0.1	1
4	二乙二醇二硝酸酯	0.1	1

续表

序号	物质名称	临界量/t	
		生产场所	贮存区
5	脒基亚硝氨基脒基四氮烯	0.1	1
6	叠氮(化)钡	0.1	1
7	叠氮(化)铅	0.1	1
8	三硝基间苯二酚铅	0.1	1
9	六硝基二苯胺	5	50
10	2,4,6-三硝基苯酚	5	50
11	2,4,6-三硝基苯甲硝胺	5	50
12	2,4,6-三硝基苯胺	5	50
13	三硝基苯甲醚	5	50
14	2,4,6-三硝基苯甲酸	5	50
15	二硝基(苯)酚	5	50
16	环三亚甲基三硝胺	5	50
17	2,4,6-三硝基甲苯	5	50
18	季戊四醇四硝酸酯	5	50
19	硝化纤维素	10	100
20	硝酸铵	25	250
21	1,3,5-三硝基苯	5	50
22	2,4,6-三硝基氯(化)苯	5	50
23	2,4,6-三硝基间苯二酚	5	50
24	环四亚甲基四硝胺	5	50
25	六硝基-1,2-二苯乙烯	5	50
26	硝酸乙酯	5	50

b) 易燃物质名称及临界量见表2。

表2 易燃物质名称及临界量

序号	类别	物质名称	临界量/t	
			生产场所	贮存区
1	闪点<28℃的液体	乙烷	2	20
2		正戊烷	2	20
3		石脑油	2	20
4		环戊烷	2	20
5		甲醇	2	20
6		乙醇	2	20
7		乙醚	2	20
8		甲酸甲酯	2	20
9		甲酸乙酯	2	20
10		乙酸甲酯	2	20
11		汽油	2	20
12		丙酮	2	20
13		丙烯	2	20

续表

序号	类　别	物　质　名　称	临界量/t	
			生产场所	贮存区
14	28℃≤闪点<60℃的液体	煤油	10	100
15		松节油	10	100
16		2-丁烯-1-醇	10	100
17		3-甲基-1-丁醇	10	100
18		二(正)丁醚	10	100
19		乙酸正丁酯	10	100
20		硝酸正戊酯	10	100
21		2,4-戊二酮	10	100
22		环己胺	10	100
23		乙酸	10	100
24		樟脑油	10	100
25		甲酸	10	100
26	爆炸下限≤10%气体	乙炔	1	10
27		氢	1	10
28		甲烷	1	10
29		乙烯	1	10
30		1,3-丁二烯	1	10
31		环氧乙烷	1	10
32		一氧化碳和氢气混合物	1	10
33		石油气	1	10
34		天然气	1	10

c) 活性化学物质名称及临界量见表3。

表3　活性化学物质名称及临界量

序号	物　质　名　称	临界量/t	
		生产场所	贮存区
1	氯酸钾	2	20
2	氯酸钠	2	20
3	过氧化钾	2	20
4	过氧化钠	2	20
5	过氧化乙酸叔丁酯(浓度≥70%)	1	10
6	过氧化异丁酸叔丁酯(浓度≥80%)	1	10
7	过氧化顺式丁烯二酸叔丁酯(浓度≥80%)	1	10
8	过氧化异丙基碳酸叔丁酯(浓度≥80%)	1	10
9	过氧化二碳酸二苯甲酯(盐度≥90%)	1	10
10	2,2-双(过氧化叔丁基)丁烷(浓度≥70%)	1	10

续表

序号	物质名称	临界量/t	
		生产场所	贮存区
11	1,1-双(过氧化叔丁基)环己烷(浓度≥80%)	1	10
12	过氧化二碳酸二仲丁酯(浓度≥80%)	1	10
13	2,2-过氧化二氢丙烷(浓度≥30%)	1	10
14	过氧化二碳酸二正丙酯(浓度≥80%)	1	10
15	3,3,6,6,9,9-六甲基-1,2,4,5-四氧环壬烷	1	10
16	过氧化甲乙酮(浓度≥60%)	1	10
17	过氧化异丁基甲基甲酮(浓度≥60%)	1	10
18	过乙酸(浓度≥60%)	1	10
19	过氧化(二)异丁酰(浓度≥50%)	1	10
20	过氧化二碳酸二乙酯(浓度≥30%)	1	10
21	过氧化新戊酸叔丁酯(浓度≥77%)	1	10

d）有毒物质名称及临界量见表 4。

表 4　有毒物质名称及临界量

序号	物质名称	临界量/t	
		生产场所	贮存区
1	氨	40	100
2	氯	10	25
3	碳酰氯	0.30	0.75
4	一氧化碳	2	5
5	二氧化硫	40	100
6	三氧化硫	30	75
7	硫化氢	2	5
8	羰基硫	2	5
9	氟化氢	2	5
10	氯化氢	20	50
11	砷化氢	0.4	1
12	锑化氢	0.4	1
13	磷化氢	0.4	1
14	硒化氢	0.4	1
15	六氟化硒	0.4	1
16	六氟化碲	0.4	1
17	氰化氢	8	20
18	氯化氰	8	20
19	亚乙基亚胺	8	20
20	二硫化碳	40	100

续表

序号	物质名称	临界量/t	
		生产场所	贮存区
21	氮氧化物	20	50
22	氟	8	20
23	二氟化氧	0.4	1
24	三氟化氯	8	20
25	三氟化硼	8	20
26	三氯化磷	8	20
27	氧氯化磷	8	20
28	二氯化硫	0.4	1
29	溴	40	100
30	硫酸(二)甲酯	20	50
31	氯甲酸甲酯	8	20
32	八氟异丁烯	0.30	0.75
33	氯乙烯	20	50
34	2-氯-1,3-丁二烯	20	50
35	三氯乙烯	20	50
36	六氟丙烯	20	50
37	3-氯丙烯	20	50
38	甲苯-2,4-二异氰酸酯	40	100
39	异氰酸甲酯	0.30	0.75
40	丙烯腈	40	100
41	乙腈	40	100
42	丙酮氰醇	40	100
43	2-丙烯-1-醇	40	100
44	丙烯醛	40	100
45	3-氨基丙烯	40	100
46	苯	20	50
47	甲基苯	40	100
48	二甲苯	40	100
49	甲醛	20	50
50	烷基铅类	20	50
51	羰基镍	0.4	1
52	乙硼烷	0.4	1
53	戊硼烷	0.4	1
54	3-氯-1,2-环氧丙烷	20	50
55	四氯化碳	20	50
56	氯甲烷	20	50
57	溴甲烷	20	50
58	氯甲基甲醚	20	50
59	一甲胺	20	50
60	二甲胺	20	50
61	*N*,*N*-二甲基甲酰胺	20	50

4.2.2　贮存区重大危险源

贮存区重大危险源的确定方法与生产场所重大危险源基本相同，只是因为工艺条件较为稳定，临界量数值较大，具体数值见表1～表4。

4.3　重大危险源的辨识指标

单元内存在危险物质的数量等于或超过表1、表2、表3及表4规定的临界量，即被定为重大危险源。单元内存在危险物质的数量根据处理物质种类的多少区分为以下两种情况。

4.3.1　单元内存在的危险物质为单一品种，则该物质的数量即为单元内危险物质的总量，若等于或超过相应的临界量，则定为重大危险源。

4.3.2　单元内存在的危险物质为多品种时，则按式(1)计算，若满足式(1)，则定为重大危险源：

$$\frac{q_1}{Q_1}+\frac{q_2}{Q_2}+\cdots+\frac{q_n}{Q_n}\geqslant 1 \tag{1}$$

式中　q_1，q_2，…，q_n——每种危险物质实际存在量，t；

Q_1，Q_2，…，Q_n——与各危险物质相对应的生产场所或贮存区的临界量，t。

参 考 文 献

[1]《应急救援系列丛书》编委会．危险化学品应急救援必读．北京：中国石化出版社，2008.
[2] 北京市达飞安全科技开发有限公司．重特大事故应急救援预案编制实用指南．北京：煤炭工业出版社，2006.
[3] 樊运晓．应急救援预案编制实务——理论·实践·实例．北京：化学工业出版社，2006.
[4] 国家安全生产监督管理局安全科学技术研究中心．危险化学品从业单位事故应急救援预案编制指南．2004.
[5] 蒋军成，虞汉华．危险化学品安全技术与管理．北京：化学工业出版社，2005.
[6] 张广华等．危险化学品生产安全技术与管理．北京：中国石化出版社，2004.
[7] 陈海群，王凯全等．危险化学品事故处理与应急预案．北京：中国石化出版社，2005.
[8] 国家安全生产监督管理局安全科学技术研究中心．危险化学品生产单位安全培训教程．北京：化学工业出版社，2004.
[9] 赵庆贤，邵辉．危险化学品安全管理．北京：中国石化出版社，2005.
[10] 周长江，王同义等．危险化学品安全技术与管理．北京：中国石化出版社，2004.
[11] 丁辉．突发事故应急与本地化防范．北京：化学工业出版社，2004.
[12] 国家安全生产监督管理局安全科学技术研究中心译．美国危险物品应急计划编制指南．2001.
[13] 邢娟娟等．事故现场救护与应急自救．北京：航空工业出版社，2006.
[14] 张东普，董定龙．生产现场伤害与急救．北京：化学工业出版社，2005.
[15] 李政禹．国际化学品安全管理战略．北京：化学工业出版社，2006.
[16] 岳茂兴．危险化学品事故急救．北京：化学工业出版社，2005.
[17] 王凯全，邵辉，袁雄军．危险化学品安全评价方法．北京：中国石化出版社，2005.
[18] 王罗春，何德文，赵由才．危险化学品废物的处理．北京：化学工业出版社，2006.
[19] 邵辉，王凯全．危险化学品生产安全．北京：中国石化出版社，2005.
[20] 马良，杨守生．危险化学品消防．北京：化学工业出版社，2005.
[21] 邢娟娟等．企业重大事故应急管理与预案编制．北京：航空工业出版社，2005.
[22] 崔克清．危险化学品安全总论．北京：化学工业出版社，2005.
[23] 中国石油化工集团公司．中国石化重特大事件应急预案．北京：中国石化出版社，2005.
[24] 山东省安全生产监督管理局．特大生产安全事故应急救援预案编制与实施．北京：煤炭工业出版社，2004.
[25] 杨书宏．作业场所化学品的安全使用．北京：化学工业出版社，2005.
[26] 李立明等．危险化学品应急救援指南．北京：中国协和医科大学出版社，2003.
[27] 岳茂兴．灾害事故现场急救．北京：化学工业出版社，2006.
[28] 伍郁静，何健民．常见有毒化学品应急救援手册．广州：中山大学出版社，2006.
[29] 刘艺林，费国忠主编．突发灾祸现场急救．上海：同济大学出版社，2003.
[30] 李国刚．环境化学污染事故应急监测技术与装备．北京：化学工业出版社，2005.
[31] 王清．有毒有害气体防护技术．北京：中国石化出版社，2007.
[32] 郭振仁，张剑鸣，李文禧．突发性环境污染事故防范与应急．北京：中国环境科学出版社，2006.
[33] 李建华．灾害抢险救援技术．廊坊：中国人民武装警察部队学院，2005.
[34] 黄郑华，李建华，黄汉京．化工生产防火防爆安全技术．北京：中国劳动社会保障出版社，2006.
[35] 魏利军，多英全，吴宗之．城市重大工业危险源安全规划方法及程序研究．中国安全生产科学技术，2005，1（1）：15-20.
[36] 彭晓红．重大危险源计算机监控与预警系统．中国安全科学学报，1997，7（增刊）：20-25.
[37] 高进东，吴宗之．六城市重大危险源现状分析．劳动保护科学技术，1999，19（4）：24-26.
[38] 虞汉华，虞谦．大型城市重大危险源监管与应急救援体系的研究．中国安全科学学报，2005，15（9）：21-25.
[39] 虞汉华，蒋军成．城市危险化学品事故应急救援预案的研究．中国安全科学学报，2006，(4)．
[40] 刁海玲，刘志农．核生化洗消新技术与新装备．现代军事，2001，7：15-17.
[41] 廉成强，李龙，朱春来．舰用洗消技术的研究．舰船防化，2006，(C00)：10-14.
[42] 周素梅，吕林，赵锐．个体防护在应急救援中的作用．安全，2003，6：42-43.
[43] 周卫华，刘振坤，蔡继红．3·29京沪高速液氯泄漏事故应急监测方法选择和效果评述．中国环境监测，2006，22（5）：27-32.
[44] 中国21世纪议程管理中心，环境无害化技术转移中心．化学工业区应急响应系统指南．北京：化学工业出版社，2006.
[45] 苏华龙．危险化学品安全管理．北京：化学工业出版社，2006.
[46] 王自齐，赵金垣．化学事故与应急救援．北京：化学工业出版社，1997.